清華大學 计算机系列教材

国家网络教育精品课程教材

钟玉琢 主编
吕小星 田淑珍 沈洪 冼伟铨 编著

多媒体技术基础及应用（第3版）辅导与实验

清华大学出版社
北京

内 容 简 介

本书是《多媒体技术基础及应用》一书的配套教材。本书内容共分为3部分。第1部分是各章辅导材料。每章内容包括本章要点、重点与难点内容分析、本章小结、例题详析和习题。在“重点与难点内容分析”部分，对于重点内容，以及较难理解的内容进行了较深入的分析和讨论；“例题详析”部分选择了具有代表性的例题进行分析讨论；“习题”部分编制了大量各种类型的习题。第2部分是实验内容。列出了每个实验的名称、实验目的与要求、实验预备知识、实验内容与步骤，以及实验思考题。第3部分是模拟试题。

本书可作为高等院校的学生以及其他人员学习多媒体计算机技术课程的辅导和实验指导书。

图书在版编目（CIP）数据

多媒体技术基础及应用（第3版）辅导与实验/钟玉琢主编；吕小星等编著. —北京：清华大学出版社，2012.3（2022.9重印）

（清华大学计算机系列教材）

ISBN 978-7-302-27384-4

Ⅰ. ①多… Ⅱ. ①钟… ②吕… Ⅲ. ①多媒体技术－高等学校－教学参考资料 Ⅳ. ①TP37

中国版本图书馆CIP数据核字（2011）第237882号

责任编辑：白立军　李　晔
封面设计：常雪影
责任校对：白　蕾
责任印制：杨　艳

出版发行：清华大学出版社
　　网　　址：http://www.tup.com.cn，http://www.wqbook.com
　　地　　址：北京清华大学学研大厦A座　　**邮　　编**：100084
　　社 总 机：010-83470000　　**邮　　购**：010-62786544
　　投稿与读者服务：010-62776969，c-service@tup.tsinghua.edu.cn
　　质 量 反 馈：010-62772015，zhiliang@tup.tsinghua.edu.cn
　　课 件 下 载：http://www.tup.com.cn，010-83470236
印 装 者：北京九州迅驰传媒文化有限公司
经　　销：全国新华书店
开　　本：185mm×260mm　　**印　　张**：12.75　　**字　　数**：303千字
版　　次：2012年4月第1版　　**印　　次**：2022年9月第8次印刷
定　　价：29.00元

产品编号：033866-02

前　言

《多媒体技术基础及应用辅导与实验》一书是《多媒体技术基础及应用》的配套教材。第1版是作为教育部人才培养模式改革和开放教育试点教材，在总结实践教学经验的基础上，有选择地及时吸收了清华大学计算机科学与技术系的科研成果，2005年修订出版了第2版。2009年第3版的编写计划获得了北京市高等教育精品教材立项。《多媒体技术基础及应用》的网络课程获得了2010年度国家网络教育精品课程奖。

《多媒体技术基础及应用辅导与实验》第3版的编写结合了2010年度国家网络教育精品课程教学的需要，从理论上重视培养基础知识，提高分析问题的能力；在实践与实用性方面，加强实验和实用性的教学，注重培养学生解决实际问题的能力。

在编写过程中，我们体会到：

1. 多年教学实践的积累，教学资源的丰富有利于教材内容的系统性和完整性

1992年我们在清华大学首次为研究生开设"多媒体计算机技术"课程，并于1997年为清华大学计算机系的本科生开设，1999年为中央电大开放教育(覆盖全国)本科层次开设。经过16年的发展，形成了一个较大规模、多层次的教学体系。经过多年教学积累，我们建设了丰富的教学资源，教师讲义不断改进，录制了本课程的电视片，制作了网上的流媒体，建立了题库，同时建设了国家网络教育精品课程。上述资源为编写教材打下了良好的基础。

2. 适当地选用较新的科研成果，有助于保持教材的科学性和新颖性

清华大学计算机科学与技术系及深圳研究生院信息学部多媒体技术科研小组紧跟国际多媒体技术的最新发展，先后承担了973、863、国家自然基金等多个科研课题，取得了多项科研成果，如为国家制定了静态图像压缩编码GB/T 17235-1.2(JPEG)国家标准，运动视频压缩编码的国家标准GB/T 17191-1,2,3,4(MPEG-1)；在MPEG国际会议上，提出了"全局运动估计鲁棒性和快速性算法"的建议，该建议于2000年10月正式通过成为MPEG-4第七部分国际标准，是中国人代表中国在MPEG国际标准化组织提出建议首次成为MPEG国际标准的组成部分。我们及时选取了适合本科教学的科研成果，使教材的内容具有较强的科学性、实用性和先进性。

本教材内容分为3部分，第1部分是各章辅导材料，第1章辅导的内容是多媒体计算机的定义、关键技术、现状及发展趋势；第2章和第3章辅导的内容是音频视频信息的获取和处理技术；第4章辅导的内容是多媒体数据压缩编码技术及现行编码的国际标准；第5章辅导的内容是多媒体计算机硬件和软件系统结构；第6章辅导的内容是超文本和超媒体问题；第7章辅导的内容是多媒体计算机应用技术。每章内容由本章要点、重点与难点内容分析、本章小结、例题详析和习题组成。在重点与难点内容分析部分，对各章的重点和较难理解的内容进行了较深入的分析和讨论。"例题详析"部分选择了具有代表性的例题进行分析讨论，"习题"部分编制了大量各种类型的习题。第2部分是实验内容，共给出了7个实验，列出了每个实验的名称、实验目的与实验要求、实验预备知识、实验的内容和步骤、实验过程和结果以及思考题。第3部分是模拟试题，给出了两套期末考试的试题与答案。

本教材由清华大学钟玉琢主编，北京广播电视大学吕小星、清华大学田淑珍、北京联合大学沈洪和广西师范学院冼传铨编著。本书在编写过程中，得到了北京联合大学刘振恒、张睿哲老师的热心帮助，他们参与了本书所有实验的案例设计、实例制作、编排和测试等相关工作，在此表示衷心的感谢。

在编写过程中，我们参考了不少国内同行编写的多媒体计算机教材，还有清华大学计算机系的论文及科研成果报告。但是多媒体计算机技术正处在蓬勃发展阶段，新的文献资料搜集还不完整。限于作者学识水平，书中不足和错误之处，恳请读者给予批评指正。

本书编写过程中得到作者所在单位及其研究组其他成员的大力支持，在此表示衷心的感谢。

钟玉琢

2012年1月

目　录

第1部分　辅导材料

第2部分 实验内容

第 3 部分　模 拟 试 题

第1部分

辅导材料

第 1 章 多媒体计算机概述

1.1 本 章 要 点

(1) 多媒体计算机的定义、分类以及多媒体计算机和普通计算机有什么不同,多媒体计算机要解决的关键技术。

(2) 多媒体技术促进了通信、娱乐和计算机的融合,特别是多媒体技术是解决高清晰度电视切实可行的方案。用多媒体技术制作 DVD、影视音响卡拉 OK 机,以及多媒体家庭网关。

(3) 多媒体计算机技术的应用和发展: 多媒体数据库、多媒体通信和多媒体创作工具,以及多媒体计算机的发展趋势。

1.2 重点与难点内容分析

1.2.1 多媒体计算机的定义和分类

定义: 计算机综合处理多媒体信息(如文本、图形、图像、音频和视频)使多种信息建立逻辑链接,集成一个系统并具有交互性的技术。简单地说,计算机综合处理声、文、图信息,具有集成性和交互性。

从开发和生产厂商以及应用的角度出发,可将多媒体计算机分为两大类。

(1) 家电制造厂商研制的电视计算机(Teleputer): 把 CPU 放到家电中,通过编程控制管理电视机、音响。有人称它为“灵巧”电视(Smart TV)。

(2) 计算机制造厂商研制的计算机电视(Compuvision): 采用微处理器(80x86)作为 CPU,其他设备还有 VGA 卡、CD-ROM、音响设备,以及扩展的多媒体家电系统,有人说它的发展方向是 TV-Killer。

1.2.2 多媒体计算机的关键技术

多媒体计算机的关键技术如下。

(1) 视频音频信息的获取技术

获取视频信号的方法有以下 3 种:

① 利用计算机产生彩色图形、静态图像和动态图像。

② 利用彩色扫描仪扫描输入彩色图形和静态图像。

③ 利用视频信号数字化仪把彩色全电视信号数字化后,输入到多媒体计算机中,获得静态和动态图像。

(2) 多媒体数据压缩编码和解码技术

多媒体数据压缩编码和解码技术是多媒体系统的关键技术。多媒体系统具有综合处理文字、图形、图像、动画、声音以及视频等信息的能力。为了得到满意的视听效果，要求处理大量的数字化声音和视频信息。由于声音和视频的信息量非常大，如果在未进行压缩的情况下实现动态视频及立体声的实时处理，对于目前的微型计算机是无法实现的，因此，必须对多媒体信息进行压缩编码和解压缩编码的处理。关于多媒体数据压缩已形成了许多标准，如静态图像压缩标准 JPEG(Joint Photographic Experts Group)。在压缩编码中还用到许多算法编码，如预测编码、变换编码、统计编码和混合编码等。

(3) 视频音频数据的实时处理和特技

图像信息一般是二维信号，如一幅图像通常由 512×512 个像素组成。每个像素有 256 级灰度，或者是 3×8b RGB(红、绿、蓝)16×2^{20}种颜色。一幅图像就有 256KB 或 768KB(彩色图像)数据。为了完成视觉处理的传感，要利用预处理、分割、扫描、识别和解释多种处理以及数学的运算、点处理、二维卷积运算、二维正交变换、坐标变换、统计量计算等。

(4) 视频音频数据的输出技术

通过扫描仪和视频信号获取器，静态的图像和运动视频信号可以数字化后存储到帧存储器中，现在要解决的问题是如何把它们变成标准文件存到内存或外存，同时还需要解决如何将不同的图像文件格式进行转换，在显示器上输出。

1.2.3 多媒体技术促进了通信、娱乐和计算机的融合

多媒体技术的发展促进了通信、娱乐和计算机的融合，主要表现在以下三个方面：

(1) 多媒体技术是解决电视数字化及 HDTV 的可行方案

应用多媒体技术制造高清晰度电视(HDTV)可以支持任意分辨率的输出，而且输入输出分辨率可以独立，输出分辨率也可以任意地改变。可以用任意的窗口尺寸输出，同时还具备许多新的功能，如图形功能、视频音频特技以及交互功能。

高清晰度数字电视技术及交互式电视技术由于采用了数字式视频、数字式音频及 MPEG 压缩编码算法以便于数据传输、存储、计算机控制和管理。国际标准 MPEG-2 提供了 4 种工具，即空间可扩展性、时间可扩充性、信噪比可扩充性及数据分块等。

(2) 利用多媒体技术制作 VCD、DVD 及影视音响

应用多媒体计算机技术可制作 VCD、DVD 影视音响卡拉 OK 机等。基于 ES-3204 芯片的 VCD 系统框图见主教材图 1.1。

VCD 播放机是从 CD-ROM 驱动器上的 CD 盘中读出串行的 MPEG 数据流信息及其他控制信号。经过 MPEG 音频译码器，解出立体声的音频信号，再经过模数(A/D)变换器，通过卡拉 OK 处理器可接收话筒输入的卡拉 OK 信号，经过混合叠加处理放大输出到音响设备或电视机。

DVD 播放机的工作原理与 VCD 基本相同，只是视频和音频编码和解码标准采用 MPEG-2 或 AC-3。

(3) 多媒体家庭网关

多媒体家庭网关(Multimedia Home Gatewake，MHG)适合家庭应用环境多功能集成，主要功能是：接受并播放数字电视节目，支持多协议的因特网，支持家庭网络控制中心的功能及具有家庭信息服务器的功能。

多媒体家庭网关的硬件结构可分为控制子系统、数字处理子系统、接口子系统、用户、扩

展接口子程序。

多媒体家庭网关的软件系统结构可分为设备驱动层、基本操作系统层、逻辑资源层、中间件运行环境层和应用层。

具体结构图见主教材图1.3。

1.2.4 多媒体技术的应用和发展

1. 多媒体数据库

多媒体数据库和传统的数据库有很大的区别，传统的数据库主要是文字、数据等信息的处理，而多媒体数据库除了文字、数据外，还有图形、图像、声音、动画视频等信息。目前，多媒体数据库还没有较成熟的模型。研究表明，采用面向对象的方法来描述和建立多媒体数据模型是较好的一种方法。面向对象的主要概念包括对象、类、方法、消息、封装和继承集，可以很方便地描述复杂的多媒体信息。

由于多媒体数据，如声音、图像、视频等信息数据量很大，因此，在传输和存储过程中均要进行压缩处理。多媒体数据的存储、管理和存取方法引入了基于内容的检索方法、矢量空间模型信息索引检索技术、超位检索技术及智能索引技术等多种方法。

2. 多媒体通信

多媒体通信可分为两类：

(1) 对称全双工的多媒体通信，如分布式多媒体信息系统、视频会议系统(分为点对点的视频会议系统和多点视频会议系统)以及计算机支撑的协同工作环境。

(2) 非对称全双工的多媒体通信系统，如交互式电视系统(ITV)、点播电视系统(VOD)、远程教育系统、远程医疗诊断系统及远程图书馆等。

多媒体通信要解决两个关键技术问题，即多媒体数据压缩和高速数据通信。

3. 多媒体著作工具和电子出版物

多媒体著作工具可分为基于图符(icon)或流线(line)的创作工具；基于卡片(card)和页面(pape)的创作工具，以传统程序语言为基础的创作工具。主要代表产品有 Action、AutherWare、Icon Auther、ToolBook 以及 Hypercard。多媒体著作工具要具有良好的面向对象的编程环境、较强的支撑多媒体数据 I/O 的能力。

用多媒体著作工具可以制作各种电子出版物，如清华大学计算机系研制的"金融博士"等多媒体应用系统、演示系统或信息查询系统、培训和教育系统、娱乐、视频动画广告及专用多媒体应用系统等。

4. 多媒体计算机的发展趋势

多媒体计算机的发展趋势包括以下几个方面。

(1) 进一步完善计算机支撑的协同工作环境(CSCW)

CSCW 系统是对完成共同任务的群体进行支持，并提出共享环境访问接口的计算机系统。CSCW 系统具有两个本质特征：共同任务和共同环境。一般应具有以下3种活动：

① 通信。协同工作者之间进行信息交换。

② 合作。群体协同共同完成某项任务。

③ 协同。对协同工作进行协同，使群体工作和谐，避免冲突和重复。

CSCW 系统可分为 3 种类型：

① 交互式，即 CSCW 群体工作者之间的交互可以是同步或异步。

② 地理位置，即参与协作的多个用户可以是远程的或本地的。

③ 群体规模，即协作可以是两个人之间的，也可以是多人之间的。

(2) 智能多媒体系统

多媒体计算机从发展来看应具有以下智能：

① 文字的识别和输入，如印刷体汉字、联机手写体汉字和脱机手写体汉字的识别和输入。

② 汉语语音的识别和输入，如特定人、非特定人以及连续汉语语音的识别和输入。

③ 自然语言理解和机器翻译，如汉语的自然语言理解和机器翻译、图形的识别和理解、机器人视觉和计算机视觉、知识工程以及人工智能等。

(3) 把多媒体信息实时处理和压缩编码算法集成到 CPU 芯片中

计算机产业的发展趋势应把多媒体和通信的功能集成到 CPU 芯片中，过去的计算机较多考虑计算功能，主要用于数学运算及数值处理，而随多媒体技术和通信技术的发展，需要计算机能综合处理声、文、图信息并具备通信的功能。把这些功能和算法集成到 CPU 芯片中，有 3 个原则：压缩算法采用国际标准的设计；多媒体功能的单独解决变成集中解决；体系结构设计和算法相结合。

1.3 本章小结

本章对多媒体计算机的定义、分类和多媒体计算机要解决的关键技术，以及多媒体技术的应用和发展，均做了详细的讨论。

多媒体计算机技术是综合处理声、文、图、音频、视频等信息的技术。多媒体计算机具有信息载体的多样性、集成性和交互性的特点。

多媒体计算机的关键技术是解决视频、音频信号的获取和处理，包括多媒体数据的压缩编码和解码技术以及多媒体数据的输出技术。

多媒体技术促进了通信、娱乐和计算机的融合，为解决电视数字化高清晰度电视提供了实切可行的方案。应用多媒体计算机技术可制作 DVD、影视音响设备，以及制作多媒体家庭网关。多媒体技术的发展促进了多媒体数据库、多媒体通信、多媒体创作工具及应用的发展。多媒体计算机将朝着高分辨率、高速化、简单化、智能化方向发展。

1.4 例题详析

[例题 1] 多媒体计算机中的媒体信息是指________。

(1) 数字、文字　　(2) 声音、图形　　(3) 动画、视频　　(4) 以上信息

A. (1)　　B. (2)　　C. (3)　　D. 全部

答案 D

解析 本题考查学生对计算机多媒体信息的理解。多媒体信息应该是以上提到的全部信息，故正确答案是 D。

［**例题 2**］ 多媒体技术的主要特性有________。

(1) 多样性　　(2) 集成性　　(3) 交互性　　(4) 实时性

A. (1)　　B. (1)、(2)　　C. (1)、(2)、(3)　　D. 全部

答案 C

解析 本题考查学生对多媒体技术主要特性的了解情况。在多媒体技术中，多样性、集成性和交互性是最主要的特性，而实时性不是多媒体技术的主要特性，故正确答案是C。

［**例题 3**］ Commodore 公司于 1985 年推出的世界上第一个多媒体计算机系统是________。

A. Macintosh　　B. DVI　　C. Amiga　　D. CD-I

答案 C

解析 本题考查学生对多媒体计算机系统发展历史的了解情况。Commodore 公司于 1985 年推出的第一个多媒体系统是 Amiga，所以正确答案是 C。

1.5 习　　题

1. 根据多媒体的特性判断，________属于多媒体的范畴。

(1) 交互式视频游戏　　(2) 有声图书

(3) 彩色画报　　(4) 彩色电视

A. (1)　　B. (1)、(2)　　C. (1)、(2)、(3)　　D. 全部

2. ________不是多媒体核心软件。

(1) AVSS　　(2) AVK　　(3) DOS　　(4) AmigaVision

A. (3)　　B. (4)　　C. (3)、(4)　　D. (1)、(3)

3. 要把一台普通的计算机变成多媒体计算机，需要解决的关键技术是________。

(1) 视频、音频信号的获取

(2) 多媒体数据压缩编码和解码技术

(3) 视频、音频数据的实时处理和特技

(4) 视频、音频数据的输出技术

A. (1)、(2)、(3)　　B. (1)、(2)、(4)

C. (1)、(3)、(4)　　D. 全部

4. Commodore 公司在 1985 年率先在世界上推出了第一个多媒体计算机统 Amiga，其主要功能是________。

(1) 用硬件显示移动数据，允许高速的动画制作

(2) 显示同步协处理器

(3) 控制 25 个通道的 DMA，使 CPU 以最小的开销处理盘、声音和视频信息

(4) 从 28Hz 振荡器产生系统时钟

(5) 为视频 RAM(VRAM)和扩展 RAM 卡提供所有的控制信号

(6) 为 VRAM 和扩展 RAM 提供地址

A. (1)、(2)、(3)　　B. (2)、(3)、(5)

C. (4)、(5)、(6)　　D. 全部

5. 国际标准 MPEG-2 采用了分层的编码体系，提供了 4 种技术，分别是________。

(1) 空间可扩展性、信噪比可扩充性、框架技术、等级技术

(2) 时间可扩充性、空间可扩展性、硬件扩展技术、软件扩展技术

(3) 数据分块技术、空间可扩展性、信噪比可扩充性、框架技术

(4) 空间可扩展性、时间可扩充性、信噪比可扩充性、数据分块技术

A. (1)　　B. (2)　　C. (3)　　D. (4)

6. 多媒体技术未来发展的方向是________。

(1) 高分辨率，提高显示质量

(2) 高速度化，缩短处理时间

(3) 简单化，便于操作

(4) 智能化，提高信息识别能力

A. (1)、(2)、(3)　　B. (1)、(2)、(4)

C. (1)、(3)、(4)　　D. 全部

7. 简述多媒体计算机的关键技术及其应用领域。

第2章　音频信息的获取与处理

2.1　本章要点

(1) 数字化音频的获取与处理的基本概念，模拟音频与数字音频的区别。数字音频采样和量化的基本原理，以及数字音频的文件格式和音频信号的特点。

(2) 音频卡的工作原理、功能、分类和音频卡的安装使用。

(3) 音频编码的原理、标准，以及编码、解码的基本方法。

(4) 音乐合成和 MIDI 的接口规范，以及 MIDI 在多媒体技术中的应用，语音识别和合成原理及其分类。

2.2　重点与难点内容分析

2.2.1　数字音频的基本概念

1. 模拟音频与数字音频技术

声音是一种机械振动，振动越强，声音就越大。例如，话筒把机械振动转换成电信号，这是一种模拟的音频，它是以模拟电压的幅度表示声音的强弱。

数字音频技术是把表示声音强弱的模拟电压用数字表示，如 0.5V 电压用数字 20 表示，2V 电压用 80 表示。模拟电压的幅度，即使在某电平范围内，也可以取无穷多个，如 1.2V、1.21V、1.215V…而用数字来表示音频幅度时，只能把无穷多个电压幅度用有限个数字表示。把某一幅度范围的电压用一个数字表示，这叫做量化。

数字音频是通过采样量化，把模拟量表示的音频信号转换成由许多二进制数 1 和 0 组成数字音频文件。

2. 数字音频的文件格式与转换

多媒体技术中常用的声音文件格如下：

(1) WAV 文件

WAV 是 Microsoft 公司的音频文件格式。Microsoft sound system 软件 Sound Finder 可以将 AIF、SND 和 VOC 文件转换成 WAV 格式。其中 AIF 是 Apple 计算机的音频文件格式；SND 是 Next 计算机的波形音频文件格式。

(2) VOC 文件

VOC 文件是 Creative 公司波形音频文件格式。

利用声霸卡提供的软件可实现 VOC 和 WAV 文件的转换，即程序 VOC2WAV Creative 的 VOC 文件转换成 Microsoft 的 WAV 文件；程序 WAV2VOC 将 Microsoft 的 WAV 文件转换成 Creative 的 VOC 文件。

(3) MIDI 文件

乐器数字接口(Musical Instrument Digital Interface,MIDI)。

RMI 是 Microsoft 公司的 MID 文件格式。

2.2.2 音频卡的功能及工作原理

1. 音频卡的功能

音频卡的主要功能有音频录放、编辑、音乐合成、文语转换、CD-ROM 接口、MIDI 接口、游戏接口等。

(1) 音频录放

① 数字化音频采样频率范围:5～44.1kHz;量化位:8 位/16 位;通道数:立体声/单声道。

② 编码与压缩:基本编码方法有 PCM(脉冲编码调制);压缩编码方法有 ADPCM(8∶4;8∶3;8∶2;16∶4),CCITTA—律(13∶8),CCITTM—律(14∶8),实时硬件压缩/软件压缩。

③ 音频录放的自动动态滤波。

④ 录音声源:麦克风、立体声线路输入、CD。

(2) 编辑与音乐合成

编辑与合成就像一部数字音频编辑器,它可以对声音文件进行各种特殊处理,如倒播、增加回音效果、静噪音、往返放音、交换声道等。

音乐合成功能和性能主要是依赖于合成芯片。目前,Yamaha 的合成器芯片占有率最高,其中主要是 FMOPL 系列。

(3) 其他接口

① MIDI 接口:乐器数字接口的标准,它规定了电子乐器与计算机之间数据通信的协议。

② CD-ROM 接口:目前,音频卡的 CD-ROM 接口有多种,如 Sound Blaster 专用 CD-ROM 接口等。

③ 游戏棒接口:标准的 PC 游戏棒接口可接一个或两个游戏棒。

(4) 语转换和语音识别

① 语转换就是把计算机内的文本文件转换成声音文件。一般音频卡都提供英语汉语转换软件,如 Sound Blaster。

② 语音识别软件。有的音频卡提供语音识别软件如 Sound System 卡上的 Voice Pilot 软件,通过这些软件可以利用语音来控制计算机或执行 Windows 下的命令。

2. 音频卡的工作原理

音频卡的工作原理框图见主教材图 2.5。主要由以下 4 个部分组成。

(1) 声音的合成与处理:这是音频卡的核心部分,它由数字声音处理器、调频(FM)音乐合成器及乐音数字接口(MIDI)控制器组成。它的主要任务是完成声波信号的模数(A/D)和数模(D/A)转换,利用调频技术控制声音的音调、音色和幅度等。

(2) 混合信号处理器:混合信号处理器内置数字模拟混音器,混音器的声源可以是 MIDI 信号、CD 音频、线路输入、麦克风等。可以选择一个声源或几个不同的声源进行混合录音。

(3) 功率放大器：由于混合信号处理器输出的信号功率还不够大，不能推动扬声器或音箱，所以一般都有一个功率放大器将功率放大，使得输出的音频信号有足够的功率。

(4) 总线接口和控制器：总线接口有多种，早期的音频卡为 ISA 总线接口，现在的音频卡一般是 PCI 总线接口。总线接口和控制器是由数据总线双向驱动器、总线接口控制逻辑、总线中断逻辑及直接存储器访问(DMA)控制逻辑组成。

2.2.3 数字音频信号编码算法和标准

音频信号通常采用波形编码。波形编码的方法要求重建语音信号；尽可能保持原语言信号的情况。波形编码的对象是语音的波形，算法简单，易于实现，而且对语音的恢复能保持原有语音的特点。但波形编码也有其不足的地方，易受量化噪声的干扰，进一步降低编码比特数(编码率)也比较困难。常用的有如下 3 种波形编码方法：

(1) 脉冲编码调制(PCM)，它直接对语音信号进行模数转换。只要采样频率足够高，量化位数足够多，就能使解码后恢复的语音信号有较高的质量。

(2) 差分脉冲编码调制(DPCM)，即只传输语音预测值和样本值的差值，以此降低音频数据的编码率。

(3) 自适应差分编码调制(ADPCM)，它是 DPCM 方法的改进，通过调整量化步长，对不同数模设置不同的量化步长，使数据得到进一步的压缩。

还有模型参数编码方法和基于人的听觉特性的编码方法。有关编码方法和国际标准见主教材表 2.2 音频编码算法和标准。

2.2.4 音乐合成技术——MIDI

1. MIDI 的基本概念

在多媒体技术中，合成音乐或声响效果的方法可以直接采用波形声音产生，但最常用的方法是采用电子乐器数字接口(MIDI)。它不是像波形声音那样的数字化过程，而是将电子乐器键盘的弹奏过程记录下来。例如，按哪一个键、压力多大、时间多长等参数记录下来，作为某一个乐谱的一种数字描述，即 MIDI 消息。当需要重新产生这个乐谱时，只需要从 MIDI 文件中读出相应的 MIDI 消息，再生成对应的乐器声音波形，经放大处理后就可输出。MIDI 声音处理过程如图 2.1 所示。

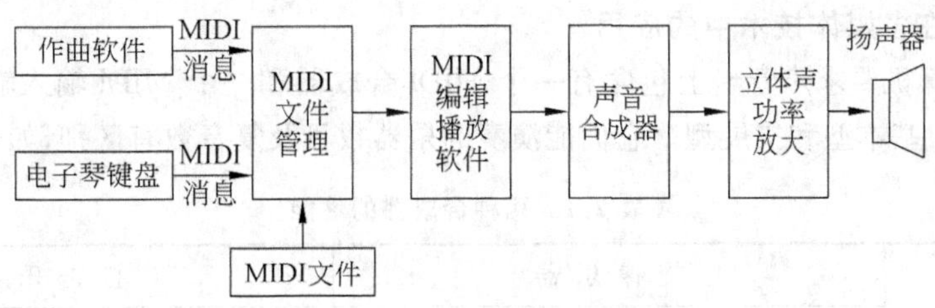

图 2.1 MIDI 声音处理过程

采用 MIDI 的最主要优点如下：

(1) 占用数据量小。例如，30 分钟的立体声音乐使用 CD-DA 格式波形存储约需要

300MB 的存储量，而采用 MIDI 记录时，只需要 200KB，相差 1500 倍，即使波形声音采用 APPCM 编码也要差两个数量级以上。

(2) 声音的配置方便。例如，当多媒体系统中播放波形声音时(如图片的一段解说词)，此时若还需要配上某种音乐作为解说的效果，就不可能同时调用两个波形声音文件，而播放 MIDI 文件记录下来的音乐便可达到同时播放两个波形文件的效果。

(3) MIDI 声音编辑修改时方便灵活。可以随意修改曲子的速度、音调，也可以改换乐器的种类，从而产生合适的音乐。

MIDI 的不足之处主要是合成后输出的声音质量取决于 MIDI 硬件，普通多媒体计算机配置的声音卡合成器只适合打击乐器等电子乐器，手风琴、小提琴之类的乐器声音就需要专门配置 MIDI 声音合成器或外接一些高质量的 MIDI 电子乐器。

2. MIDI 接口规范

MIDI 接口规范如下：

(1) MIDI 规范规定，每一种 MIDI 装置由一个接收器和一个发送器组成。发送器生成符合 MIDI 格式的消息并向外发送，接收器接收 MIDI 格式的消息，并执行 MIDI 命令。MIDI 收发器可用一种通用的异步收发器互相连接。数据传输速率为 31 250b/s，每个数据位前后各有一个起始位和停止位。

(2) MIDI 设备有 3 种端口。MIDI 输入口(MIDI-in)用来接收从其他 MIDI 设备发过来的消息；MIDI 输出口(MIDI-out)用来发送本设备产生的原始 MIDI 消息；MIDI 转送口(MIDI-Thru)用来在 MIDI 设备之间进行消息转送。MIDI 设备可同时具有 3 种端口或 2 种端口，但至少应具备其中一种端口。

(3) MIDI 规范规定，MIDI 键盘为 128 键(比标准 88 键钢琴多 21 个低音符和 19 个高音符)，编号为 0～127。MIDI 消息可以描述每个音符的信息，包括对应的键号、按键的持续时间、音量和力度。

(4) MIDI 接收器中有 16 个声道，它们可以同时向声音合成器传送 16 路不同的声音，好像指挥 16 个乐器演奏一样。

(5) MIDI 文件中包含了一连串的 MIDI 消息，每个 MIDI 消息由若干字节组成，通常第一个字节为状态字节，其后则为一个或两个数据字节。状态字节的特征是最高位为 1，用来指出紧随其后的数据字节的用途和含义；数据字节的特征是最高位为 0，表示它们是一条 MIDI 消息的信息内容。

3. MIDI 在多媒体技术中的应用

多媒体计算机要求声音卡上包含有一个 MIDI 合成器和一个 MIDI 输入输出端口。声音合成分成两类：基本型和扩展型。它们能演奏的乐器数目及复音数有区别，如表 2.1 所示。

表 2.1 两种合成器的性能

类型	旋律乐器		打击乐器	
	乐器数目	复音数	乐器数目	复音数
基本型	3 种乐器	6 个音符	3 种乐器	3 个音符
扩展型	9 种乐器	16 个音符	8 种乐器	16 个音符

创作一个 MIDI 文件，首先要计算机配置一个 MIDI 键盘，然后请作曲家在键盘上逐步完成其作品，反复修改演奏直到满意为止。Windows 中的 Sequencer 程序和 Wearner 多媒体 PC 中的 MIDI Orchestrator 程序都可以对已有的 MIDI 文件进行修改编辑。

2.3 本章小结

声音从模拟信号转换成数字信号后仍然占有很大的存储空间。为了进一步提高计算机处理音频信号的效率，必须对数字声音信号进行编码处理。在数据通信中已有许多成熟的压缩编码技术和算法，较常用的有脉冲编码调制(PCM)、差分脉冲编码调制(DPCM)和自适应差分编码调制(ADPCM)等编码算法和标准等。

目前有许多数学信号处理器或者音频卡可用于音频信号的处理。典型的是新加坡 Creative 公司开发的系列产品 Sound Blaster 系列音卡，它的功能有数字音频、音乐合成、MIDI 音效等。它是集语音与音乐于一体的多媒体音频卡，它不但具有优良稳定的硬件特性，而且还有丰富的软件。

随着音频卡的发展和改进，将进一步改善声音质量，简化安装方法，即提供即插即用技术，使用户使用简便易行。

2.4 例题详析

[例题 1] 在数字音频信息获取与处理过程中，________是正确的。

A. A/D 变换、采样、压缩、存储、解压缩、D/A 变换

B. 采样、压缩、A/D 变换、存储、解压缩、D/A 变换

C. 采样、A/D 变换、压缩、存储、解压缩、D/A 变换

D. 采样、D/A 变换、压缩、存储、解压缩、A/D 变换

答案 C

解析 本题主要考查学生对数字音频获取与处理的流程的理解。因此必须了解数字音频获取与处理的原理与流程。第 1 步肯定是采样，排除答案 A，第 2 步是进行模数变换(A/D 变换)或称量化，排除答案 B 和 D，所以正确答案是 C。

[例题 2] ________的论述是正确的。

A. 音频卡的分类主要是根据采样的频率来分的，频率越高，音质越好

B. 音频卡的分类主要是根据采样信息的压缩比来分的，压缩比越大，音质越好

C. 音频卡的分类主要是根据接口功能来分的，接口功能越多，音质越好

D. 音频卡的分类主要是根据采样量化的位数来分的，位数越高，量化精度越高，音质越好

答案 D

解析 本题主要是考查学生对音频卡分类的基本原理的理解。音频卡的分类是根据采样量化的位数来分的，位数越高，量化精度越高，则音质就越好。所以正确答案是 D。

[例题 3] 音频编码有________4 种不同的编码模式。

A. 单声道模式、立体声模式、左声道模式、右声道模式

B. 单声道模式、立体声模式、环绕声模式、右声道模式

C. 单声道模式、立体声模式、环绕声模式、联合立体声模式

D. 单声道模式、双声道模式、立体声模式、联合立体声模式

答案 D

解析 本题考查学生对 4 种不同模式的音频编码的理解。正确答案是 D。

［**例题 4**］ ________,需要使用 MIDI。

(1) 有足够的硬盘存储波形文件时　　(2) 用音乐作背景效果时

(3) 想连续播放音乐时　　(4) 想音乐质量更好时

A. (1)　　B. (1)、(2)　　C. (1)、(2)、(4)　　D. 全部

答案 B

解析 本题考查学生对 MIDI 特点的掌握情况。显然(1)、(2)是正确的,对于(3)波形音乐也能做,而(4)则显然不正确。所以正确答案是 B。

2.5 习　题

1. 数字音频采样和量化过程所用的主要硬件是________。

   A. 数字编码器

   B. 数字解码器

   C. 模拟到数字的转换器(A/D 转换器)

   D. 数字到模拟的转换器(D/A 转换器)

2. 音频卡是按________分类的。

   A. 采样频率　　B. 声道数

   C. 采样量化位数　　D. 压缩方式

3. 两分钟双声道,16 位采样位数,22.05kHz 采样频率声音的不压缩的数据量是________。

   A. 5.05MB　　B. 10.58MB　　C. 10.35MB　　D. 10.09MB

4. 目前音频卡具备________功能。

   (1) 录制和回放数字音频文件　　(2) 混音

   (3) 语音特征识别　　(4) 实时解压缩数字音频文件

   A. (1)、(3)、(4)　　B. (1)、(2)、(4)

   C. (2)、(3)、(4)　　D. 全部

5. ________的采样频率是目前音频卡所支持的。

   A. 20kHz　　B. 22.05Hz

   C. 100kHz　　D. 50kHz

6. 1984 年公布的音频编码标准 G.721,采用的是________编码。

   A. 均匀量化　　B. 自适应量化

   C. 自适应差分脉冲　　D. 线性预测

7. AC-3 数字音频编码提供了 5 个声道的频率范围是________。

   A. 20Hz～2kHz　　B. 100Hz～1kHz

C. 20Hz～20kHz D. 20Hz～200kHz

8. MIDI 的音乐合成器有________。

(1) FM (2) 波表 (3) 复音 (4) 音轨

A. (1) B. (1)、(2) C. (1)、(2)、(3) D. 全部

9. 下列采集的波形声音质量最好的是________。

A. 单声道、8 位量化、22.05kHz 采样频率

B. 双声道、8 位量化、44.1kHz 采样频率

C. 单声道、16 位量化、22.051kHz 采样频率

D. 双声道、16 位量化、44.1kHz 采样频率

10. 简述音频编码的分类及常用的编码算法和标准。

第 3 章　视频信号的获取与处理

3.1　本章要点

(1) 数字视频信号的获取与处理的基本概念，数字视频的采样、量化的基本原理，彩色空间的表示、转换和彩色全电视信号的组成。

(2) 视频卡的工作原理、彩色全电视信号的数字锁相和解码器的工作原理，以及视频卡的安装和使用。

(3) 静态图像和动态图像的文件格式及转换。

3.2　重点与难点内容分析

3.2.1　彩色空间表示及其转换

1. 彩色空间表示

(1) RGB 彩色空间

在多媒体计算机中常用红、绿、蓝(RGB)彩色空间表示，由于计算机彩色监视器的输入需要红、绿、蓝(RGB)三个彩色分量，通过 RGB 三个分量的不同比例的组合，在显示器屏幕上可得到任意颜色。在多媒体系统中不管采用什么形式的彩色空间表示，最后要求输出的都转换成 RGB 彩色空间表示。

(2) YUV 和 YIQ 彩色空间

现代的彩色电视系统中，通常摄像机把摄到的彩色图像信号，经过分色棱镜分成 Ro、Go、Bo 三个分量的信号，经过放大和校正后得到 RGB 信号，再经过矩阵变换电路得到亮度信号 Y 和色差信号 R-Y、B-Y，最后发送端将 Y、R-Y 及 B-Y 三个信号进行编码，用同一信道经过高频功率放大，通过天线发送出去。这种信号就是常用的 YUV 彩色空间表示。由于这种彩色空间的亮度信号 Y 解决了彩色电视与黑白电视的兼容问题，而且实验表明，人眼对彩色图像细节的分辨能力比对黑白低得多，因此可以对色度信号 U 和 V 采用“大面积着色原理”。用亮度信号 Y 传送细节，而用色差信号 U 和 V 进行大面积涂色。彩色图像的清晰度由亮度信号的带宽保证，而把色度信号的带宽压缩(PAL 制为 1.3MHz)。在多媒体计算机系统中采用了 YUV 彩色空间，经数字化后有 $Y:U:V=8:4:4$ 和 $Y:U:V=8:2:2$ 两种方式。后一种方式是把亮度信号 Y 的每个像素数字化为 8 位(256 级亮度)。而 U、V 色差信号每 4 个像素用一个 8 位数据表示，即像素的粒度变大。而将一个像素用 24 位表示压缩为用 12 位表示，人的眼睛感觉不出其中的变化。

美国和日本等国采用的彩色电视制式是 NTSC 制，采用的彩色空间为 YIQ 表示，其中 Y 表示亮度信号，I 和 Q 表示色差信号。I 和 Q 与 U 和 V 有如下的关系：$I=V\cos 33^\circ-U\sin 33^\circ$，$Q=V\sin 33^\circ+U\cos 33^\circ$。即 I、Q 为相互正交的坐标轴，它与 U、V 正交轴之间有 33°的夹角关系。

采用 YIQ 彩色空间表示的好处是,人眼的彩色视觉特性表明,人眼分辨红、黄之间颜色变化的能力最强,而分辨蓝与紫之间颜色变化的能力最弱。在色度矢量图中,人眼对于处在红、黄之间,相角为 123°的橙色及其相反角为 303°的青色,具有最大的彩色分辨力。把通过 123°~303°线,即 IQ 线的色度信号称为 I 轴,它表示人眼最敏感的色轴。与 I 正交的色度信号轴称为 Q 轴,表示人眼最不敏感的色轴(IQ 轴与 UV 轴关系见主教材图 3.3)。利用人眼对 I 轴和 Q 轴的敏感程度不同,在传送分辨力弱的 Q 信号时采用较窄的频带,而传送分辨力较强的 I 信号时采用较宽的频带。

(3) HSI 彩色空间

在 HSI 彩色空间表示中,H 表示色调(hue)、S 表示颜色的饱和度(saturation)、I 表示光的强度(intensity)。

从人眼对彩色视觉特性来说,采用色调、饱和度、光强(亮度)这 3 个物理量来描述彩色光是合适的。色调决定彩色光的光谱成分,取决于光的波长,即说明了彩色光中掺入白光的数量。饱和度是某种波长的彩色光纯度的反映,纯光谱色的含量越多,其饱和度越高,高饱和度的彩色光颜色深,而低饱和度的彩色光颜色浅。亮度决定于彩色的强度,是彩色光对视觉的刺激程度,表征彩色光所含的能量特征,能量大显得亮,而能量小则变暗。

采用 HIS 彩色空间表示的优点是能够减少彩色图像处理的复杂性,增加快速性,使它更接近人对彩色的认识和解释。在图像处理中用 HSI 表示,采用的算法和处理图像的工作量比用 RGB 彩色空间要方便和简单。

2. 彩色帧获取器基本工作原理

HSI 彩色帧获取器原理框图参考主教材图 3.7。输入端由三路模数(A/D)变换器、RGB/HSI 转换器、帧存储器 0(存储红/亮度信号)、帧存储器 1(存储绿/饱和度信号)、帧存储器 2(存储蓝/色调信号)、帧存储器 3(存储图形信号)、图形覆盖控制器、HSI/RGB 转换器、三路数模(D/A)转换器等组成。

HSI 彩色帧获取器的基本工作原理可概述为:红(R)、绿(G)、蓝(B)三路信号输入后,经过三路 8 位视频模数转换电路把 RGB 的模拟信号变为数字信号,然后经过 RGB/HSI 转换器变换后采用 HSI 表示的彩色空间,把红/亮信号 256KB 存储到帧存储器 0,把绿/饱和度信号 256KB 存放到帧存储器 1,把蓝/色调信号 256KB 存放到帧存储器 2,把图形信号 256KB 存放到帧存储器 3。再经过 HSI/RGB 变换电路变换,把 RGB 三路数字信号经过三路 8 位视频的数模(D/A)变换器,得到 RGB 三路模拟信号输送到彩色监视器显示。

3. 彩色空间的转换及其实现技术

RGB 与 YUV 和 YIQ 之间的转换过程如下:

彩色摄像机得到的信号是经过 r 校正的 RGB 信号。考虑到和黑白电视机兼容及压缩编码,在传送过程中包含亮度信号和色差信号,则亮度方程可简化为:$Y=0.3R+0.59G+0.11B$。从这个公式可看到,采用三基色显示彩色时,各基色组成亮度 Y 的比例关系是不变的。这些比例系数也叫做"可见度系数",它们的和为 1。这表示当基色信号电压 ER、EG、EB 各为 1V 时,构成的亮度信号 EY 也为 1V。

在 3 个色差信号 B-Y、R-Y、G-Y 中,有两个是独立的,最后一个可用亮度方程和两个色差信号通过运算得到。考虑彩色与黑白的兼容问题和减少幅度失真问题,必须对彩色信号进行压缩。具体方法是让色差信号乘上一个小于 1 的压缩系数。经过运算整理后 YUV 与

RGB 之间的关系表达式为：

$$\begin{bmatrix} Y \\ U \\ V \end{bmatrix} = \begin{bmatrix} 0.3 & 0.59 & 0.11 \\ -0.15 & -0.29 & 0.44 \\ 0.61 & -0.52 & -0.096 \end{bmatrix} \begin{bmatrix} R \\ G \\ B \end{bmatrix}$$

而 YIQ 彩色空间和 RGB 彩色空间的转换方法是：把 $V=0.877(R-Y)$，$U=0.493(B-Y)$，$\sin 33°=0.545$，$\cos 33°=0.839$ 代入

$$I = V\cos 33° - U\sin 33°$$

$$Q = V\sin 33° + U\cos 33°$$

经过运算整理后，得 YIQ 与 RGB 之间关系的表达式为：

$$\begin{bmatrix} Y \\ I \\ Q \end{bmatrix} = \begin{bmatrix} 0.3 & 0.59 & 0.11 \\ 0.6 & -0.28 & -0.32 \\ 0.21 & -0.52 & 0.31 \end{bmatrix} \begin{bmatrix} R \\ G \\ B \end{bmatrix}$$

4. 黑白全电视信号和彩色全电视信号

(1) 黑白全电视信号

全电视信号主要由图像信号、复合消隐信号（包括行消隐信号、场消隐信号）和复合同步信号（包括行同步信号、场同步信号）三部分组成。为了分析方便起见，我们先来分析一个行周期的电视信号。

① 一个行周期的电视信号波形，如图 3.1 所示。

- 从幅值来看，同步电平 100%，黑色电平和消隐电平为 70%，白电平为 0%。图像信号电平介于白电平的黑电平之间，并根据图像的内容而变化。消隐信号是黑色电平，同步信号则是比消隐电平还要“黑”的电平。也就是说，在标准为 1V 的全电视信号中，图像信号的幅度约占 0.7V，同步信号为 0.3V。

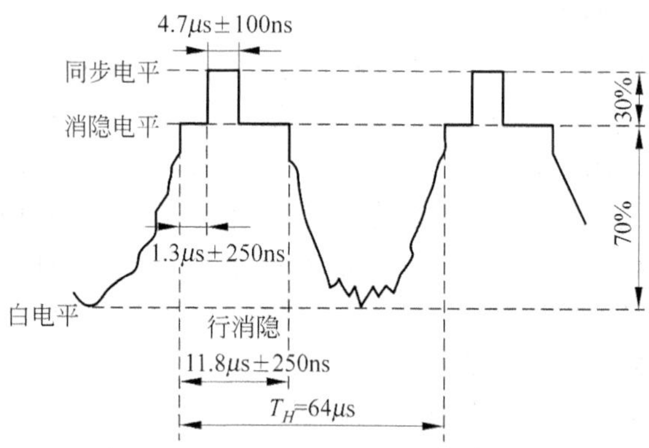

图 3.1 一个行周期的电视信号波形

- 从时间上来看，对行来说，每一行的周期是 $T_H=64\mu s$，其中图像占 $52.2\mu s$，即行扫描正程，消隐占 $11.8\mu s$，即行扫描逆程；在消隐信号期间，有宽度为 $4.7\ \mu s$ 的行同步脉冲，它在行消隐的前沿后 $1.3\mu s$。对场来说，每场（奇数场或偶数场）的周期是 $312.5H=20ms$，其中有 $25H+11.8\mu s=1600\mu s+11.8\mu s$ 是场消隐信号。场同步信号为 $192\mu s$。

② 消隐信号和同步信号。消隐信号包括行消隐和场消隐，它们分别在行和场的逆程中

起作用。消隐信号实际上就是在行与场回扫期间，而加入电视信号中的一些黑色信号，它们的宽度大致比行和场的逆程时间略长一点。行的消隐时间是 11.8μs，场的消隐时间规定为 25 行，即 25×64μs=1600μs(对隔行扫描来说)，场的逆程时间大致是 1ms 左右。复合消隐信号由行、场消隐信号组成。

同步信号必须在消隐期间发送，行同步信号是在行消隐脉冲出现后 1.3μs 发送的、宽度为 4.7μs 的脉冲，它的幅度占整个电视信号幅度的 30%。场同步信号是在场消隐出现后发送的同步脉冲。为了使场同步脉冲与行同步脉冲有所区别，所以它的宽度定为 $3H$，比行同步脉冲宽得多。复合后的同步脉冲如图 3.2 所示。其中窄的脉冲是行同步脉冲，宽的是场同步脉冲，它们都叠加在消隐信号上。图 3.2 中的白色电平及图像信号没有画出来。

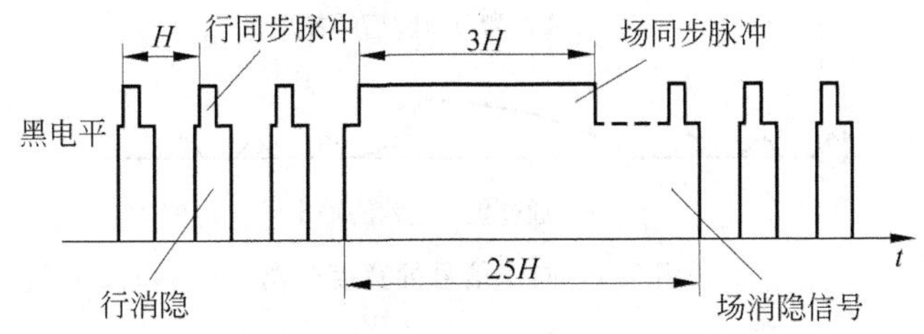

图 3.2 叠加在消隐信号上的复合同步脉冲

③ 场同步脉冲的开槽。图 3.3 是考虑了图像信号、行、场消隐信号和行、场同步信号后，组成的电视信号，这样的信号叫做全电视信号或视频信号。完整的全电视信号见主教材图 3.4。

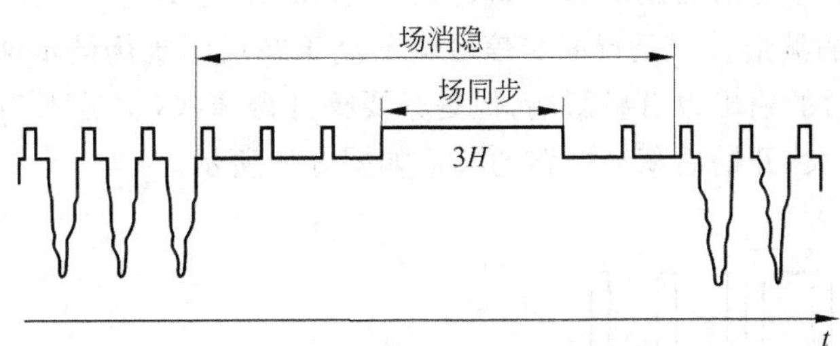

图 3.3 考虑了消隐信号和同步信号后初步组成的电视信号

同步信号的宽度分离如图 3.4 所示。首先要把同步信号从全电视信号中分离出来，这利用幅度分离电路很容易实现，分离后的波形如图 3.4(a)所示。然后根据行、场同步信号宽度的不同分别把行、场同步信号再分离出来，最简单的方法是利用微分电路和积分电路。取出行同步信号可用如图 3.4(b)所示的微分电路，它由电阻 R_1 和电容 C_1 组成，只要时间常数 R_1C_1 比行同步脉冲的宽度小得多，例如 4.7μs 的 1/3 或 1/2，那么复合同步信号通过微分电路后，其输出就变成一系列尖头脉冲(头部向下的尖脉冲可用削波电路滤去)。

要取出场同步信号可以利用图 3.4(c)所示的积分电路，只要适当选取这个电路的时间常数，使 R_2C_2 远大于行脉冲的宽度 4.7μs，而接近于场同步脉冲的宽度 192μs，那么经过积分电路后，行同步脉冲输出很小，而场同步脉冲则能输出较大的电压如图 3.4(c)所示。

由于场同步脉冲的宽度是 $3H$，因此经过微分电路后，在场同步脉冲到达期间，失去了 3 个行同步脉冲，也就是说，在场脉冲期间，行扫描失去了同步，它当然要打乱行扫描电路的工

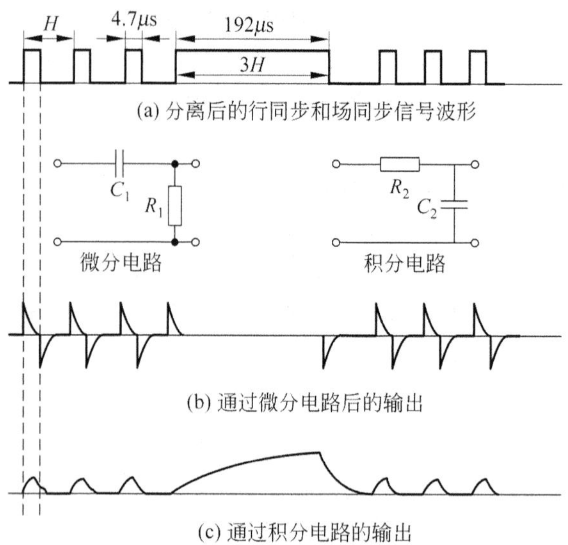

图 3.4　同步信号的宽度分离

作。等过了 3 行以后再出现行同步脉冲时，行扫描可能不会立刻恢复正常的同步工作状态，而要再经过若干行后才能同步，这会影响荧光屏上的图像开始若干行的显示，这不是希望的。

为了避免失去行同步，可在场同步脉冲上开槽来解决。在场同步脉冲上开 3 个槽，它们的上升沿(即槽的后沿)正好在原来应该出现行同步脉冲的上升的位置上，如图 3.5(a)所示，开槽后，从微分电路输出的波形如图 3.5(b)所示，利用削波电路削去下面的尖脉冲后变成如图 3.5(c)所示的波形。于是行同步信号就不至于在场同步场同步期间中断。然而，开槽后槽脉冲对积分后的输出也有些影响，但是只要槽开得窄些(也是 4.7μs)，虽然形成一些小的缺口，但影响不大，开槽后积分电路的波形如图 3.6 所示。

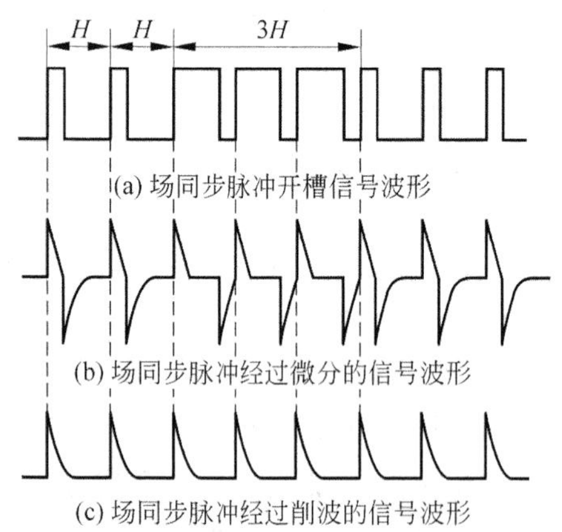

图 3.5　场同步脉冲开槽和经过微分、削波电路后输出的同步信号波形

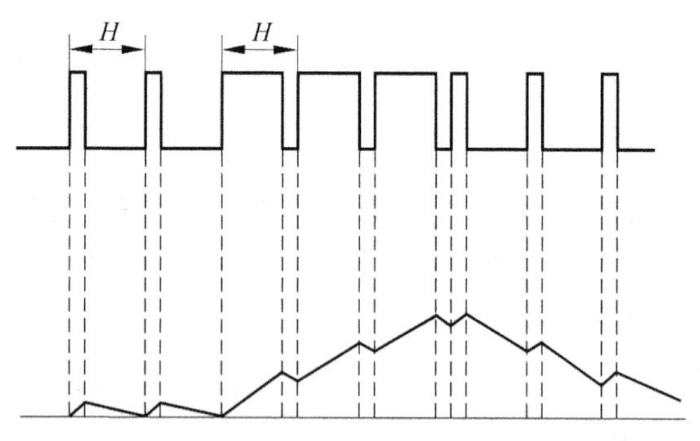

图 3.6　场同步信号开槽后积分电路输出的波形

(2) 彩色全电视信号

① 彩色全电视信号与黑白电视的兼容问题。

在彩色电视系统中，通常用 Y、U、V 彩色空间或 Y、I、Q 彩色空间，Y 为亮度信号，它可以和黑白全电视信号兼容。为了实现兼容，彩色电视信号必须满足3个要求：

- 保留黑白电视信号原有的各项标准。例如，每帧625行、隔行扫描、帧频为25Hz、场频为50Hz、行频为15 625Hz，以及同步方式、频带宽度等。
- 彩色电视信号中应包含有一个代表图像的亮度信号（称为亮度信号），这个信号中彩色接收机和黑白接收机中均能重现黑白图像。
- 彩色电视图像信号中还应包含代表图像颜色的信号（称为色度信号）和色同步信号。

② 彩色电视系统的制式。

- 正交平衡调幅制（NTSC）。代表图像色度的两个信号，分别对频率相同、相位差90°的彩色副载波进行抑制载波方式的调幅，两者叠加即为色度信号。美国、日本、加拿大等国家采用这种制式。
- 逐行倒相正交平衡调幅制（PAL）与NTSC的差别仅在代表图像色度的两个信号之一是逐行倒相的。德国、英国等欧洲国家采用这制式。
- 行轮的换调频制（SECAM）。代表图像色度的两个信号逐行轮换地对彩色副载波进行调频。法国、俄罗斯及欧洲几个国家均采用这种制式。

③ 彩色全电视信号的组成(9)。

彩色全电视信号是由色度信号F、亮度信号Y（或用B表示）、复合消隐信号A（包括行消隐和场消隐信号）、复合同步信号S（包括行同步和场同步信号）等叠加在一起组成的，通常可用符号FBAS来表示。中国消隐电平规定为零电平，因此，在彩色全电视信号中实际上并没有叠加特定的消隐信号。另外，为了接收机解调色度信号的需要，在彩色全电视信号中还应包括色同步信号，这是由位于行同步后沿，具有一定的10个周期左右的副载波组成。

(3) NTSC编码方式

正交平衡调幅制（NTSC）是现行几种兼容彩电视制式的基础，其编码、解码简单，性能良好。在NTSC制中，对传输信号的选择可有两种不同的方式：

① Y、U、V方式。如果原有黑白电视的视频频带较宽（例如5.5～6MHz），可以采用带宽相同（都用1.3MHz）的色差信号U和V，这样编码解码比较简单容易。

② Y、I、Q方式。在实际使用NTSC制的美国、日本等国家，由于其原有黑白电视的视频带宽较窄（约为4.25MHz），必须设法压缩频带，因而选用I和Q信号作为传送的两个色差信号。

在色度信号矢量图中，彩色的色调与矢量的相角相对应。实验表明，人眼对相角为123°的橙色及相反方向上相角为303°的青色具有最大的彩色分辨力。通过123°～303°线的色度信号称为I轴，即橙-青轴。与I轴正交的色度信号轴称为Q轴，即紫-黄绿轴，它是沿着33°～213°线的。对于相连角与Q轴相对应的色调，人眼的彩色分辨力最小。I和Q两个色差信号正好代表这两个方向的色调，因此，在传送分辨力强的I色差信号时采用较宽的频带（1.5MHz），而在传送分辨力弱的Q色差信号时采用较窄的频带（0.5MHz）。

3.2.2 视频信息和获取技术

1. 视频信息获取的常用方法

多媒体计算机中常用的视频信息可通过以下几种方法获取：

(1) 利用计算机产生彩色图形，静态图像和动态图像。

(2) 利用彩色扫描仪,扫描输入彩色图形和静态图像。

(3) 利用视频信号数字化仪,将彩色全电视信号经数字化处理后,输入到多媒体计算机中,获得静态和动态图像。

2. 视频数字化

视频数字化仪在多媒体计算机中应用最多,它可以把彩色的全电视信号数字化后,存储在帧存储器中,提供多媒体计算机的使用。

视频数字化的关键技术是把连续的视频信号变成离散的信号,离散后的信号即为数字化信号,一般经过以下过程。

(1) 采样

一幅图像在二维方向上分成 $M\times N$ 个网格,每个网格用一个亮度值来表示该区域亮度,这样一幅图像就离散化为用 $M\times N$ 个亮度值表示。这个过程称为图像的采样,其中 $M\times N$ 称为采样的分辨率,网格的亮度值即为采样值。

采样一般有两种方法,一种是一维采样;另一种是二维采样。一维采样用扫描方式(如模拟电视信号、传真、扫描仪等)把二维图像转化为一维随时间变化的信号。一幅图像,用若干距离相等的行来表示,然后逐行扫描,把图像分成若干行的过程,实际上已经对垂直方向进行了采样。这样得到的随时间变化的一维行扫描信号已经采样实现图像数字化。

二维采样是目前发展的固体摄像器中采用的普遍方法,它的基本原理是把光电转换和采样功能结合起来。固体摄像器件由 $M\times N$ 个光敏元件构成,每个光敏元件对应一个采样点,$M\times N$ 个光敏元件构成 $M\times N$ 个采样点。用时钟脉冲类似于扫描方法的顺序,逐个地从光敏元件取出采样的模拟信号。

(2) 量化

量化就是把连续的亮度值分成 k 个区间,每个区间上对应着一个亮度 I,即第 1 个区间对应 I_1,第 2 个区间对应 I_2……以此类推,第 K 个区间对应 I_K。而在区间中 i 的任何亮度值都以亮度值 I_i 表示,共有 k 个不同的亮度值。

按量化区间的划分,量化可划分为均匀量化和非均匀量化。均匀量化即通常的 PCM 调制,容易实现;非均匀量化实现比较困难,但可以得到较好的图像质量。

(3) 模数变换(A/D 变换)

实现上述量化的过程称为模/数变换(A/D 变换),这个过程一般采用 PCM 量化器来实现,PCM 量化器是均匀量化,非均匀量化一方面可利用 PCM 量化的结果,根据信号特性处理为非均匀量化的数据;另一方面也可以利用专门的非均匀量化器来实现。

3.2.3 视频采集卡的工作原理

1. 视频卡的组成

视频卡主要由以下几部分组成:

(1) 模数(A/D)变换和数字解码

一般从彩色摄像机、录像机或其他视频信号源得到的彩色全电视信号均为模拟信号,因此必须经模数(A/D)变换。把彩色全电视的模拟信号变换为数字信号。在视频卡中是利用芯片 TDA8708 或 TDA8709 完成模数(A/D)变换的。

TDA8708 的基本工作原理方框图见主教材图 3.8。它有 3 个视频输入端,即位 0、位 1

和位 2，通过编程控制可选择任一个输入作为视频输入。然后送到具有钳位电路和自动增益(AGC)功能的运算放大器(AMP)，最后经过模数(A/D)变换将彩色全电视信号变换成 8 位数字信号，经 TTL 电路输出 D0～D7。这 8 位数字信号送给彩色多制式数字解码器 SAA7191 芯片。模数(A/D)变换器的时钟，同步脉冲以及黑白平的同步脉冲，均由多制式数字解码器电路提供。

SAA7191 多制式数字解码器，接收 8 位彩色电视信号(CVBS)或 8 位亮度信号(Y)和 8 位彩色信号视频信号、C super VHS 的输入，这些信号支持 PAL-B/G、NTSC-M，SECAM 等多种电视彩色制式。经过 SAA7191 的解码处理后输出两种信号格式，即 $Y:U:V=4:1:1$ 和 $Y:U:V=4:2:2$。其中 $Y:U:V=4:1:1$ 格式是 4 个 Y 像素共用一对 U、V，而 $Y:U:V=4:2:2$ 格式是 2 个 Y 像素共用一对 U、V。由于人眼对亮度信号分辨率敏感，而对彩色信号分辨率不敏感，所以采用 $Y:U:V=4:1:1$ 的图像质量已达到了一般的电视图像质量的要求。而 $Y:U:V=4:2:2$ 的图像质量已达到广播的图像质量。

SAA7191 芯片除产生数字式的 YUV 信号外，还产生行场同步及其他的控制信号，如控制 A/D 转换控制器进行消隐电平钳位的 HC 信号，指示同步位置以便进行自动增益控制 HSY 信号。同时还产生行锁定频率控制(LFCO)信号等。

(2) 窗口控制器

在视卡中，82C9001A PC-Video 作为窗口控制器，它适用于 ISA 总线 PC 的视频获取、显示用的专用控制芯片。

PC-Video 工作原理方框图见主教材图 3.9。其主要的内部功能有以下几个部分。

① PC 总线接口：主要包括 I/O 寄存器地址映射、帧存储地址映射，以及帧存储器读写等功能。

② 视频输入剪裁、变化比例：主要功能是把视频数据按照用户的定义处理后，送到 VRAM 读写模块中。视频数据根据用户的定义确定选择奇数场或偶数场，还是选择全帧，紧接着要定义输入窗口的大小和设置；然后再确定选择捕获窗口外还是窗口内的成像，或者选择整个视频图像的有效区域。

③ VRAM 读写、刷新控制：主要功能是完成对外接 VRAM 的访问和选体等控制。

④ 输出窗口 VGA 同步、色键控制：主要用来驱动帧存储器的数据同 VGA 的视频信号同步读出，并送到数模(D/A)转换器变成模拟的红、绿、蓝(R、G、B)信号。然后通过一个监视器开关与 VGA 视频信号叠加输出到 VGA 显示器上。

(3) 帧存储器系统

帧存储器在设计中选用的 VRAM 是 TC524256 Z-10 芯片，为了解决存储速度问题，采用双体结构的存储器，其原理框图见主教材图 3.11。

帧存储器主要作用有 3 个：

① 从摄像机来的视频信号，经过模数(A/D)变换，数字解码，在视频窗口控制器的控制下，将它们实时地存到帧存储器，大约 74ns 存储一个像素数据。

② 彩色监视器每隔 74ns 要从帧存储器取一个像素数据(在视频信号正程时)，经数模(D/A)转换，变换成模拟的红、绿、蓝(R、G、B)信号，供彩色监视器显示帧存储器中真彩色屏幕运动图像使用。

③ 计算机可以通过视频窗口控制器，对帧存储器的内容进行读写操作。

(4) 数模(D/A)转换和矩阵变换

在视频卡中数模(D/A)转换器由芯片 SAA9065 完成，它把 8 位的数字彩色电视信号变为模拟彩色电视信号。视频信号处理器 TDA4680 用于处理亮度和色度信号的模拟电路，其输入是 Y、U、V 信号，输出是 R、G、B，从 Y、U、V 到 R、G、B 的转换是通过一个 YUV-RGB 矩阵变换网络变成 RGB，其中矩阵因子因制式不同稍有差别，目的是要补偿信号输出中的失真。

(5) 视频信号和 VGA 信号的叠加

视频输出的 RGB 信号和从 VGA 显示卡引过来的信号是完全同步的，因为 Video 的输出是靠 VGA 的同步信号驱动的。所以用适当的方法交替地切换两路信号采用模拟开关即可实现两路信号的叠加。模拟开关采用的芯片是 74HCT 4053，该芯片的控制信号由 PC Video 提供，控制模拟开关工作。

(6) 数字式多制式视频信号编码

数字式多制式视频信号编码器由芯片 SAA7199 完成数字视频信号编码，支持 PAL 制和 NTSC 制，输出 CVBS 和 Super VHS 两组信号，工作模式有 4 种，可借助软件利用 I^2C 总线进行控制。

2. 视频卡的工作原理

视频卡的工作原理概述为：视频信号源、摄像机、录像机或激光视盘的信号首先经过模数(A/D)变换，送到多制式数字解码器进行解码，得到 Y、U、V 信号，然后用视频窗口控制器对其进行剪裁，改变比例后存入帧存储器。帧存储器的内容在窗口控制下，与 VGA 同步信号或视频编码器的同步信号同步，再送到数模(D/A)变换器模拟彩色空间变换矩阵，同时送到数字式视频编辑器进行视频编码，最后输出到 VGA 监视器及电视机或录像机。

3.2.4 彩色全电视信号的数字锁相和数字解码

1. 数字锁相

数字锁相与数字解码原理框图见主教材图 3.15，图中左半部分是数字锁相电路。锁相电路中用离散时间振荡器(DTO)代替了压控振荡器。离散时间振荡器主要由加法器和寄存器组成，加法器是 DTO 的核心部件。加法器输出通过一个寄存器反馈到输入端，与另一个增量 p 在每个时钟上升沿相加，使得加法器的输出 $X\text{n}$ 为线性增长序列。当 $X\text{n}$ 的输出超过加法器的最大值 q 时，产生溢出，忽略进位，则又产生由小到大的序列输出信号，见主教材图 3.14。这是一个离散的锯齿波信号。

数字锁相电路基本工作原理概述为：数字式彩色全电视信号经过数字或同步分离电路得到输入信号的行同步，通过检相器检测输入行频和系统时钟，经过分频电路分频处理后得到的行两者之间的相位差，再经过平滑滤波电路和接收移位寄存器得到增量 p，由 p 线性控制离散时间振荡器，得到系统时钟信号 f_0。同时参考频率振荡器产生的参考 f_q 也加到离散时间振荡器，离散时间振荡器在增量 p 的控制下，输出的信号经滤波器滤波后得到了同步频率 f_s。f_s 含有行频信号频率 f_H 再经过检相器、平滑滤波器、接收移位寄存器，即得到增量 p，构成一个闭环的反馈系统。

2. 数字解码电路

数字解码电路见主教材图 3.15 右半部分，也采用了数字锁相的办法，产生副载波频率。

以这个副载波作为地址去找 ROM 中的 sin、cos 表，读出的结果和输入的数字彩色信号相乘，达到解码的目的。

从主教材图 3.15 可知，数字彩色全电视信号先经过副载波滤波器得到 U、V 的调制信号，再经过解调，即分别乘以 sin W_{sct} 和 cos W_{sct} 得到 U、V 的分量。在电路中，数字锁相电路中 V 的解调信号，经过脉冲门和平滑滤波电路得到彩色副载波频率 f_{sc} 和参考时钟频率 f_q 的比值 $A=f_{sc}/f_q$。另一路是 $B=Nf_H/f_q$，其中 N 是分频器值，f_H 为分频。经过 A/B 除法器，得到离散时间振荡器的增量 $P=f_{sc}/(Nf_H)$，控制 DTO 的输出。而 DTO 的输出作为地址到 ROM 中查 sin 和 cos 值与从数字彩色全电视信号分离的 U、V 信号相乘，再经过低通滤波器得到数字 U、V 信号。经过陷波电路去掉彩色副载波分量，经过校正就能得到数字式 Y 信号。

3.3 本章小结

掌握彩色空间的表示及其转换，常用的 RGB 彩色空间、YUV 和 YIQ 彩色空间、HSI 彩色空间以及它们之间的转换，RGB 与 YUV 和 YIQ 之间的转换，彩色全电视信号的组成。掌握彩色空间的表示及它们之间的转换，是学习多媒体计算机彩色图形、静态图像以及动态图像处理算法的基础。

本章对视频卡的功能分类以及视频卡的工作原理，特别是关于双休存储器的工作原理、彩色全电视信号的数字锁相和数字解码电路的工作原理均作了全面的介绍。

在实际应用中，要熟练地掌握关于视频卡的安装(包括硬件安装)和软件安装，还要熟练掌握图像文件格式及其转换、静态图像文件格式和动态图像压缩编码文件格式的表示以及转换等。

3.4 例题详析

[例题 1] 在 NTSC 制式中采用的亮度公式为________。

A. $Y=0.222R+0.707G+0.071B$

B. $Y=0.707R+0.222G+0.071B$

C. $Y=0.299R+0.587G+0.114B$

D. $Y=0.587R+0.299R+0.114B$

答案 C

解析 本题主要考查学生对彩色电视制式中亮度公式的理解和掌握情况。

[例题 2] 下面阐述中不正确的是________。

A. 采用 HSI 彩色空间的优点是：可以简化图像的分析和处理的工作量

B. 采用 YIQ 彩色空间的优点是：传送 Q 信号时，采用较窄的频带，而传送 I 信号时采用较宽的频带

C. 采用 YUV 彩色空间的优点是：黑白电视机可以接收彩色电视信号

D. 采用 RGB 彩色空间的优点是：在多媒体系统中不经任何转换，可直接把 RGB 信号加到彩色监视器

答案 D

解析 本题考查学生对几种常用彩色空间的理解和掌握情况。不同的彩色空间有其不同的特点，在多媒体系统中不管采用什么形式的彩色空间表示，但最后的输出一定转换成 RGB 彩色空间表示。因此 D 项中"在多媒体系统中不经任何转换，可直接把 RGB 信号加到彩色监视器"是不正确的，所以答案为 D。

［**例题 3**］ 在数字视频信息获取与处理过程中，下面处理过程中正确的是________。

A. A/D 变换、采样、压缩、存储、解压缩、D/A 变换

B. 采样、压缩、A/D 变换、存储、解压缩、D/A 变换

C. 采样、A/D 变换、压缩、存储、解压缩、D/A 变换

D. 采样、D/A 变换、压缩、存储、解压缩、A/D 变换

答案 C

解析 本题考查学生对数字视频信息的获取与处理的流程的掌握情况，因此必须了解数字视频获取与处理的原理与流程。第 1 步是采样，第 2 步是模数(A/D)变换，经过压缩解压后最后是数模(D/A)变换，因此正确答案是 C。

［**例题 4**］ 帧频率为 25 帧每秒的制式为________。

(1) PAL　(2) SECAM　(3) NTSC　(4) YUV

A. (1)　B. (1)、(2)　C. (1)、(2)、(3)　D. 全部

答案 B

解析 本题考查学生对数字视频制式的了解情况。NTSC 制的帧频率为 30 帧每秒，PAL 制和 SECAM 制的帧频率为 25 帧每秒，因此正确答案为 B。

3.5 习　题

1. 国际上常用的视频制式有________。

(1) PAL 制　(2) NTSC 制　(3) SECAM 制　(4) MPEG

A. (1)　B. (1)、(2)　C. (1)、(2)、(3)　D. 全部

2. 全电视信号主要由________组成。

A. 图像信号、同步信号、消隐信号

B. 图像信号、亮度信号、色度信号

C. 图像信号、复合同步信号、复合消隐信号

D. 图像信号、复合同步信号、复合色度信号

3. 视频卡的种类很多，主要包括________。

(1) 视频捕获卡　(2) 电影卡　(3) 电视卡　(4) 视频转换卡

A. (1)　B. (1)、(2)　C. (1)、(2)、(3)　D. 全部

4. 在 YUV 彩色空间中数字化后 $Y:U:V$ 是________。

A. 4∶2∶2　B. 8∶4∶2　C. 8∶2∶4　D. 8∶4∶4

5. 彩色全电视信号主要由________组成。

A. 图像信号、亮度信号、色度信号、复合消隐信号

B. 亮度信号、色度信号、复合同步信号、复合消隐信号

C. 图像图信号、复合同步信号、消隐信号、亮度信号

D. 亮度信号、同步信号、复合消隐信号、色度信号

6. 数字视频编码的方式有________。

(1) RGB 视频　(2) YUV 视频　(3) Y/C(S)视频　(4) 复合视频

A. (1)　B. (1)、(2)　C. (1)、(2)、(3)　D. 全部

7. 在多媒体计算机中常用的图像输入设备是________。

(1) 数码照相机　(2) 彩色扫描仪

(3) 视频信号数字化仪　(4) 彩色摄像机

A. (1)　B. (1)、(2)　C. (1)、(2)、(3)　D. 全部

8. 视频采集卡能支持多种视频源输入，________是视频采集卡支持的视频源。

(1) 放像机　(2) 摄像机　(3) 影碟机　(4) CD-ROM

A. (1)　B. (1)、(2)　C. (1)、(2)、(3)　D. 全部

9. 下列数字视频中，________的质量最好。

A. 240×180 分辨率、24 位真彩色、15 帧每秒的帧率

B. 320×240 分辨率、30 位真彩色、25 帧每秒的帧率

C. 320×240 分辨率、30 位真彩色、30 帧每秒的帧率

D. 640×480 分辨率、16 位真彩色、15 帧每秒的帧率

10. 视频采集卡中与 VGA 的数据连线(见主教材图 3.18)，其作用是________。

(1) 直接将视频信号送到 VGA 显示器上显示

(2) 提供 Overlay(覆盖)功能

(3) 与 VGA 的交换数据

(4) 没有什么作用，可连可不连

A. (1)　B. (1)、(2)　C. (1)、(2)、(3)　D. (4)

11. 简述视频信息获取的流程，并画出其流程框图。

12. 简述视频信号获取器的工作原理。

第 4 章　多媒体数据压缩编码技术

4.1　本 章 要 点

(1) 多媒体数据压缩编码的重要性和分类。

(2) 常用压缩编码算法的基本原理及实现技术，预测编码、变换编码(K-L 变换、DCT 变换)、统计编码(Huffman 编码、算术编码)。

(3) 量化的基本原理和量化器的设计思想。

(4) 静态图像压缩编码的国际标准 JPEG 的原理及实现技术，以及动态图像压缩编码国际标准 MPEG 的基本原理。

4.2　重点与难点内容分析

4.2.1　多媒体数据压缩的重要性和分类

1. 为什么要进行数据压缩

多媒体信息包括了文本、数据、声音、动画、图形、图像，以及视频等多种媒体信息。经过数字化处理后其数据量非常大，如果不进行数据压缩处理，计算机系统就难以对它进行存储和交换。另一个原因是图像、音频和视频这些媒体具有很大的压缩潜力。因为在多媒体数据中，存在着空间冗余、时间冗余、结构冗余、知识冗余、视觉冗余、图像区域的相同性冗余、纹理的统计冗余等。它们为数据压缩技术的应用提供了可能的条件。因此在多媒体系统中必须采用数据压缩技术，它是多媒体技术中一项十分关键的技术。

数据压缩以一定的质量损失为容限，按照某种方法从给定的信源中推出已简化的数据表述。这里所说的质量损失一般都是在人眼允许的误差范围之内，压缩前后的图像如果不做非常细致的对比很难觉察出两者的差别。处理一般是由两个过程组成：一是编码过程，即将原始数据经过编码进行压缩，以便存储与传输；二是解码过程，此过程对编码数据进行解码，还原为可以使用的数据。

衡量一种数据压缩技术的好坏有 3 个重要的指标。一是压缩比要大，即压缩前后所需要的信息存储量之比要大；二是实现压缩的算法要简单，压缩、解压速度快，尽可能地做到实时压缩解压；三是恢复效果好，要尽可能地恢复原始数据。

2. 数据压缩方法的分类

随着数字通信技术和计算机技术的发展，数据压缩技术已日臻成熟，适合各种应用场合的编码方法不断产生。目前，常用的压缩编码方法可以分为两大类：一类是冗余压缩法，也称无损压缩法、无失真压缩；另一类是熵(entropy)压缩法，也称有损压缩法、有失真压缩。

有损压缩法压缩了熵，会减少信息量，因为熵定义为平均信息量，而损失的信息是不能再恢复的，因此这种压缩法是不可逆的。冗余压缩法去掉或减少了数据中的冗余，但这些冗余值是可以重新插入到数据中的，因此冗余压缩是可逆的过程。

冗余压缩法由于不会产生失真，在多媒体技术中一般用于文本、数据压缩，它能保证百分之百地恢复原始数据。但这种方法压缩比较低，如 Lz 编码、游程编码、Huffman 编码的压缩比一般在 2∶1～5∶1 之间。熵压缩法由于允许一定程度的失真，可用于对图像、声音、动态视频等数据的压缩。如采用混合编码的 JPEG 标准，它对自然景物的灰度图像，一般可压缩几倍到十几倍，而对自然景物的彩色图像，压缩比将达到几十倍甚至上百倍。采用 ADPCM 编码的声音数据，压缩比通常也能做到 4∶1～8∶1。压缩比最为可观的是动态视频数据，采用混合编码的 DVI 多媒体系统，压缩比通常可达 100∶1 到 200∶1。可见，数据压缩技术已经处于成熟的应用阶段。

常用的数据压缩方法按其原理分类也可分为预测编码、变换编码、量化与矢量量化编码、信息熵编码、分频带编码、结构编码和基于知识的编码。有关详细的编码算法见主教材图 4.1。

4.2.2 量化的基本原理

1. 量化的概念和原理

量化的作用是在图像质量或声音质量达到一定保真度的前提下，舍弃那些对视觉或听觉影响不大的信息。量化的过程是模拟信号到数字信号的映射。模拟量是连续量，数字量是离散量，因此量化操作实质上是用有限的离散量代替无限的连续模拟量的多对一的映射操作。

量化概念主要来自于从模拟量到数字量的转换，即 A/D 转换，也就是通过采样把连续的模拟量离散化。量化过程预先设置一组判决电平和一组重建电平，各个判决电平覆盖一定的区间，所有判决电平将覆盖整个有效取值区间。量化时将模拟量的取样值同这些电平比较，若采样值幅度落在覆盖区间之上，则取这个量化级的代表值，称为码字。一个量化器只能取有限多个量化级，因此量化过程不可避免地存在量化误差。

2. 标量量化

标量量化是一维量化，它使用一个量化器进行量化，每个采样的量化都和其他采样无关。A/D 转换器中所使用的 PC 编码器是最典型的实现例子。标量量化的输入输出特性采用阶梯形函数的形式。

标量量化又可分为均匀量化、非均量化和自适应量化。主教材图 4.2 是一个标量量化的过程示意图，主教材图 4.3 和图 4.4 分别给出了均匀量化和非均匀量化的特性曲线。

3. 矢量量化

量化时，除了每次仅量化一个点的做法外，也可以一次量化多个点，这种方法就是矢量量化。

矢量量化又称多维量化，是从称为码本的码字集合中选出最紧密适配于输入序列的一个码字来近似一个采样序列，这种方法以输入序列与选出的码字之间失真最小为依据。矢量量化与标量量化相比有更大的数据压缩能力。

矢量量化经常与其他的编码方法一同构成混合方法使用。一般是与变换编码相结合使用，对信源进行变换后，形成多维向量组，然后到码本中寻找最佳码字。矢量量化是一种有失真的编码方法。矢量量化编码、解码过程见主教材图 4.5。

4. 量化器

对模拟量进行数字化时，要经历一个量化的过程，这需要使用量化器。如果要量化的数据在其动态范围内的概率密度服从均匀分布，则量化级别可以等间隔地分配。

量化器的设计方法有两种：第一种是当量化器的量化电平数 K 已给定时，根据量化误差的均匀值取最小值的原则来设计；第二种是给出固定的量化噪声或失真要求，以量化电平总数 K 尽量小为原则来设计。

4.2.3 常用的压缩编码

1. 熵编码

1）信息量和信息熵概念

一个消息的可能性越小，其信息越多；消息的可能性越大，则信息越少。在数学上，所传输的消息是其出现概率的单调下降函数。信息是指从 N 个相等可能事件中选出一个事件所需要的信息度量或含量，也就是在辨识 N 个事件中特定的一个事件的过程中所需要提问"是或否"的最少次数。例如，要从 256 个数中选定某一个数，可以先提问"是否大于 128?"，不论回答是或否都消去了半数的可能事件，这样继续问下去，只要提问 8 次这类问题，就能从 256 个数中选定某一个数，这是因为每提问一次都会得到 1 位的信息量。因此，在 256 个数中选定某一个数所需要的信息量是

$$\log_2 256 = 8\text{ 位}$$

设从 N 个数中选定任一个数 x 的概率为 $P(x)$。假定选定任意一个数的概率都相等，即 $P(x)=1/N$，定义信息量为

$$I(x) = \log_2 N = -\log_2 \frac{1}{N} = -\log_2 P(x) = I[P(x)]$$

如果将信源所有可能事件的信息的量进行平均，就得到了信息的"熵"，其含义是信源 x 发出任意一个随机变量的平均信息量。信源 x 的符号集为 $X_i(i=1,2,\cdots,N)$，设 X_i 出现的概率为 $P(x_i)$，则信息源 x 的熵为：

$$H(x) = \sum_{i=1}^{n} P(x) I[P(x_i)] = -\sum_{i=1}^{n} P(x_i)\log_2 P(x_i)$$

2）哈夫曼(Huffman)编码

（1）哈夫曼编码的方法

哈夫曼编码的方法是把信源符号按概率大小顺序排列，并设法按逆次序分配码字的长度。在分配码字长度时，首先将出现概率最小的两个符号的概率相加，合成一个概率，再把这个合成的概率看成是一个新组合符号的概率，重复上述做法，直到最后只剩下两个符号的概率为止。

（2）哈夫曼编码的特点

① 用哈夫曼方法构造出来的码不是唯一，其原因有两个：一是在给两个分支赋值时，可以是左支(或上支)为 0，也可以是右支(或下支)为 0，造成编码的不唯一；二是当两个消息的概率相等时，谁前谁后也是随机的，构造出来的码字也不唯一。

② 哈夫曼编码码字字长参差不齐，因此硬件实现起来不大方便。

③ 哈夫曼编码对不同的信源的编码效率是不同的。当信源概率是 2 的负幂时，哈夫曼

码的编码效率达到100%；当信源概率相等时，其编码效率最低。因此，只有在概率分布很不均匀时，哈夫曼编码才会有显著的效果；在信源分布均匀的情况下，一般不使用哈夫曼编码。

④ 对信源进行哈夫曼编码后，形成了一个哈夫曼表。解码时，必须参照哈夫曼编码表才能正确译码。在信源的存储与传输过程中，必须首先存储或传输这一哈夫曼编码表。在实际计算压缩效果时，必须考虑哈夫曼编码表占有的比特数。在某些应用场合，信源概率服从于某一分布或存在一定规律(这主要由大量的统计得到)，这样就可以在发送端和接收端先固定哈夫曼编码表，在传输数据时就省去了传输哈夫曼编码表，这种方法称为哈夫曼编码表的默认使用。虽然这种方法对某一个特定应用来说不一定最好，但从总体上说，只要哈夫曼编码表基于大量概率统计，其编码效果是足够好的。

使用默认的哈夫曼编码表有两方面的好处：一是降低了编码的时间，改变了编码和解码的时间不对称性；二是使用硬件实现，编码和解码电路相对简单。这种方法适用于实时性要求较强的场合。

主教材图4.7和图4.8给出了一个具体例子，说明了哈夫曼编码过程、步骤以及码字的构成等。

3) 算术编码

(1) 算术编码原理

算术编码的方法是将被编码的信源消息表示成实数轴0～1之间的一个间隔(也称子区间)，消息越长，编码表示它的间隔就越小，表示这一间隔所需的二进制位数就越多。信源中连续符号根据某一模式生成概率的大小来缩小间隔，可能出现的符号要比不太可能出现的符号缩小范围少，只增加了较少的比特。

下面举一个简单的例子来说明算术编码的原理过程。

例：已知信源 $\boldsymbol{X}=\begin{Bmatrix} 0 & 1 \\ 1/4 & 3/4 \end{Bmatrix}$，对1011进行算术编码。

① 二进制信源符号只有两个，即0和1，设置小概率 $Q_e=1/4$，大概率 $P_e=1-Q_e=3/4$。

② 设 C 为子区间的左端起始位置，L 为子区间的长度(等效于符号概率)，根据(a)知，符号0的子区间为[0,1/4)；0的子区间左端 $B=0$，子区间长 $L=1/4$；符号1区间为[1/4,1)；1的子区间左端 $B=1/4$，子区间长 $L=3/4$。

③ 在编码运算过程中，随着消息符号出现，子区间按下列规则缩小。

规则A：新子区间左端＝前子区间左端＋当前子区间左端×前子区间长度

规则B：新子区间长度＝前子区间长度×当前子区间的长度

④ 初始子区间为[0,1)，即 $0\leqslant X<1$。

编码算法过程如下：

步序	符号	C	L
1	1	1/4	3/4
2	0	1/4＋0×3/4＝1/4	3/4×1/4＝3/16
3	1	1/4＋1/4×3/16＝19/64	3/16×3/4＝9/64
4	1	9/64＋1/4×9/64＝85/256	9/64×3/4＝27/256

最后的子区间左端(起始位置) $C=(85/256)d=(0.01010101)\text{b}$。最后的子区间长度

$L=(27/256)d=(0.0111)b$ 编码结果为子区间头尾之间取值，其值为 0.011，可编码为 011，原来 4 个符号 1011 被压缩为 3 个符号 011。

解码过程是逆过程，首先将区间[1,0)，按 Q_e 靠近 0 侧，P_e 靠近 1 侧分割成两个子区间，判断被解码字落在哪个子区间，而赋予对应符号。有关解码算法举例参考主教材的内容。

(2) 算术编码的特点

- 算术编码的模式选择直接影响编码效率，有固定模式，也有自适应模式。
- 算术编码的自适应模式无须先定义概率模型，对无法进行概率统计的信源合适，在这点上优越于哈夫曼编码。
- 在信源符号概率接近时，算术编码比哈夫曼编码效率高。
- 算术编码的硬件实现比哈夫曼编码要复杂些。
- 算术编码在 JPEG 的扩展系统中被推荐代替哈夫曼编码。

2. 预测编码的基本原理及分类

(1) 预测编码的基本原理

预测编码是根据某一种模型，利用以前的(已收到)一个或几个样值，对当前的(正在接收的)样本值进行预测，对样本实际值和预测值之差(差值)进行编码。显然，如果模型足够好，图像样本时间上相关性很强，一定可以获得较高的压缩比。具体来说，从相邻像素之间有很强的相关性特点考虑，比如当前像素的灰度或颜色信号，数值上与其相邻像素总是比较接近，除非处于边界状态。那么，当前像素的灰度或颜色信号的数值，可用前面已出现的像素的值，进行预测(估计)，得到一个预测值(估计值)将实际值与预测值求差，对这个差值信号进行编码、传送，这种编码方法称为预测编码方法。

预测编码原理框图如图 4.1 所示。

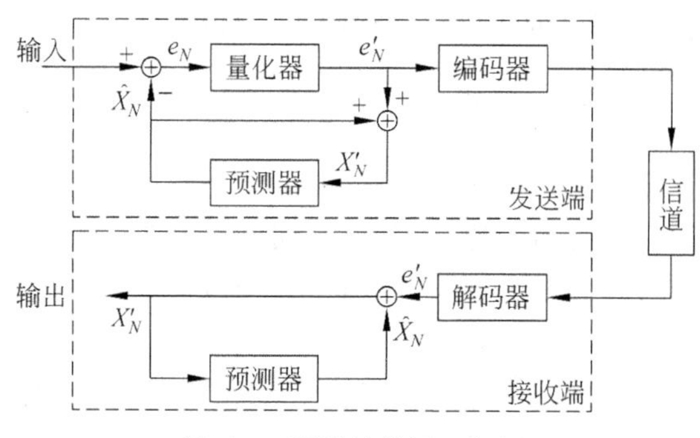

图 4.1　预测编码原理框图

其中：X_N 为 t_N 时刻图像样本值；

$\hat{X}$ 为根据 t_N 时刻以前的样本值 $X_1, X_2, \cdots, X_{N-1}$ 对 X_N 所作的预测值；

$e_N = X_N - \hat{X}_N$ 差值信号；

$G_N = e_N - e'_N$ 量化误差。

由图 4.1 中不难推出：

① 编码解码误差为 $X_N - \hat{X}_N = X_N - (\hat{X}_N + e'_N) = g_N$，说明预测编码的误差来自于量化器，若不带量化器，$g_N = 0$，实现无损编码。

② 在均方误差最小的准则下,使其误差最小的方法称其为最佳预测编码。

③ 利用线性方程计算预测值 X_N 的编码方法称为线性预测。利用非线性方程计算预测值 X_N 的编码方法称为非线性预测。

④ 如果 $X_1, X_2, \cdots, X_N$ 取自同一帧内,称为帧内预测编码。如果 $X_1, X_2, \cdots, X_N$ 取自不同帧,称为帧间预测编码。

⑤ 如果预测器和量化器参数按图像局部特性进行调整,称为自适应预测编码(ADPCM)。

⑥ 在帧间预测编码中,若帧间对应像素样本值超过某一阈值就保留,否则不传或不存,恢复时就用上一帧对应像素样本值来代替,称其为条件补充帧间预测编码。

⑦ 在活动图像预测编码中,根据画面运动情况,对图像加以补偿再进行帧间预测的方法,称其为运动补偿预测编码方法。

(2) 预测编码方法的特点

① 算法简单、速度快、易于硬件实现。

② 编码压缩比不太高。

③ 误码易于扩散,抗干扰能力差。

(3) 预测编码的分类

预测编码方法分为线性预测编码和非线性预测编码两种。线性预测编码方法,也称差值脉冲编码调制法(DPCM)。

3. 变换编码

(1) 变换编码的基本原理及分类

变换编码的基本思路是:首先将空域图像信号变换到另一个正交矢量空间(变换域或频域),获得一系列的变换系数,然后对这些变换系数进行编码。如将时域信号变换到频域信号,因为声音、图像大部分信号都有低频信号,在频域中信号的能量较集中,再进行采样、编码就可以压缩数据。

变换编码主要在变换域上进行,而预测编码主要在时(空)域上进行。典型的变换编码系统,如图 4.2 所示。

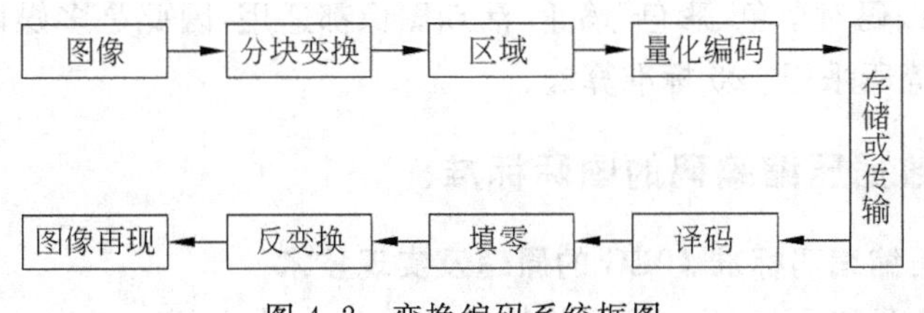

图 4.2 变换编码系统框图

变换编码系统中压缩数据有 3 个步骤:变换、变换域采样和量化。变换本身并不进行数据压缩,它只把信号映射到另一个域,使信号在变换域里容易进行压缩,变换后的样值更独立和有序。这样,量化操作通过比特分配可以有效地压缩数据。

按正交变换的形式,变换编码有傅里叶(Fouries)变换、哈尔(Haar)变换、沃尔化(Walsh)变换、斜变换(Slant),其中 K-L 变换(Karhunen-Loeve)去相关性最好,但实现最困难。而离散余弦变换 DCT 接近于 K-L 变换性能,也容易实现,因此作为多媒体几种编码技术标准的应用算法。

(2) DCT 编码算法

DCT 正变换公式为：

$$C(u,v) = \frac{4E(u)}{MN}E(v)\sum_{x=0}^{M-1}\sum_{y=0}^{N-1}f(x,y)\cos\left(\frac{2x+1}{2M}u\pi\right)\cos\left(\frac{2y+1}{2N}v\pi\right)$$

IDCT 逆变换公式：

$$f(x,y) = \sum_{u=0}^{M-1}\sum_{v=0}^{N-1}E(u)E(v)C(u,v)\cos\left(\frac{2x+1}{2M}u\pi\right)\cos\left(\frac{2y+1}{2N}v\pi\right)$$

$$x = 0,1,2,\cdots,M-1$$

$$y = 0,1,2,\cdots,N-1$$

式中 $E(u)E(v)=\begin{cases}\frac{1}{\sqrt{2}}, & \text{当 } u=v=0 \text{ 时}\\ 1, & \text{其他}\end{cases}$

(3) DCT 编码特点

① DCT 的直流系数 $C(0,0)\geqslant 0$，近似满足瑞利分布。

② DCT 系数矩阵能量集中在直流和低频区，$C(u,v)$ 近似满足拉普拉斯分布。

③ DCT 系数振幅谱基本不相关。

以上 3 点是 DCT 本身所具备的特性，DCT 变换编码实际应用中还有以下几个问题需要注意：

① DCT 是 FFT 的实部，它的快速算法可由专用芯片实现，应用广泛。

② DCT 性能(系数相关性，能量分布)接近于 K-L 变换。

③ 输入图像分块进行 DCT，块的尺寸要考虑有足够的存储定量和允许的运算时间支持，同时还有方块“边界效应”的影响。

④ 在 DCT 系数量化编码比特分配时，一般原则是高能量区分配较多的比特数，低能量区分配较少的比特。针对不同的图像特性，根据不同的比特分配策略，对不同区域模式采用自适应比特分配，可以提高压缩比。

⑤ DCT 变换编码对单色、彩色、静止、活动图像都适用，因此是多媒体技术标准 JPEG、MPEG 和 H.261 等所采用 126 标准算法。

4.2.4 多媒体数据压缩编码的国际标准

1. 静态图像压缩编码标准 JPEG 的原理及实现技术

1986 年，CCITT 和 ISO 两个国际标准化组织联合成立了一个联合图像专家组(Joint Photographic Experts Group，JPEG)，致力于建立适合彩色和单色的灰度级的连续色调静止图像的压缩标准。

联合图像专家小组于 1991 年提出了 ISO CDT 建议草案“多灰度静止图像的数字压缩编码”，该标准有 4 种运行编码模式：DCT 顺序模式(也称基本系统)、DCT 递增模式无失真编码和分层编码模式。该标准的核心部分为基本系统，所有 JPEG 编码器都必须支持基本系统。基本系统编码方案为二维余弦变换，变换系数经自适应量化后做游程编码和变字长编码，相邻子块直流系数做无损差分脉冲编码调制编码。该建议草案经 ISO/IEC(国际电子技术委员会)批准成为第 10918 号标准,即 JPEG 高质量静止图像压缩编码标准。

JPEG 标准采用了混合编码方法,定义了两种基本压缩算法:一种是基于空间线性预测技术(即差分脉冲调制)的无失真压缩算法;另一种是基于离散余弦变换,并应用行程编码和熵编码的有失真压缩算法。JPEG 标准的有损压缩率为 10∶1～100∶1,如果压缩率小于 40,所获图像与原图主观效果几乎一样。JPEG 标准的无损压缩率大约为 4∶1。

JPEG 算法主要存储颜色变化,尤其是亮度变化,因为人眼对亮度变化要比对颜色变化更为敏感。只要压缩后重建的图像与原来图像在亮度变化、颜色变化上相似,在人眼看来就是同样的图像。其原理是不重建原始画面,而生成与原始画面类似的图像,丢掉那些未被注意到的颜色。

1) JPEG 压缩的适用范围

JPEG 只有帧内编码,每帧可随机存取。JPEG 连续色调图像压缩方法满足以下要求:

① 可大范围调节图像压缩率及其相应的图像保真度,解码器可参数化,用户应用可以选择期望的压缩/质量比。

② 可应用于任何连续色调数字图像,不限制图像的景象内容。

③ 只需有一定能力的 CPU 就可实现,而不要求很高档的机器,复杂的软件本身要易于操作。

④ 可运行 4 种模式:无失真压缩、基于 DCT 的顺序工作方式、基于 DCT 的累进工作方式和基于 DCT 的分层工作方式。

2) 无失真预测编码

JPEG 选择了简单的线性预测编码方法,具有硬件实现容易、重建质量好的优点。无失真预测编码器框图,如图 4.3 所示。

无失真预测采用三邻域采样值法,由 a、b、c 预测 x,如图 4.4 所示。以 x'表示 x 的预测值(x 是该点的实际值),从 x 中减去 x'得到一差值,再对差值进行无失真的熵编码(可采用哈夫曼算术编码)。预测值 x'可用表 4.1 所列的选择值,表 4.1 中的 1、2、3 是一维预测,4、5、6、7 是二维预测。无失真预测编码的压缩比一般为 2∶1。

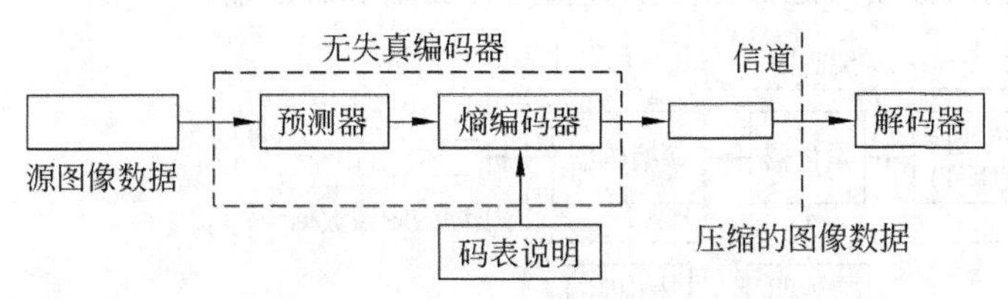

图 4.3　无失真预测编码器框图

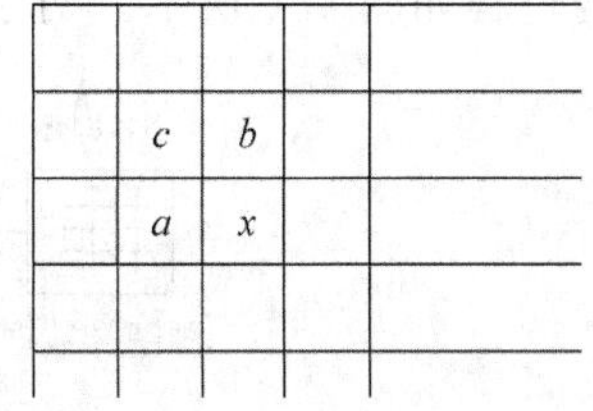

图 4.4　三邻域预测方法

表 4.1　无失真预测编码预测值可选择值

选择值	预测	选择值	预测
0	非预测	4	$A+B-C$
1	a	5	$A+[(B-C)/2]$
2	b	6	$B+[(A-C)/2]$
3	c	7	$(A+B)/2$

3）基于 DCT 的有失真压缩编码

基于离散余弦变换（DCT）的压缩编码算法有两种不同层次的系统：基本系统和增强系统，并且定义了两种工作方式：顺序方式和累进方式。基本系统采用顺序工作方式，编码过程中只采用哈夫曼编码，解码只能存储两套哈夫曼表。增强系统是基本系统的扩充或增强，它采用累进工作方式，编码过程可采用自适应能力的算术编码。

（1）离散余弦变换

JPEG 采用子块为 8×8 的二维离散余弦变换。在编码器的输入端，把原始图像顺序地分割成一系列 8×8 的子块。设原始图像的采样精度为 P 位，是无符号整数，输入时把$[0,2^{P-1}]$范围内的无符号整数变成$[-2^{P-1},2^{P-1}-1]$范围内的有符号整数，以此作为离散余弦正变换（Forward DCT）的输入。在解码器的输出端经离散余弦逆变换（Inverse DCT）后，得到一系列 8×8 的图像数据块，需将其数值范围由$[-2^{P-1},2^{P-1}-1]$再变回到$[0,2^{P}-1]$范围内的无符号整数来获得重构图像。

下面是 8×8 FDCT 和 8×8 IDCT 的数学变换公式：

$$F(u,v)=\frac{1}{4}C(u)C(v)\left[\sum_{x=0}^{7}\sum_{y=0}^{7}f(x,y)\cos\frac{(2x+1)u\pi}{16}\cos\frac{(2y+1)v\pi}{16}\right]$$

逆变换如下：

$$f(x,y)=\frac{1}{4}\left[\sum_{x=0}^{7}\sum_{y=0}^{7}C(u)C(v)F(u,v)\cos\frac{(2x+1)u\pi}{16}\cos\frac{(2y+1)v\pi}{16}\right]$$

其中 $\begin{cases}C(u),C(v)=1/\sqrt{2}, & \text{当 } u,v=0\\ C(u),C(v)=1, & \text{其他}\end{cases}$

二维快速余弦变换算法是把 8×8 子块不断地对半分成无交叠子块，重新排列数据块直到 1×1 子块，并直接对数据进行运算操作。

离散余弦变换逆变换由 64 个离散余弦变换系数经逆变换重建 64 点的图像，由于计算过程中不可避免的精度损失以及系数的量化，这个 64 点的图像不能完全恢复到原始图像。一个单分量，如图像的灰度信号符，基于离散余弦变换的压缩编码过程如图 4.5 所示。其解码过程如图 4.6 所示。对于彩色图像则可近似作为多分量进行压缩和解压缩。

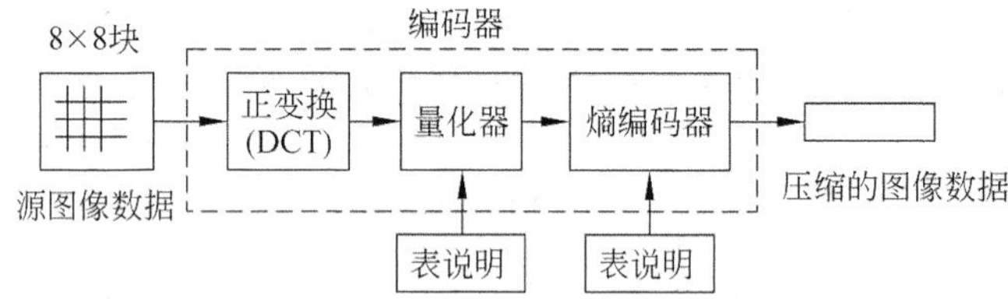

图 4.5　基于 DCT 压缩编码过程

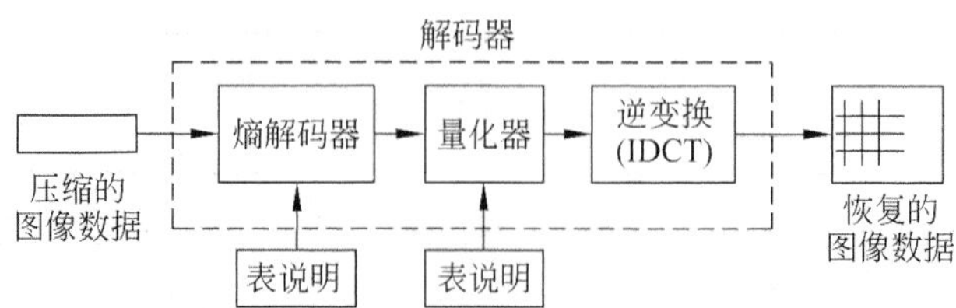

图 4.6　基于 DCT 的压缩解码过程

(2) 离散余弦变换系数的量化处理

为达到压缩数据的目的，对离散余弦变换系数 $F(u,v)$ 需作量化处理。不同频率的余弦函数的视觉效果不同。量化步长是量化表的元素，可按不同频率的视觉值来选择量化表中元素的大小。实际设计中可通过心理视觉实验确定对应于不同频率的视觉阈值，以确定不同频率的量化器步长。

量化处理是多到一的映射，是造成离散余弦变换编码解码信息损失的根源。在 JPEG 中采用线性均匀量化器。量化定义为 64 个离弦系数除以量化步长后，四舍五入取整，表达式如下：

$$F^{Q}(u,v) = \text{IntegerRound}[F(u,v)/Q(u,v)]$$

其中，$Q(u,v)$ 为量化器步长，是量化表的元素(量化表的元素随离散余弦变换系数的位置和彩色分量的不同有不同的值)。量化表的尺寸为 8×8，与 64 个变换系数一一对应。量化表可由用户规定，但 JPEG 给出了参考值，并作为编码器的一个输入。量化表的多个元素值为 1～255 之间的任意整数，共值规定了它到对应的离散余弦变换系数的量化器步长。

反量化表达式如下：

$$F^{Q}(u,v) = F^{Q}(u,v)Q(u,v)$$

量化结果一般是频率低的分量系数大，频率高的分量系数小且大多为零。

(3) 直流(DC)系数的编码和交流(AC)系数的行程编码

64 个变换系数中，直流系数处于矩阵的左上角，是 64 个图像采样的平均值。相邻 8×8 块之间的直流系数有很强的相关性。JPEG 对于量化后的直流系数采用差分编码(DPCM)，即对相邻块之间的直流系数的差值 $\text{DIFF} = \text{DC}_j - \text{DC}_{j-i}$ 编码。其余 63 个交流系数采用行程编码。从左上方 AC_{01} 开始沿对角线方向，以 Z 字形进行行程扫描，直至 AC_{77} 扫描结束。量化后的交流系数中通常会有许多零值，以 Z 字形路经进行行程编辑，可增加行程中连续的零的个数，如图 4.7 所示。

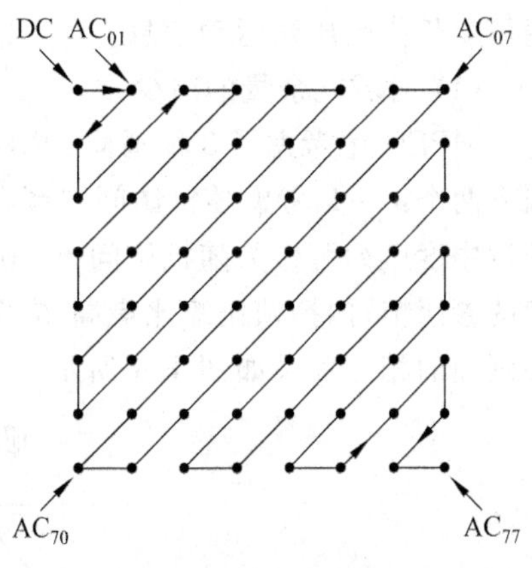

图 4.7 Z 字形排列

2. 运动图像压缩编码标准(MPEG)

MPEG 标准是 ISO/IEC 委员会的第 11172 号标准，是针对全活动视频的压缩标准。该标准包括 MPEG 视频、MPEG 音频和 MPEG 系统 3 大部分。MPEG 视频是面向位速率约 1.5Mb/s 全屏幕运动图像的数据压缩；MPEG 音频是面向每通道数率为 64Kb/s、128Kb/s 和 192Kb/s 的数字音频信号的压缩。

MPEG 输入图像亮度信号的分辨率为 360×240，色度信号的分辨率为 180×120，每秒 29.97 帧，采用双向运动补偿。MPEG 把输入的视频信号分成组，用 3 种图像格式标出：帧内图像、预测图像和差补图像。每组中的第 1 帧用帧内图像格式编码，第 1M、2M、3M 帧(M 一般选为 3)用预测图像格式编码，其他各帧使用差补图像格式编码。差补图像不仅利用过去的帧内图像或预测图像，也利用未来的帧内图像或预测图像进行运动补偿，因此可以达到更高的图像压缩率。

1) MPEG-1 标准

MPEG-1 标准是运动图像专家小组 1981 年制定的数字存储运动图像及伴音编码标准。该标准分为视频、音频和系统 3 部分。它是一个通用标准，既考虑了应用要求，又独立于具体应用之上。视频部分为 1.5Mb/s 活动图像压缩编码算法，对于带宽为 1.5Mb/s 的位流，能够获得可接受的图像质量。该算法帧内编码采用二维余弦变换、自适应量化、行程编码、变字长编码和 DPCM 技术，帧间编码采用运动补偿预测和运动补偿内插技术。MPEG-1 对于较低的传输速率、窄带宽的应用(如单速 CD-ROM)是相当完善的，并通过插值可处理大于 352×240 的画面。

MPEG 应用的数字存储媒体包括光盘(CD-ROM)、数字录音带(DAT)、磁盘和可写光盘，通信网络包括集成服务数字网络(ISDN)和局域网(LAN)等。视频压缩算法必须有与存储相适应的性质，即能够随机访问、快进和快退、检索、倒放、音像同步、容错，延时控制(在 150ms 之内)，可编辑性，以及灵活的视频窗口格式。实现这些特性对各种应用十分重要。

设计 MPEG 视频压缩算法的一个矛盾是：仅靠帧内编码无法达到在保证画面质量前提下的高压缩比，而满足随机访问条件的最好算法是帧内编码。为满足高压缩和随机访问两方面要求，MPEG 采取了预测和插值两种帧间编码技术。

MPEG 视频压缩算法有两个技术基础：块基(block-based)运动补偿(缩减时间冗余)和域基(domain-based)变换(缩减空间冗余)。运动补偿技术采用因果和非因果两种编码方法(即纯预测编码和插值预测编码)。剩余信号(预测误差)在缩减空间冗余时被进一步压缩，与运动有关的信息包含在 16×16 的剩块中，与空间信息一起进行变换。为获得最高效率，用可变长代码压缩运动信息。

(1) 时域冗余量的减少

MPEG 中考虑了 3 种画面：内帧(I)、预测帧(P)和内插帧(B)(双向预测)。这样做的原因有两个：一是考虑随机访问视频存储的重要性；二是运动补偿可显著降低位速率。内帧经过中度压缩可作为随机访问点；预测帧以参照帧(I 或 P)基础进行编码，它又是后面预测帧的参照帧；内插帧压缩比最高，它需要前后两个参照帧，但它本身不可作为参照帧使用。3 种画面的相互关系如图 4.8 所示。

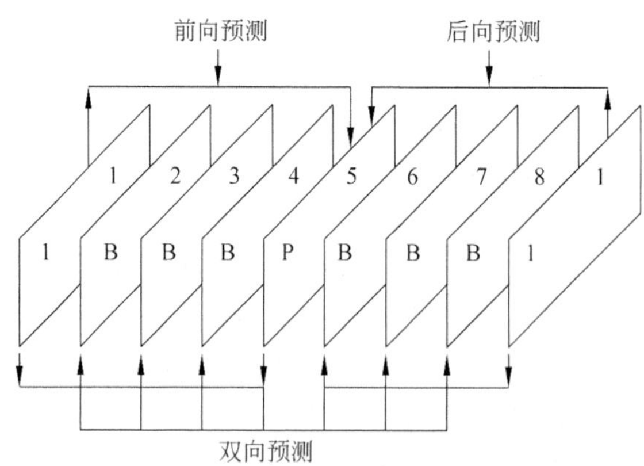

图 4.8　内帧、预测帧和内插帧三种画面的相互关系

在预测编码中，运动补偿方法可大大提高编码效率。运动补偿技术假设每帧当前画面

都可以以前面某一帧为原型经过变换而得到，这一变换是局部的，即画面上各点位移的方向和大小不必相同。运动信息由一个前向预测、一个后向预测和两个双向预测微块向量构成。每个16×16块的运动信息都与邻块有些不同，通过对比可确定运动向量的变化范围，并使之与时间分辨率、空间分辨率及画面内容相匹配。标准所定的范围很大，足够适用于一些特殊情况。

(2) 空域冗余量的减少

MPEG视频信息的帧内图和预测图都有很高的空域冗余度，用于减少这方面冗余的技术很多，但由于运动补偿处理基于块的特性，基于块的技术用于此处更合适些。在基于块的空间冗余压缩技术中，变换编码技术和矢量量化技术是非常有用的。在正交变换中，DCT具有许多明显的优点，且相对来说较易实现，所以帧内压缩也采用基于DCT的方法。这和静态图像的压缩标准(JPEG)相同，实现的步骤也一样。只是在JPEG压缩算法中，针对静止图像，对DCT系数采用等宽量化。在MPEG中的视频信号包含有静止画面(帧内图)和运动信息(帧间预测图)等不同的内容，故量化器的设计需做特殊的考虑。一方面量化器结合行程编码能使大部分数据得以压缩；另一方面要求通过量化器，编码器使之输出一个与信道传输速率匹配的比特流。因此，如何设计一个能够满足上述要求，且有满意的视觉质量的量化器，在MPEG中是十分重要的。

2) MPEG-2标准

MPEG-2是MPEG-1的扩充、丰富和完善。MPEG-2标准的视频数据速率为4～5Mb/s，能提供720×480(NTSC)或720×576(PAL)分辨率的广播级质量的视像，适用于包括宽屏幕和高清晰度电视(HDTV)在内的高质量电视和广播。

MPEG-2的特点如下：

① 解码器通常支持MPEG-1和MPEG-2两种标准。

② 基本分辨率为720×480，传输速率为每秒30帧，并具有CD的音质。

③ 允许在一定范围内改变压缩比，以便在画面质量、存储容量和带宽之间做出权衡。可以30：1或更低的压缩比提供广播级的质量。

④ 压缩比可高达200：1，能够以每秒30帧的速度播放全屏影像。实际的压缩比依赖于节目的内容和所需的重放质量。运动和背景的变化越多，所得到的压缩比就越低。

⑤ 能够对分辨率可变的视频信号进行压缩编码，预计的传输速率将为10Mb/s。

通常MPEG-2要用几百秒的时间去压缩用于播放1秒钟的电视画面，实时的MPEG-2压缩编码一直是很困难的，实现起来十分昂贵。与P×64相比实时性好，而MPEG压缩率高。

DVD格式的视频部分将采用MPEG-2压缩标准，音频部分压缩标准将随电视制式而异。MPEG-2压缩标准已被以欧洲为主的国家采纳并用于PAL制的音频中，美国和日本在NTSC制中采用的是AC3音频压缩标准。

有关MPEG-4和MPEG-7和MPEG-21标准在主教材中均作了详细的介绍。

4.3 本章小结

本章详细讨论了多媒体数据压缩编码及算法的基本概念、原理，以及各种编码压缩技术。这些压缩技术可以归纳为有失真压缩和无失真压缩。有失真压缩能提供较高的压缩比，但由于损失了信源的熵，压缩后的数据是无法准确无误地恢复的，无失真压缩能准确无误地恢复原信息，它只是去掉了信源的冗余部分，但不能提供较高的压缩比。

对多媒体数据压缩各种编码技术均做了详细的讨论。如统计编码的基本原理、信息量和信息熵的概念、哈夫曼编码、算术编码、预测编码的基本原理、自适应预测编码、帧间预测编码、变换编码的基本原理、K-L 变换、DCT 变换等。

多媒体数据压缩编码的国际标准，如静态图像压缩编码标准(JPEG)的编码解码的基本原理及实现技术，以及动态图像压缩编码标准(MPEG)的基本原理均做了详细的分析和讨论。本章的最后对新一代的声像编码国际标准 MPEG-7 做了有关介绍。

4.4 例题详析

[**例题 1**] 衡量数据压缩技术性能的重要指标是________。

(1) 压缩比　(2) 算法复杂度　(3) 恢复效果　(4) 标准化

A. (1)、(3)　B. (1)、(2)、(3)　C. (1)、(3)、(4)　D. 全部

答案 B

解析 本题主要考查学生对衡量数据压缩技术性能指标好坏的了解情况。数据压缩技术性能好坏的指标有 3 个，即压缩比要大、算法要简单、恢复效果要好。正确答案是 B。

[**例题 2**] ________是不正确的。

A. 熵压缩法会减少信息量

B. 熵压缩法是有损压缩法

C. 熵压缩法可以无失真地恢复原始数据

D. 熵压缩法的压缩比一般都较大

答案 C

解析 本题考查学生对熵压缩法定义的理解。因为熵压缩法压缩了熵，会减少信息量，而损失的信息是不可再恢复的，所以它不能无失真地恢复数据。因此正确答案是 C。

[**例题 3**] ________是不正确的。

A. 多媒体数据经过量化器处理后，提高了压缩比

B. 多媒体数据经过量化器处理后，产生了不可逆的信息损失

C. 多媒体数据经过量化器处理后，可无失真恢复原始数据

D. 多媒体数据经过量化器处理后，产生了图像失真

答案 C

解析 本题主要考查学生对量化原理和作用的理解。因为量化处理是指 PCM 码作为输入，经正交变换、差分或预测误差的量化处理。这种量化处理是一个多对一的处理过程，是不可逆的过程，经量化器处理后会产生信息失真或信息损失。因此正确答案是 C。

[**例题 4**] ________是图像和视频编码的国际标准。

(1) JPEG　(2) MPEG　(3) ADPCM　(4) H. 261

A. (1)、(2)　B. (1)、(2)、(3)　C. (1)、(2)、(4)　D. 全部

答案 C

解析 本题主要考查学生对图像和视频的压缩标准的了解。ADPCM 通常是用于压缩

语言信号的一种压缩技术，而 JPEG、H. 261 分别是用于静止图像或视频压缩的国际标准。它们采用的是混合编码，综合了多种数据压缩技术。因此正确答案是 C。

4.5 习　　题

1. ________是正确的。

(1) 冗余压缩法不会减少信息量，可以原样恢复原始数据

(2) 冗余压缩法减少了冗余，不能原样恢复原始数据

(3) 冗余压缩法是有损压缩法

(4) 冗余压缩的压缩比一般都比较小

A. (1)、(3)　　B. (1)、(4)

C. (1)、(3)、(4)　　D. (3)

2. 图像序列中的两幅相邻图像，后一幅图像与前一幅图像之间有较大的相关，这是________。

A. 空间冗余　　B. 时间冗余

C. 信息熵冗余　　D. 视觉冗余

3. ________不正确。

A. 预测编码是一种只能针对空间冗余进行压缩的方法

B. 预测编码是根据某一模型进行的

C. 预测编码需将预测的误差进行存储或传输

D. 预测编码中典型的压缩方法有 DPCM 和 ADPCM

4. ________正确。

A. 信息量等于数据量与冗余量之和

B. 信息量等于信息熵与数据量之差

C. 信息量等于数据量与冗余量之差

D. 信息量等于信息熵与冗余量之和

5. P×64K 是视频通信编码标准，要支持通用中间格式 CIF，要求 P 至少为________。

A. 1　　B. 2　　C. 4　　D. 6

6. 在 MPEG 中为了提高数据压缩比，采用了________。

A. 运动补偿与运动估计

B. 减少时域冗余与空间冗余

C. 帧内图像数据与帧间图像数据压缩

D. 向前预测与向后预测

7. 在 JPEG 中使用了________两种熵编码方法。

A. 统计编码和算术编码

B. PCM 编码和 DPCM 编码

C. 预测编码和变换编码

D. 哈夫曼编码和自适应二进制算术编码

8. 简述 MPEG 和 JPEG 的主要差别。

9. 信源符号及其概率如下：

a	a_1	a_2	a_3	a_4	a_5
$p(a)$	0.5	0.25	0.125	0.0625	0.0625

求其 Huffman 编码、信息熵及平均码长。

10. 说明 JPEG 静态图像压缩编码原理及其实现技术。

第5章 多媒体计算机硬件及软件系统结构

5.1 本章要点

(1) 了解具有代表性的多媒体计算机系统结构(如硬件、软件),如Intel和IBM公司研制的DVI(数字视频交互式)多媒体计算机系统成功和失败的经验教训,对于理想的DVI系统怎样设计实现。

(2) 将多媒体功能集成到CPU芯片中,一类是以多媒体和通信功能为主,融合CPU芯片原有的计算机功能;另一类以通用CPU计算机功能为主,融合多媒体和通信功能。

(3) 把多媒体和通信功能集成到CPU芯片中的一些设计原则:在设计时采用国际标准;多媒体和通信功能的单独解决变为集中解决;体系结构的设计和算法相结合等。

5.2 重点与难点内容分析

5.2.1 典型数字视频交互式多媒体系统分析

1. DVI系统概述

DVI(Digital Video Interactive)即数字视频交互,是Intel公司推出的支持多媒体信息处理及表现的一个集成环境。1983年,美国普林斯顿的戴维沙诺夫研究中心开始研究将计算机拥有的人机交互技术与电视提供的真实感技术相结合的可能性,并在1987年Microsoft公司举办的CD-ROM年会上首次公开演示。1989年,Intel公司购买了这一技术,且当年Intel和IBM公司在国际市场上首次推出DVI技术的第一代产品Action Media 750,1991年在美国Comdex展会上推出了DVI技术的第二代产品Action Media 750 Ⅱ,并获得了Comdex 91年最佳多媒体产品奖。DVI的基本功能就是在个人计算机上实现对数字的视频、音频、静止图像、计算机图形的综合。DVI是目前比较成熟的多媒体计算机系统。它在以下几个方面取得了实质性的突破:

① 一种全数字化的方法。DVI的关键目标是将所有媒体信号都作为数字化的数据来存储和处理,从而避免部分模拟和部分数字系统的昂贵、复杂、难于同步等缺陷。DVI用一个单一的存储设备和芯片来产生活动视频、声音、合成的视像,它们直接由一台个人计算机控制,从而形成了一个交互性、实用性都很好的系统。

② 视频压缩。DVI最具有特色的一个部分就是先进的视频数据压缩。对视频数据若不进行压缩就要占据大量的存储空间。DVI实现了对视频信息进行实时的高效压缩和解压缩,其基本考虑是:只记录相继帧之间的差别部分。另外,在DVI芯片内有特殊的配件,如彩色查找表、彩色子样部件以及专有的信息封装技术。

③ 声音压缩。DVI采用"自适应的差分脉码调制"算法(ADPCM)来提供声音的压缩,并用了特殊的缓冲技术来防止声音的间断。

④ 合成图片。DVI 不仅能实现被压缩的视频序列，也能生成计算机图形。硬件直接支持位图图像和“结构化”的图形（由多边形、曲线等图形元素建立），也能提供位图形式的文本。DVI 的硬件执行图形算法有着很快的速度，能够支持在视频图像上叠加动画。

Ⅱ型 DVI 系统比Ⅰ型 DVI 系统有以下几点改进。

① 性能指标高。Ⅱ型 DVI 系统在硬件设计时采用了 82750 PB 像素处理器和 82750 DB 显示处理器专用芯片。在运算速度、微码引擎和指令系统方面均有明显的改进。

② 使用了 3 个专用的门阵列电路，即 82750 LH 主机接口门阵、82750 LV VRAM/SCSICapture 接口门阵、82750 LA 音频子系统接口门阵。

③ 将多块处理板集成为一块处理板。最早的 DVI 系统由 5 块板组成，Ⅰ型 DVI 系统由 3 块板组成，而Ⅱ型的 DVI 系统集成为一块，视频和音频获取也装在板上，只占一个 IBM PC 标准插槽。

Ⅱ型 DVI 系统的核心是视频算法和显示引擎，它们是 82750 PB 像素处理器和 82750 PB 显示处理器、静止图像压缩编码和解压缩算法。同时还要完成把最后得到的位映射转换成在监视器能够显示的模拟的 RGB 信号。

2. DVI 硬件系统主要特点

在硬件上采用多媒体板 Action Media Ⅱ，Action Media Ⅱ由一块传送板和一个采集模块组成。目前板上两个主要处理器是 Intel 公司的 i750 B 系列的 82750 PB 像素处理器和 82750 DB 显示处理器。图 5.1 所示为 DVI 多媒体开发系统示意图。下面对 DVI 硬件系统主要的特点进行介绍。

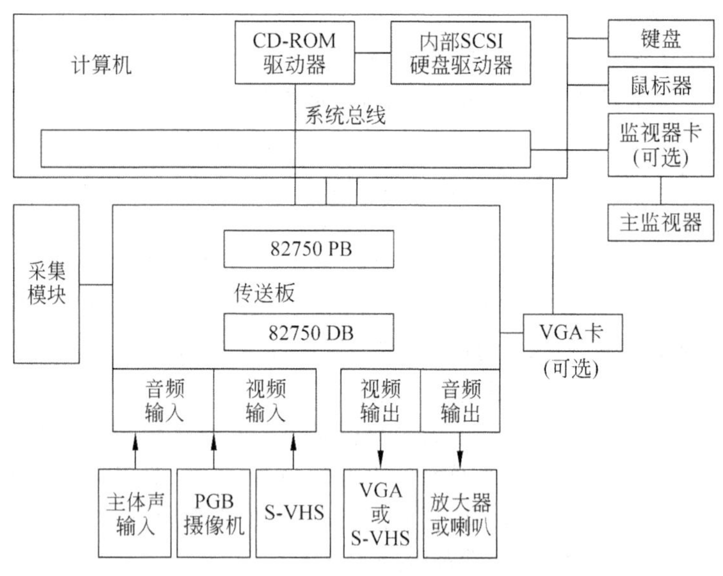

图 5.1　DVI 多媒体开发系统示意图

(1) 采用视频处理器 i750 B，实现实时视频处理

i750 B 视频处理器由 82750 PB 像素处理器和 82750 DB 显示处理器组成。82750 PB 是一个实时视频和图形处理器。时钟频率为 42MHz，指令均在单周期内完成。PB 的指令字共 48 位，被分为 11 个控制域，可获得高度并行操作。PB 的外部地址总线和数据总线均

为 32 位，内部是两个 16 位总线，允许同时处理 2 个或 8 个像素数据。PB 中有两个特殊的结构，用以优化图形处理：像素内插器用于计算机空间内插像素、缩放像素及各种滤波操作；统计译码器用于实时解压缩图像数据。

82750 DB 显示处理器合并了全部模拟和数字处理部件，构成一个低成本的显示子系统。它的时钟频率为 28MHz，内部包括 VU 内插器、像素处理、3×258×8C LUT、3 路 8 位 DAC、均衡器、YUV 到 RGB 转换、同步发生器和时序控制器等。利用可编程的内部寄存器和视频时序，能适应宽范围扫描频率和多种显示性。

DVI 音频信号处理由 ADSP 2105 来完成。这是一个通用数字信号处理器，时钟频率为 10MHz，指令长 24 位，均为单周期指令。它实时采集、压缩与解压缩双声道音频数据，最高采样率为 44.1kHz。

(2) 设计 DVI 系统总线，保证数据的超高速传输

为了支持视频和音频子系统，大量的基本数据必须在 DVI 的 VRAM 和 DVI 的其余设备之间传送，其余设备包括外部设备、主机以及获取子系统。在 DVI 系统中数据的通信通道采用具有多路开关功能的 32 位数据和地址总线，也称为 DVI 总线。

DVI 总线是由 VRAM 并行通道的数据信号组成，所有 3 个门阵、82750 PB 像素处理器以及 VRAM 都直接连接到总线上。很多时间，DVI 总线作为 VRAM 和 82750 PB 之间单一的数据总线，它们是默认的 DVI 总线的主设备。

采集模块的主要功能是采集模拟的视频和音频信号。视频图像的数据率达 256×240×3×30＝5529Kb/s。PC 总线和硬盘的数据传输速度均小于此速度。在 DVI 系统中设置了 DVI 总线，利用 DVI 总线可将数据从采集模块送到传送板上。该数据压缩到 150KB 后，再存入内存或硬盘，该总线上还包括音频数据线和控制线。

(3) 集成外围逻辑到 3 个门阵，缩小 Action Media Ⅱ 的体积

Intel 公司设计把外围电路集中到 3 个门阵上。

第 1 个门阵是 HIGA(HOST Interface Gate Array)，即 82750 LH 主机接口门阵。它提供转换主机总线到 DVI 总线所需要的逻辑和控制，为 VRAM、CD-ROM、音频和视频采集提供 DMA 通道。

第 2 个门阵是 VSCGA(VRAM SCSI and Capture Gate Array)，即 82750 LV VRAM/SCSI/Capture 接口门阵。它为 DVI 应用提供支持 CD-ROM 子系统所需要的逻辑和控制。片内包括 VRAM、CD-ROM、视频采集 3 个接口部件。

第 3 个门阵是 KAGA(Keying and Audion Gate Array)，即 82750 LA 音频子系统接口门阵。它提供音频子系统所需要的逻辑和控制、控制音频的采集和播放。这个门阵控制音频 DSP 通过 DMA 通道与 DVI 总线通信。DMA 通道允许连在 DVI 总线上的其他装置读取音频 DSP 寄存器。

(4) 方便用户的外围接口

从传送板输出的视频信号可以直接显示在 NTSC 或 PAL 制式下的 VGA、XGA 或 RGA 的同步监视器上。VGA 图像和 DVI 视频可以实现数字链接。当设置成 Y-C 格式输出以后，通过板上的 Y-C 译码，传送板可以输出 S-Video 格式的视频信号。

视频输入信号的格式有 RGB＋复合同步信号、复合视频信号、S-视频信号(Y-C)。这些信号可来自摄像机、录像机或激光视盘。

立体声音频信号可以从麦克风或其他设备输入。输出可直接驱动扬声器或送到功率放大器。

图 5.2 所示为Ⅱ型 DVI 系统结构原理图。从图中可见,DVI 技术的关键部件是 82750 PB、像素处理器和 82750 DB 显示处理器。其他组成部分如下:

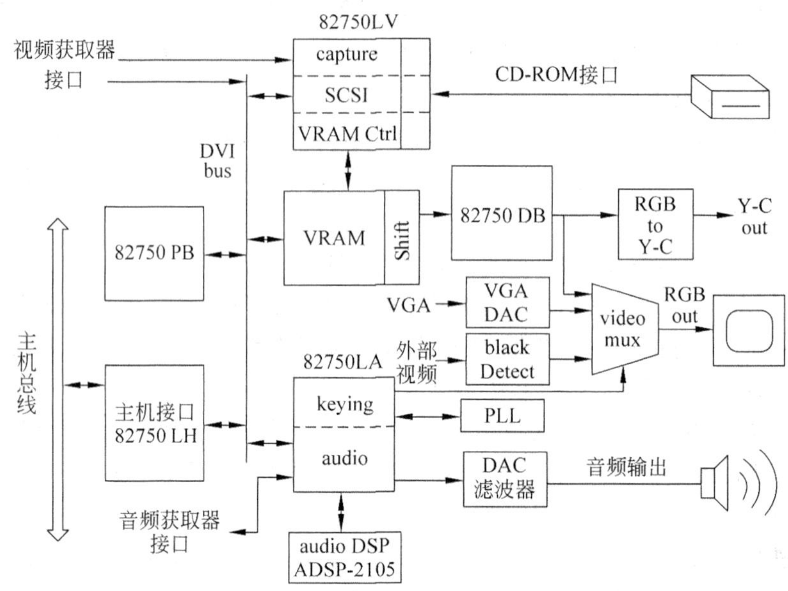

图 5.2　Ⅱ型 DVI 系统结构原理图

① 主机接口逻辑。为了缩小体积,提高速度,Intel 公司专门设计了两块专用芯片:一块是 82750 LH 主板接口芯片;另一块是 82750 LV,它是 VRAM、小型计算机标准接口(SCSI)以及视频获取器接口。

② 视频获取器。这是一块印刷电路板(capture board),它和 DVI 主板(delivery board)一起工作。它的主要功能是将模拟的视频和音频信号数字化后,送到主板的 VRAM 中。

图 5.3 所示为视频音频信号获取器原理框图。从图中可见,视频和音频信号获取器由 3 个功能模块组成:视频信号采集模块、音频信号采集模块和总线接口模块。

视频信号采集模块的主要功能是采集彩色全电视信号,彩色摄像机输出的 RGB 和复合同步信号送到视频信号采集模块的输入端,左右声道的音频信号送到音频信号采集模块。

RGB 彩色电视信号,首先送到放大器(放大器是由 3 片 EL 2020 运算放大器组成)。放大器输出的 RGB 信号分两路,其中一路送到 RGB/YUV 转换器,Y 是亮度信号,UV 是色差信号。用 YUV 表示彩色电视信号的优点是:它和黑白电视机的亮度信号兼容,即黑白电视机可以接收彩色电视信号,人的眼睛对亮度信号敏感,对 UV 色差信号不敏感,表示 UV 的数据差可以降低。YUV 的 4∶2∶2 是目前民用彩色电视(PAL 和 NTSC)采用的方案。在 DVI 系统中,有一种彩色图形的文件采用 YUV 的 8∶0.5∶0.5,显然数据压缩很多,但是恢复后图形的视频效果是很好的。

从放大器输出的另一路 RGB 模拟信号,送到视频混合器。视频混合器是由两片 SD5402 模拟量二选一多路开关组成。

为了给动态图像配上声音,因此,在采集动态图像的同时,必须采集音频信号。音频信

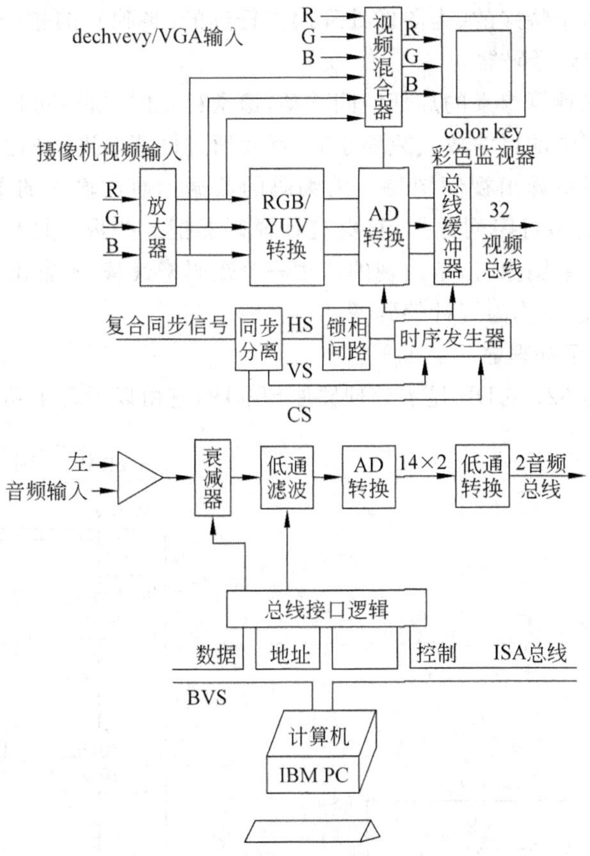

图 5.3　视频音频信号获取器原理框图

号采集模块的主要功能是在采集声音过程中进行声音频处理和模数转换。音频采集模块接收放大到一定幅度的声音信号，经衰减传输线、低通滤波器送到模数转换器，转换成 14 位数字信号。

3. 82750 PB 像素处理器

82750 PB 像素处理器是Ⅱ型 DVI 系统的核心部件，芯片面积为 7.85mm×6.62mm，有 30 多万个晶体管，采用 CHMOSIV 工艺，132 条脚扁中平封装。图 5.4 所示的是像素处理器 82750 PB 原理框图。它支持全屏幕(30f/s)数字图像压缩编码和解码，同时还能提供广泛的视频信号处理功能，如能把扫描得到的动态图像显示在指定的窗口中，获得“纹理”映射以及各种屏幕变换效果。

ALU(算逻部件)是 82750 PB 的核心，它的运算控制是由微程序(微码)来完成的。像素处理器 48 位字长的指令被分成 11 个控制字段，因而能够高度并行地执行各种不同的操作。例如，ALU 在执行从存储器取一个像素时，同时还可以进行下列操作：修改内部计数器，在统计译码器中进行内插操作，然后跳转分支，所有上述操作都在单时钟周期内完成。像素处理器有两对先入先出(FIFO)堆栈通道，被用来读写像素和程序到外部存储器。两个输入的 FIFO 通道，用以接受从存储器来的压缩编码和解压缩编码的连续数据流，供微码子程序操作的需要。两个输出 FIFO 通道，用以存储中间的像素数据，这些数据构成完整显示图像的需要。

像素处理器有两个特殊的、为图像处理操作任选的、半独立的指令，它由两个功能块完成：像素插值器和统计译码器。

像素插值器用来计算像素的局部空间移动，像素粒度的增长，同时还可用作各种类型的滤波操作。当一幅图像的尺寸放大或缩小时，都要通过插值器进行插值运算。

统计译码器实时地译出视频图像压缩编码的数据。通过输入的FIFO，从存储器读出数字图像可变长度的串行序列数据，再经统计译码器把这些数据译码成长度相同的16位值。在用统计编码压缩图像时，常出现的值用一个短码来代替，不常出现的值则用一个长码来代替，这种编码方法就称为统计编码。

4. 82750 DB显示处理器

图5.5所示的是82750 DB显示处理器原理框图，它由以下几个功能块组成。

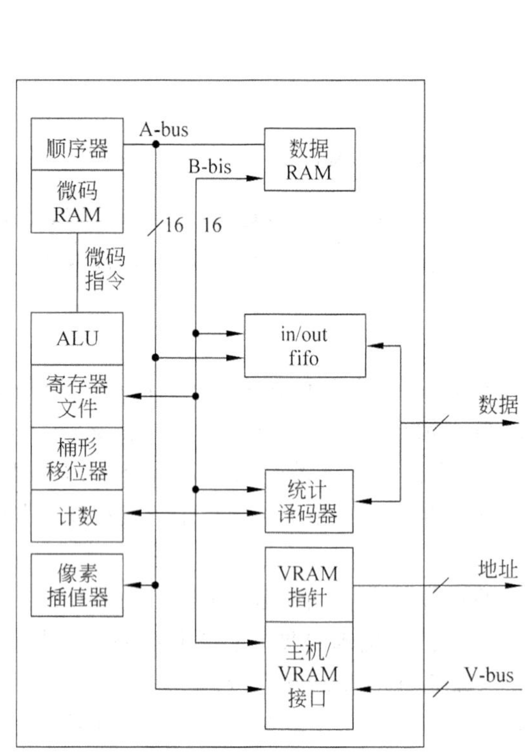

图5.4　像素处理器82750 PB原理框图

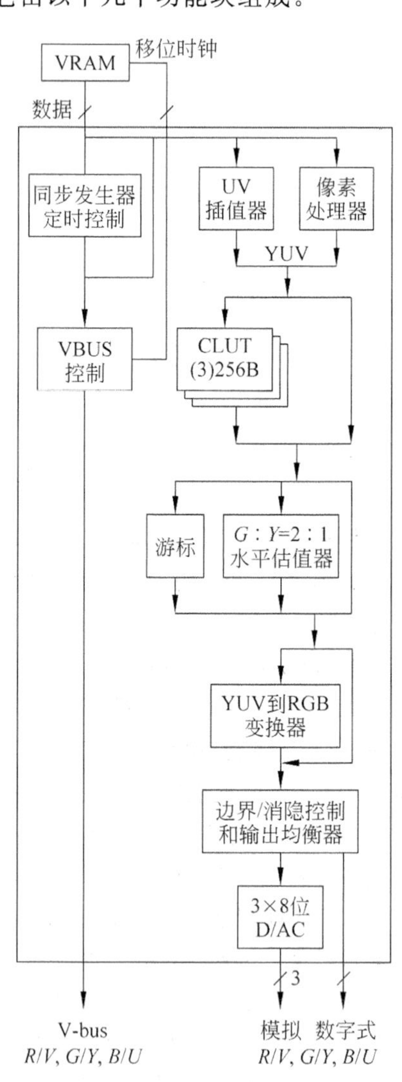

图5.5　82750 DB显示处理器原理框图

(1) 像素数据通道

主要用于从存储器中读取位映射的像素数据，从并位映射到RGB，最后输出到视频混合器或直接输出到显示设备。32 位字长的像素数据通道能够适应像素位映射不同的尺寸和不同的分辨率，在编程控制下能够放大，满足显示屏幕的需要。

(2) 色差插值器

主要用于扩展色差采样的彩色信息，从而适应于亮度的分辨率。消隐时，采样的色差信息从位映射存储器到 DB 存储色差信息行的 RAM 中，根据当前扫描行，需要的色差信息决定插值的值。DB 采用双线性的插值，扩展色差信息满足当前分辨率的需要，通常在水平和垂直两个方面扩充色差信息，选用 2∶1 或 4∶1，这要看压缩采样时，选用的是 8∶4∶4 格式还是 8∶2∶2 格式。

(3) YUV 到 RGB 的变换

YUV 到 RGB 彩色空间的变换矩阵与 CCIR 601 标准兼容，线性变换矩阵的系数如下：

$$\begin{bmatrix} Y \\ U \\ V \end{bmatrix} = \begin{bmatrix} 0.299 & 0.5870 & 0.1140 \\ -0.169 & -0.3316 & 0.5000 \\ 0.5 & -0.4188 & -0.0813 \end{bmatrix} \begin{bmatrix} R \\ G \\ B \end{bmatrix}$$

因为一般彩色监视器需要 RGB 信息，所以输入的是 RGB 信息，则不必按上述矩阵进行变换。

(4) VBUS 控制

VBUS 是视频同步和控制总线，主要用于满足内部视频像素时序的需要以及与外部系统通信的要求。例如，与外部存储器以及 PB 像素处理器交替信息的需要。通过 VBUS，DB 显示处理器给 82750 PB 发送多种信息，即位映射显示信息、程序加载信息、存储器刷新以及帧同步信息。

VBUS 要给 VRAM 串行移位时钟，在锁相到外部视频信号源时，VBUS 要与视频获取器与帧存储器进行必要的信息交换。

(5) 像素均衡器

像素存储器确保输出的像素具有相同的间距，该间距是可编程的。在 DB 芯片中的像素均衡器，就消除了为像素间距均衡化而设计的外部电路，这样减少了系统体积，提高了系统的综合性能指标。

(6) D/A 转换器

在 DB 芯片中有 3 个 8 位 D/A 转换器。它把数字的 RGB 信息转换为模拟量的 RGB 信号，以满足色彩监视器的需要。D/A 转换频率最高可达 28MHz，非线性误差为 0.3%。

82750 DB 提供一个模拟量的 RGB 输出和一个 24 位数字式的 RGB 输出。

5. Ⅱ型 DVI 软件系统

DVI 系统软件第 2 代产品是 AVK(Audio-Video Kernel)系统。它是 Action Media Ⅱ开发的音频视频核心系统，它在 Microsoft 的 Windows 3.0 和 OS/2.20 操作系统下运行。AVK 的多媒体通用处理器是 Action Media Ⅱ所提供的低层编程接口，用于设计集成多媒体界面程序。AVK 的设计要满足以下三个目标：

① AVK 可以用到多个主计算机平台和多种操作系统环境；

② 当系统硬件能力增加时，AVK 系统具有可扩展性；

③ 减少对主机 CPU 的依赖性。

(1) AVK 的概念模型

图 5.6 所示的是 AVK 的概念模型示意图。AVK 的概念模型是模拟一个现代的电视

制作演播室。从图中可见，该模型包括模拟设备接口、显示管理器、信号采样器、数据流管理器、效果处理器和音频视频混合器。可以完成演播、录制、监视等多种功能。

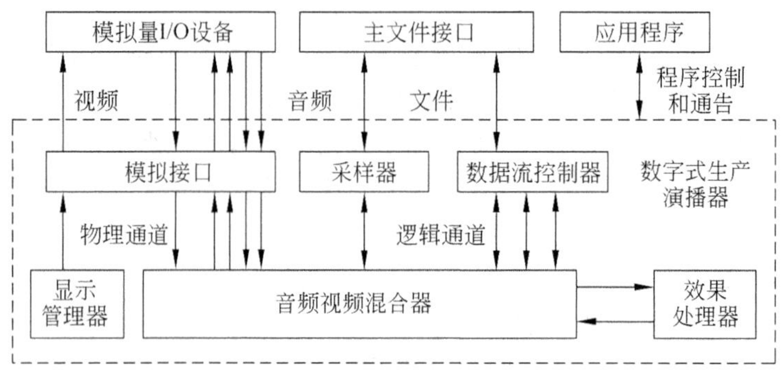

图 5.6 AVK 的概念模型示意图

模拟界面提供了各种模拟 I/O 设备的连接，每一通道传送一个单信息流。所有模拟输入信号在系统的界面均被数字化。相反，流向输出的数据都经过 D/A 转换。在系统内部的所有数据都以数字化形式进行处理。

显示管理器允许混合的数据类型，如全动态视频图像和静止图像同时显示在屏幕上。信号采样器将采集到的模拟音频信号转换为数字信号，经过处理以获得各种效果。例如，改变音调等。

数据流管理器控制数字化数据流流向或流出某些存储设备，如硬盘、CD-ROM 等。数字化数据通过数据流管理器控制的逻辑通道流动。视频信息在一个通道传输，而音频信息在另一个通道传输，逻辑通道是双向的，可供 I/O 使用。

效果处理器能处理图像和音频数据，并将计算机产生的图形增加到图像上。它能将图像从一种位映像格式转换为另一种格式。

音频视频混合器通过输入流分配到输出通道为数字化节目制作机提供高水平的控制，它允许混合多个输入流来生成新的合成输出流。它还控制对某些视频数据的处理，如剪辑、排列及对色调、高度、对比度、饱和度作用调整。

(2) AVK 系统结构

图 5.7 所示的是 AVK 系统结构示意图，AVK 系统是一种层次关系。

第 1 层(最低层)称为微码(microcodeengine)，包括一组 82750 PB 微码子程序，DVI 依靠 82750 PB 来调度所有的实时任务，如进程器、命令表处理和周期处理。同时，82750 PB 负责实时压缩解压缩 RTV 视频图像，实时解压缩 PLV 视频图像。

第 2 层是音频视频驱动器(Audio/Video Driver，AVD)，相应配置 Action Media 硬件，AVD 接口程序的功能是访问该设备中的 VRAM，为 82750 DB 设置显示格式，从 VRAM 取微码函数装进 82750 PB 的芯片中的指令内存储器。AVD 也提供接入音频子系统和选择信息捕获子系统接口。

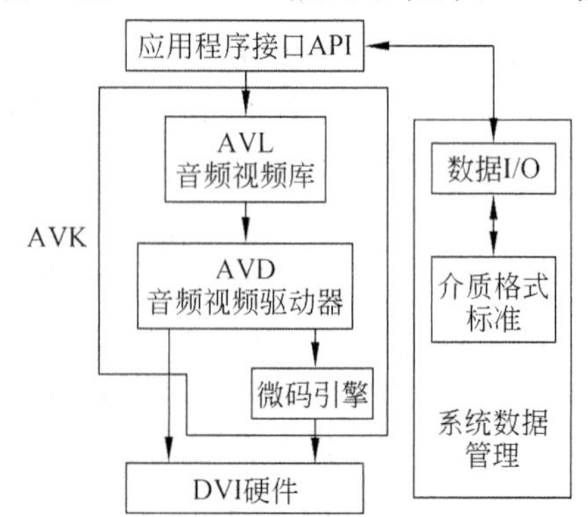

图 5.7 AVK 系统结构图

第3层是音频视频程序库(Audio/Video Library,AVL),提供数字视频制作演播模型所描述的大多数功能。支持视频和音响的专业要求的数字数据类型,控制多道信号流组合和同步,控制图像捕获和缓冲区数据读写,调节音视音量和视频彩色。这一层具有独立平台性质,而且同其他硬件和操作环境容易连接。AVL还含有一组C函数,用于管理VRAM内存、位映像格式、生成并管理命令表。命令表是微码函数及其参数集,这些命令表可建立内存,然后作为一组微码安排82750 PB执行。在AVK模型中实现了效果设计,每个微码函数一种效果,在命令表中增加一个微码函数,相当于在效果处理器增加一种特技效果处理功能。

最上层是特定环境层API,主要功能是对主机文件系统读写数据;将AVK集成到环境的窗口系统中。由于这些功能对特定环境需要优化,因此可作为AVK系统外部以保证其可扩展性。

AVK系统是DVI技术中又一成功的代表,是多媒体技术向实用化发展的又一大进步。它为多媒体应用开发提供了一个良好的软件、硬件平台,具有开放性、可扩展性和友好的用户界面。

5.2.2 将多媒体和通信功能集成到CPU芯片中的MMX技术

过去,在计算机结构设计中考虑较多的是计算功能。今天,随着多媒体技术、计算机网络技术和网络计算机的发展,计算机结构设计需要考虑的问题是增加多媒体和通信功能。

计算机最初出现在大学和研究机构中,用于数学运算;30年前,计算机开始进入企业界,当时只被用作数值处理机;近一二十年,计算机从机房搬到了办公桌,并增加了字符、文字、图形和图表的处理能力;近几年,由于多媒体和通信技术的飞速发展,要求计算机具有综合处理声、文、图信息及通信等功能,使其能够广泛地用于多媒体信息管理系统、多媒体信息点播系统、视频会议系统、电子图书馆、交互式电视系统、远程医疗诊断系统、虚拟教学远程学习系统,以及计算机支持的协同工作系统等。

为了使现有的计算机能较好地满足上述系统的各种需求,希望计算机在原有的硬件和软件支撑平台上增加如下功能:多媒体数据的获取、多媒体数据的压缩和解压缩、多媒体数据的实时处理和特技、多媒体数据的输出和多媒体通信。

在原有的计算机体系结构中,如何增加上述新的功能,其设计原则如下:

① 采用国际标准的设计原则。标准化是产业活动成功的前提,为了使新型的计算机增加上述新的功能,并得到广泛的推广和应用,设计时必须采用国际标准。

② 将多媒体和通信功能的单独解决变成集中解决。计算机综合处理声、文、图信息和通信功能,过去的解决方法是设计专用接口卡分散单独解决。

③ 体系结构设计和算法相结合。要想使计算机具有综合处理声、文、图信息和通信能力的最佳解决办法是将计算机体系结构设计和算法相结合。

④ 把多媒体和通信技术做到CPU芯片中。为了使计算机具有多媒体和通信功能,最初的解决办法是采用专用芯片设计制造专用的接口卡;其后是把多媒体和通信功能做到母板上;最佳的方案是将计算机和通信功能融合到CPU芯片中。

从目前的发展趋势看,可以把融合方案分成两类:一类以多媒体和通信功能为主,融合CPU芯片原有的计算功能。设计目标是用在多媒体专用设备、家电及宽带通信设备上。另一类以通用 CPU 计算功能为主，融合多媒体和通信功能。设计目标与现有计算机系统兼容，融合多媒体和通信的功能，主要用在多媒体计算机中，如 MMX 技术。

MMX CPU 由于结构和生产工艺的变化，不但具有更快的运算速度，而且具有崭新的多媒体功能。它的出现标志着 PC 系列中新一代微处理器芯片的诞生，它将显著地改变现有多媒体外围配套、板卡生产和销售的市场格局。MMX 技术奖给今日略显疲惫的多媒体世界注入一股新鲜的活力。

MMX 技术的特点如下：

① 打包的数据类型。把较小的数据元素的数据类型合并到一个寄存器中。

② 增强的指令系统。可用 SIMD 形式将寄存器中所有的数据元素并行操作。

③ 64 位 MMX 寄存器组。64 位的 MMX 寄存器组可以映射到 IA 结构的浮点寄存器中。

④ 与 IA 结构的全兼容性。

MMX 处理器芯片是 PC 技术上结构较复杂、功能较强大、生产工艺较为精细的超级 CPU。其 x86 指令体系得到了自 80386 以来最重大的变革和扩充。它在 Pentium 芯片技术基础上，增加了 57 条新指令、8 个新的 64 位数据寄存器、4 种新的数据类型。新增指令支持单指令多数据运算(SIMD)。

MMX CPU 具有 3 个显著的特点：一是拥有用于矢量计算和矩阵计算的积运算功能；二是拥有面向像素与数据处理的饱和运算功能；三是采用 SIMD 型指令，8 个 8 位数据或 4 个 16 位数据或 2 个 32 位数据，可用一条指令处理。从目前数据通信和图像处理、图形、MPEG 活动影像、音乐与语音合成、语音压缩、语音识别软件的关键数学模型中所包含的大量矢量乘积、矩阵运算和多项式计算过程来看，MMX 技术不但能满足用户的多媒体功能需要，而且将使系统性能提高 10%～20%。对于针对 MMX 指令集做了优化调整的应用软件来说，性能提高更大，而据业界专家预言其价格将具有一定的攻击性。

多媒体芯片的集成度在逐渐向更高的方向发展，这对提高 CPU 芯片性能，降低成本，增强市场竞争力极有好处。

5.3 本章小结

多媒体计算机能综合处理声、文、图信息。为了更好发挥多媒体计算机的功能，必须有高性能的硬件支持。视频和音频的专用处理芯片和新型的体系结构是多媒体计算机硬件支持的关键。

本章介绍了多媒体计算机(MPC)的技术标准和最低功能的配置、MPC 产品的升级方法及 MPC 的功能和应用领域。详细介绍了具有代表性的 Intel 和 IBM 公司研制的数字视频交互式多媒体计算机系统 DVI 的组成和工作原理，Intel 和 IBM 公司设计的 AVSS 和 AVK 软件，以及 DVI 系统的成功和失败的经验教训。

为了更好地解决多媒体计算机综合处理声、文、图信息的问题，对于理想的系统提出了以下设计原则：

① 采用国际标准的设计原则。

② 多媒体和通信功能的单独解决变成集中解决。

③ 体系结构设计和算法相结合。

④ 把多媒体和通信技术做到CPU芯片中。

本章对Mpeg媒体处理器和Trimedia媒体处理器的工作原理以及开发应用也做了介绍和讨论。

5.4 例题详析

［**例题1**］ Ⅰ型DVI系统硬件部分主要由3块板组成，它们分别是________。

A. 视频板、多功能板、计算机主板

B. 音频板、视频板、计算机主板

C. 多功能板、视频板、音频板

D. 视频板、音频板、图像获取板

答案 C

解析 本题主要考查学生对数字视频交互式多媒体计算机系统DVI的了解。第1代DVI系统硬件部分主要由3块板组成，它们分别是视频板、音频板和多功能板。因此正确答案是C。

［**例题2**］ MMX技术提供了面向多媒体和通信应用的新特性，保持了现有Intel体系结构微处理器IA应用程序和操作系统向下兼容等特性，这些特性是________。

(1) 增加了新的数据类型

(2) 扩充了饱和型运算方式

(3) 扩充了57条新指令

(4) 与IA结构全兼容性

A. (1)　　B. (1)、(2)　　C. (1)、(2)、(3)　　D. 全部

答案 D

解析 本题主要考查学生对MMX技术特性的了解。在MMX技术中提供了面向多媒体和通信应用的新特性，这些特性有增加了新的数据类型、扩充了饱和型运算方式、扩充了57条新的指令、与IA结构全兼容性等。则正确答案是D。

5.5 习　　题

1. 组成多媒体系统的途径包括________。

(1) 直接设计和实现　　(2) 增加多媒体升级套件进行扩展

(3) CPU升级　　(4) 增加CD-DA

A. (1)　　B. (1)、(2)　　C. (1)、(2)、(3)　　D. 全部

2. 多媒体硬件系统应包括________。

(1) 计算机最基本的硬件设备　　(2) CD-ROM

(3) 音频输入、输出和处理设备　　(4) 多媒体通信传输设备

A. (1)　　B. (1)、(2)

C. (1)、(2)、(3)　　D. 全部

3. ________是 MMX 技术的特点。

(1) 打包的数据类型

(2) 与 IA 结构完全兼容

(3) 64 位的 MMX 寄存储器组

(4) 增强的指令系统

A. (1)、(3)、(4)　　B. (2)、(3)、(4)

C. (1)、(2)、(3)　　D. 全部

4. ________称得上是多媒体操作系统。

(1) Windows 98　　(2) Quick Time

(3) Avss　　(4) AuthorWare

A. (1)、(3)　　B. (2)、(4)　　C. (1)、(2)、(3)　　D. 全部

5. 详述 Intel 和 IBM 公司研制的 DVI 多媒体计算机系统成功和失败的经验教训，理想的系统如何设计和实现。

第 6 章　超文本和超媒体

6.1　本 章 要 点

（1）超文本和超媒体的基本概念、主要特点和基本特性。

（2）超文本和超媒体的体系结构分为 3 个层次：表现层——用户接口层；超文本抽象机层——结点和链；数据库层——存储、共享数据和网络访问。超文本和超媒体组成要素。

（3）超文本系统与操作工具。

（4）超文本和超媒体的应用，以及超文本和超媒体存在的问题和发展前景。

6.2　重点与难点内容分析

6.2.1　超文本和超媒体基本概念及特性

1. 超文本的基本概念

1945 年，有人提出超文本（hypertext）的概念，由于受当时科学技术水平限制，一直没有得到发展。1968 年，用超文本文档建立的 Augment 系统问世。1987 年，Apple 公司推出 HyperCard 软件，引起了人们的重视。

超文本是一种典型的数据库技术。它以结点为单位组织多媒体信息，在结点之间通过关系型链加以连接，构成表达特定内容的信息网络。用户可对网络进行浏览、查询、注释等操作。

它是一种信息管理技术，或者说是一种电子文献形式。它是一种反传统文本对信息的线性与顺序记录方式，而是模仿人类联想式的记忆思维，将相互关联的信息以网状的结构加以存储和记录。

科学研究表明，人类的记忆是一种联想式的记忆，它构成了人类记忆的网状结构，形成了人类思维的概念化的基础。超文本结构就是类似于人类的这种联想式的记忆结构。它采用一种非线性的网状结构来组织块状的信息，这些块状的信息可以是一段文字、一批数据，也可以是一幅图像，甚至还可以是一段语言或一段音乐；在存储的秩序上，它没有固定的顺序，不要求读者按某个顺序来阅读，而是可以按人的“联想”方式对各信息块加以组织。对于所要获取信息的先后顺序可以按读者的意志来决定。超媒体是基于超文本支持的多媒体。在现实世界中，任何事件和物体的表现都是多方面的，仅有文字和数字是不够的，往往需要有大量的图形、图像等各种形式的信息数据。因此，只用多媒体信息才能以较为接近人类的表达方式去表现复杂而丰富的世界。但多媒体信息与传统的单媒体信息有很大的不同，它的数据量大、媒介种类多而且处理复杂，如各种数据混合在一起组成信息的表达形式是什么？各种不同媒体信息之间的关系是什么？如何找到一个特定媒体的数据？各种媒体的信息如何综合表现等。由于超文本的结点与链的形式可以容易地推广到多媒体的形式，可以基于包括不同媒体的结点，所以它自然地成了支持多媒体信息管理的适用技术。同时多媒体信息的引入在某种程度上又为超文本带来了不同凡响的效果。多媒体和超文本的结合大大改善了交互程度和表达思想的精确性，多媒体的表现又可使超文本的交互式界面更为丰富，从而导致了超文本多媒体，即超媒体概念的形成。

超文本采用"控制按钮"（control button）的方式组织接口。用户通过按钮访问数据，"按钮"即为通常所说的"链"。超文本可看作由结点、链、网络 3 个要素的组合。

结点是表达信息的一个单位。结点中表达信息的方法，可以是文本、声音、图形、图像、动画，也可以是一段计算机程序。不同的超文本系统中结点的表示方法是不同的。

对结点的显示采用两种方式：一是依结点的大小进行线性显示；二是用窗口形式显示。此时，结点和窗口是一一对应的。一个屏幕上可能有几个重叠的窗口，分别显示一个结点，它们可以是不同大小的。这种窗口显示形式是大多数超文本系统普遍采用的。例如，Heyercard 中，结点称为卡。卡由多个可相互重叠的窗口组成，每个窗口中都包含一种单媒体对象，这些单媒体对象按时间和空间的特定要求，共同表达特定的多媒体信息。多个卡组成卡堆（stack）。卡堆仅仅是卡与卡的索引集合，卡的先后没有意义。

链是指结点之间的"点"、"域"之间的连接，这是超文本中特有的性能。结构链是对层次信息进行操作的，它在超文本网络形成树状子网，是用索引链结点中"点"、"域"之间的链接。一个链的起始端称为链源，通常为一个结点中的"点"或"域"，它是索引的引出处，通过它可以访问另一个结点。另一端称为目标端，通常为结点或结点中的域。

一般来说，结点之间的链接有两种方法：一是索引链；二是结构链。

索引链的链源处，通常呈现该链的标识符，目标是一个结点。通过索引链实现对相关信息的查询，实现交叉参考。

结构链是对层次性信息进行操作的，它链接的是父子结点，即将一个父结点与它的所有子结点连接起来以后，就在超级文本网络中形成了树状子网。

由结点和链构成的网络是一个有向图。这与人工智能中的语义网有类似之处。超文本的结点表示单一概念，而结点之间的链表示概念之间的语义关系。超级文本的目的是将各种思想、概念组合在一起，以便浏览。

2. 什么是超媒体

随着多媒体技术的发展和各种各样多媒体接口的引入，信息的表达形式扩展到视觉、听觉甚至触觉。多媒体的表现具有特定的含义，它是一组与时间、形式和媒体有关的动作定义。多媒体信息的组织将有助于信息的表达和交互。多媒体和超文本的结合使得超文本技术管理的信息由文字拓展到了图像、图形、声音以及其他一些媒体信息，从而大大改善了信息的交互程序和思想表达的准确性，同时多媒体的表现又可使超文本的交互式界面更为丰富。

瑞典 AVICOM 公司设计了一个用于斯德哥尔摩自然历史博物馆的多媒体超文本系统"自然世家"。它具有传统超文本的全部特征，结点包含多媒体数据。比如在对若干行政区域介绍中，配有行政区域地图，并附带介绍了生活在那里的各种鸟类。当用户激活某种鸟名称时，就会显示出各种鸟的照片，同时还伴有它的叫声。这种超文本系统甚至还能控制一台幻灯机，把一幅背景图像放映在观众站立的地板上。比如当系统在介绍斯德哥尔摩地区尚处于水下的地质时代时，背景便是一片蓝色的海洋。这种技术都使用户有身临其境的感觉。

正是由于多媒体信息引入超文本，有人就提出用超媒体（hypermedia）的概念来强调其超文本系统中信息的多媒体这一方面,即"超媒体=多媒体+超文本"。超媒体系统必定采用超文本技术,故也有人认为不必为一个特殊的超文本系统保留一个专门的术语,多媒体超文本也使超文本(但若只有文字信息,则一般不能称为超媒体系统)。因此,实际上当前人们往往并不太刻意去区分超文本与超媒体这两个词在具体用法上的细微差别,有时交替地使用反而比呆板地区分更好些。

超媒体的研究使得超文本技术得到了进一步的发展,在概念上也进一步拓展。超文本或超媒体对于支持多媒体信息管理是一种自然而成功的技术。事实上,超文本或超媒体也是一种数据库技术。庞大的数据库是它的基础,管理这个数据库和提供用户使用界面的数据库管理系统是它的核心,而窗口系统是它提供的用户界面的实现方法。有人认为,这种技术的最大成功在于它提出了以计算机作为进行思考和传播信息的媒介,并把这一崭新的思想付诸实践。表 6.1 记录了超文本的历史发展大事记。

表 6.1　超文本历史发展大事记

时间(年)	大　事
1945	Vannevar Bush 提出 Memex(存储扩充器)
1965	Ted Nelson 创造了"超文本"一词,此后又提出了 Xanadu 系统的设想
1967	美国布朗大学的 A. V. Dam 等人研制成功了超文本编辑系统(the hypertext editing system),在 IBM/360 机上运行
1968	A. V. Dam 等人研制成功了文件检索与编辑系统(file retrieval and editing system, FRES),在 IBM 主机上运行;斯坦佛研究所的 Doug Engelbart 在美国秋季联合计算机会议(FJCC)上演示联机系统(NLS)
1975	卡内基-梅隆大学的知识管理系统(Knowledge Management System,KMS,原称 ZOG),在 SUN 和 APOLLO 工作站上运行
1978	麻省理工学院建筑机械组的 A. Lippman 等人研制成功第一个超媒体视频盘片系统 Aspen Movie Map(白杨城地图集)
1984	电视视频文献(filevision from telos)广泛适用于 Macintosh 机的超媒体数据库
1985	Janet Walker 研制了第一个商品化的超文本系统——symbolics 文献检测器(symbolics document examiner),布朗大学 Norman Meyrowitz 的交互媒体(intermedia)在 Macintosh 机上运行
1986	办公工作站有限公司(OWL)引入的 Guide(指南)是第一个广泛应用的超文本
1987	Xerox 公司 Halasz 的 Notecards 系统;Apple 公司的 Bill Atkinson 引入超卡(hypercard)系统,在 Macintosh 机上运行;11 月在美国北卡罗来纳大学召开了 ACM 超文本专题讨论会(Hypertext '87 Workshop)
1989	6 月在英国约克郡举行第 1 次公开的超文本会议;第一本专门的超媒体科学杂志 Hypermedia 诞生
1990	在法国 Inria 举行第一届欧洲超文本会议(ECOH)
1991	美国 Asymtrix 公司推出 ToolBook 系统,最新版本为 Multimedia ToolBook V. L. S;国防科技大学基于 PC 平台的全中文多媒体超文本系统 HWS(Hyper Works System)

3. 超文本的基本特性

超文本的基本特性如下:

① 超文本的数据库是由文本、声音、图形、图像类结点组成的网络。

② 屏幕的窗口和数据中的结点是一一对应的，每个结点都有名字或标题在窗口显示。

③ 十分容易地创建结点、连接新结点的链。可利用不同的编辑工具生成各种媒体文档，然后利用系统提供的写作工具生成结点，将结点加入到数据库中，用链接起来形成超文本数据库。

④ 用户可对数据库进行浏览和查询。跟随链的走向，不断地打开窗口或历史地返回，这种浏览方式是超文本特有的。用户可以在浏览过程中，写出注释，生成后可链接到系统中。在浏览时，也可以关闭某些链，使这些链在系统中成为不可见的。

⑤ 超文本为作者提供了一种新的写作方式。作者可按照材料的自然联系来组织文章，先将材料按思想概念分成小块，称为结点，再将这些结点连接成一个整体。

⑥ 超文本为读者提供了阅读大型复杂信息库的一种新方法。可不必像传统读书那样一页一页地读，读者可以有选择地挑读其中感兴趣的部分，而忽略其他部分。

⑦ 具有窗口化的管理功能，包括修改、增加、删除结点和链的能力，对结点的内容有良好的编辑功能。

⑧ 可通过网络共享数据库，可使多用户使用库内信息。

⑨ 具有交互式的操作和程序员接口。

总之，超媒体系统不同于为存储和恢复信息而专门设计的文本系统，不同于允许使用者在计算机屏幕上创作和演示窗口而无须与窗口相连接的数据库的窗口系统，还不同于数据库管理系统，在数据库管理系统中许多数据库相互连接而在数据库之间为特定目的相继接口功能。也就是说，超媒体是将数据库管理系统的结构特征与再现知识的心理方法和主持人机交互作用过程的技术方法综合起来的软件系统。

6.2.2 超文本与超媒体的体系结构与模型

超文本与超媒体系统就是超文本或超媒体的软硬件的总称。从理论上讲，可将其划分为 3 个层次：表现层——用户接口；超文本抽象机层——结点和链；数据库层——存储、共享数据和网络访问。这是 Cambell 和 Goodman 提出的一个比较标准的超文本系统结构模型。但由于国际标准尚未形成，所以实际上现有的超文本与超媒体系统大都没有完全遵循这个系统结构模型，或多或少地混入了其他特征。目前，正在从事超文本标准化研究的 Dexter 小组也提出了一种 Dexter 参考模型。与上述模型比较起来，Dexter 参考模型除了术语不同且更加明确了层次之间的接口之外，两个模型是基本相似的。图 6.1 是两个模型的层次图。

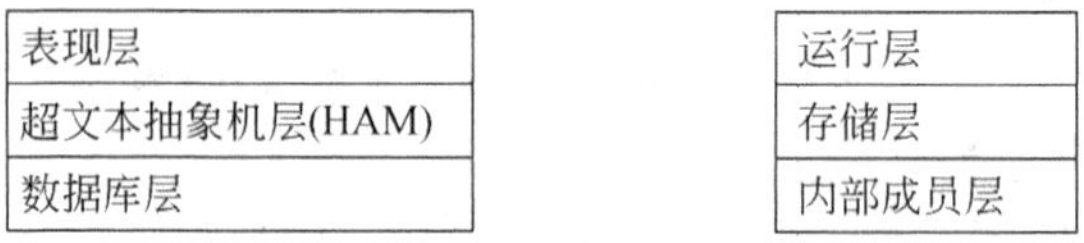

表现层
超文本抽象机层(HAM)
数据库层

(a) Combell和Goodman模型

运行层
存储层
内部成员层

(b) Dexter参考模型

图 6.1　超文本与超媒体系统的两个模型层次图

1. Combell 和 Goodman 模型

(1) 数据库层

数据库层是模型中的最低层，它比普通的数据库管理系统更为简单，用于处理所有信息存储中的传统问题。首先它要保证信息的存取操作对于高层的超文本抽象机来说是透明的，即无论高层访问的信息是存储在本地或在远地，是存储在一台计算机中还是存储在多台计算机中，数据库层都能保证正确存取。不仅如此，数据库层还要处理其他传统的数据库问题，如多用户并发访问信息的安全性、版本维护以及响应速度等问题。另外，就数据库层而言，超文本的结点和链都是没有什么特殊含义的数据对象。它们各自占据若干比特的存储空间，构成在同一时间只有一个用户可修改的单元。因此，对于数据库层来说，了解比它的数据对象的信息更多的信息，是很有用的。增加对结点和链的索引和查询信息，是为了更有效地管理数据空间，并提高响应速度。因此在超文本数据库层的设计中，实际上用到了大量传统数据库的思想和方法。

(2) 超文本抽象机层

超文本抽象机(Hypertext Abstract Machine，HAM)层，介于数据库及用户接口层之间，这一层决定了超文本系统结点和链的基本特点，记录了结点之间链的关系，并保存了有关结点和链的结构信息。在这一层中可以了解到每个相关联的属性。如每个结点都有"主"属性(如用户修改权限、版本号或关键词等)。链则可定义其类型(如基本链、交叉链和引链等)、访问权限、版本、条件等。

另外，虽然超文本与超媒体系统还没有统一的标准，但最终标准化工作要求超文本系统之间必须具有相互传送或接收信息的能力，因此必须提供信息转换格式。HAM层就是实现超文本输入输出格式标准化转换的最佳层次。因为数据库层在存储格式上依赖于不同的机器。用户接口层各个超文本系统又各具风格，不尽相同，因此难以统一。超文本的格式转换比在结点中简单地转换混合数据要困难得多，尽管也存在非ASCⅡ码信息的非标准数据格式问题(如图形、视频等)，但问题是超文本的转换不仅要转换结点中的多媒体混合数据，还要求传送信息之间的链接关系，它可能传送了基本链(如A→B)的信息，但丢失了其他的链接信息。例如，有些超文本系统，如Intermedia就有这样的链，它可以指向在目的结点中的一个特殊的字符串；而有些超文本系统，如Hyperties的指针则指向整个目的结点，那么从Intermedia到Hyperties，超文本转换或传送就要丢失一些重要的链接信息。

(3) 用户接口层

用户接口层处理HAM中的信息表现，包括诸如什么命令对用户有效，如何显示结点和链，是否包括总体图解及多媒体信息的表现组织等。可以假设超文本系统的HAM层定义了许多种类的结点和链，但在用户接口层，它可以根据用户的权限规定哪些结点和链是可见的，哪些是不可见的。例如，在辅助教学应用中要求学生回答一个问题，触发答案的链及答案结点对于学生来讲就是不可见的，但对教师却应是可见的。另外，导航工具也是用户接口层的一个重要组成部分，它是用于浏览、查询结点、防止用户迷路的交互工具。它可以用图形化的方式，表示出一个超文本或超媒体网络的结构图，与在数据库层中存储的结点和链一一对应，这种导航工具被称为导航图(或浏览器)。总之，用户接口层是超文本和超媒体系统人机交互的窗口。随着多媒体技术的发展，用户接口层也会越来越接近于人的交互方式。

2. Dexter 模型

1980年，由J. Leggett和J. Walker发起组织了一个研究超文本模型的团体，以后逐渐发展形成了一个超文本参考模型，并以当时讨论地旅馆的名字Dexter命名，简称Dexter模型。这个模型的目标是为开发分布信息之间的交互操作和信息共享提供一种标准或参考规范。

Dexter 模型与图 6.1(a)模型一样，也分为 3 层，即存储层、运行层和内部成员层，各层之间通过定义好的接口相互连接。

存储层描述成员和链的网络，这是超文本的基础。成员是由存储层提供的基本对象，它包括内容、属性等，描述规范和一个锚接口集合。原子成员是最小成员单位，即超文本中的结点，其内容可为不同媒体的信息。复合成员是具有嵌套层次的成员。链成员的内容为一个连接表，各个表中都含有相关成员的描述规范、成员标识和锚接口标识。

内部成员层描述超文本中成员的内容和结构，对应于各个媒体单个应用成员。存储层和内部成员层之间的接口即为锚接口，锚接口点的标识即为能被链引用的标识符。

运行层描述支持用户和超文本交互作用的机制，负责在运行时处理链、锚接口和成员。在运行层的对象包括管理与特殊超文本交互作用的会话，以及管理与特殊成员交互作用的实例。运行层具有独立和用户接口工具，介于存储层和运行层之间的接口提供确定各个成员在运行时表现的描述规范等内容。

Dexter 模型的主要贡献之一是将锚接口作为将网络结构连接到特定成员内容的"固定点"，成为内部成员层引用的控制手段。若没有锚接口，则链只能连接整个成员。对应一个成员，可定义相应的锚接口点集，并且每个锚接口点在该成员内部具有独一无二的标识。链规范必须能识别成员标识，又能识别锚接口点标识。

6.2.3 超文本与超媒体的应用及发展前景

1. 应用

超媒体的一个重要应用是将计算机与大众传播技术（出版、电台、电视台、电影等）联系在一起。用户可以将超文本中的信息重新组织，编辑出版成书刊或报纸，或者将音频、视频信息制作成音像带或电影胶片。用户通过计算机可以对信息做交互式处理，重新组织、编辑。对接收到的新闻、电视片等，用超文本做自动同类处理。这样用户可以通过超文本浏览自己感兴趣的东西，而不必坐在电视机前被动地收看节目，从而节省了大量的时间。美国麻省理工学院开发的 Newspeek 系统正是这样一个系统。Newspeek 接收电视新闻节目，把感兴趣的新闻记录下来，然后按照约定好的结构分门别类地组织起来。用户打开系统后，可以浏览所记录的新闻，沿链查找到感兴趣的内容。通常人们看了一个小时的新闻，可能并没有多少是自己感兴趣的，这完全是一种被动的方式。由计算机控制的新闻系统把"看什么"的权利交给观众，每个人只花少量时间即可了解自己需要的东西，这无异于延长了人的生命。

像 Newspeek 这样的系统可以从多种渠道接收信息，如无线电视广播、有线电视和各种新闻服务媒介等。每个用户可以根据自己的需要建立分类的原则和方法。如果明天要到某地旅游，就可以有目的地收集有关景点的资料，如天气形势、交通状况、当地新闻、沿途情况等，计算机根据需要收集有关新闻资料并分类组织起来，供日后查询。

在国防科技大学研制的"大趋势"超媒体数据库中，如果要查找与屏幕上显示的某幅照片相似的所有人的信息，只需要用手指在该照片上（触摸屏上）轻轻一点，即可很快地检索出与这张照片相似的照片及有关的文字、声音、录像等信息材料，这朝着信息处理中的"可想即可得"迈进了一大步。但就超媒体系统而言，是建立在关系数据库基础之上，还是将关系数据库作为一种媒体包含在超媒体之中，仍有不同的看法。有关专家认为，从目前来看，似乎以面向对象为基础的后者更为合理一些。对多媒体数据模型的研究还只是初步的，其中许多问题有待进一步研究和解决。

2. 开发

超文本的应用环境从低层到高层依次为硬件、操作系统、系统工具、开发环境（又可称为超文本系统）、应用系统。其开发环境多媒体应用软件写作工具由编辑器、编译器和阅读器3部分组成。

(1) 编辑器：主要帮助用户建立、修改信息网络中的结点和链。

(2) 编译器：综合编译编辑器定义的结点信息、结点流程以及利用系统工具准备的各种媒体信息，生成包含全部内容信息和结构信息的有机体——超文本文档。

(3) 阅读器：一个用于浏览超文本文档（即浏览超文本）的专门工具。一般来说，超文本应用系统的开发环境和运行环境可以是分开的。开发环境必须具备编辑器、编译器和阅读器，以及较为齐备的软、硬件环境，而运行环境只需要阅读器、所需的链接库和相应的超文本文档，以及较为精简的软、硬件环境。

超文本应用的设计与多媒体应用软件的一般开发步骤相似，类似于一个电影剧本创作。每个结点就是一个"镜头"，只不过结点的联系不是顺序的单线索，而是多线索复合的复杂结构，所以超文本应用系统的设计文档——设计说明书，也称为脚本。超文本应用系统的编程相对较为简单，但是它的设计、构思更追求艺术性，需要更高审美力，所以一个超文本应用系统的优劣，很大程度上取决于主题、创意、界面效果等因素。

超文本应用系统的脚本，至少应清晰地勾画出整个信息网络和详细地描述各个信息结点，为在计算机上实现应用系统的设计，提供具有可操作性的规格和流程说明。

一般来说，脚本主要包含主题说明和线索说明。

(1) 主题说明：在超文本系统中，从逻辑上讲，整个应用系统由一个个有具体含义的主题构成；从实际上看，通常一个主题就是一个结点。主题说明就是要明确指定结点的名称、具体的内容、使用的信息载体、结点的界面形式，并标注该结点所涉及的链等。

(2) 线索说明：主要是描述超文本的网络结构。根据链接的方式，采用多个线索描述链接的流程，一般可按以下几个线索进行描述：

① 顺序链线索。在一个应用系统中通常有多个顺序链组，每个链组作为一个顺序线索。要指定顺序线索的名称和顺序组中结点的排列顺序。同时在主题描述中包括每个结点所在的顺序组（如果有的话）及它的排列顺序值。

② 点动触发链线索。对于结构链、交叉线索链等点动触发式链构成的较为复杂的线索，可行的办法是用有向图描述网状的信息流程。同时，在主题说明中对结点进行描述时，详细定义每个链的链源位置和链的各种属性。

③ 关键字链线索。在超文本应用中，为了便于检索查询，定义了许多关键字。每个关键字可作为一个线索，按字典的方式排列所有的关键字，并描述每个关键字链接的所有结点。同时在主题说明中，也描述每个结点相关联的关键字。

3. 前景

(1) 发展方向

从目前的情况来看，超文本已发展到了超媒体，国内外专家普遍看好超媒体，认为它将成为今后多媒体信息管理的主要技术。许多早期的模型系统已转变为商品软件，许多超媒体技术已融于许多其他系统之中。第三代超媒体系统所应具备的特征，如虚结点、虚结构（使用虚链）、版本管理、检索与查询等，已有一些系统可以做到，并且向智能超媒体和协作超媒体(collaborative hypermedia)或组文本(group text)发展。超媒体建立了信息之间的链接关系，协作超媒体将建立人与人之间的链接关系。

(2) 研究问题

① 超文本向超媒体发展中的问题。主要有表现、时基媒体的影响和数据模型问题。

② 检索与查询问题。超文本基本上是一种系统式数据访问，是面向浏览的操作，通过链从一个结点到另一个结点，遍历整个超文本网络。这对小型的面向表现的交互式超媒体应用是合适的，但对于大型超媒体应用，结点数众多，所含媒体各异，数据量很大或网络为异构时，导航式存取就会变得很困难，甚至令用户不知所措而"迷失方向"。因此，对超媒体有必要研究检索与查询问题。除宏文本和微文本外，对超媒体的检索分为内容查找和结构查找两大类。内容查找将把给定的询问与整个信息网络中的各个独立实体(结点、链、媒体等)进行相似性匹配，以寻找出所要检索的内容；也可以在浏览过程中，通过滤波机制不断学习并缩小查询范围，直至找到所要检索的内容；内容查找与超文本的网络结构无关，而结构查找则是找出与给定模型相匹配的子网结构，以确定结点与链通过这种结构而构造出的语义信息。显然，这种检索与查询机制将解决原先数据库难以解决的问题。总之，内容和结构的处理是问题的关键，基于内容的超媒体(CBH)已成为目前研究的热点之一。

③ 智能化的问题。超媒体与人工智能、专家系统相结合，在超媒体的链和结点中嵌入知识规则，使超媒体的网络中包含计算、推理能力，并使多媒体信息的表示智能化。这对超文本的应用将会起质的变化，使之覆盖更广泛的应用领域。

④ 版本管理。信息管理技术越来越需要支持信息不断变化更新的版本功能。实现版本功能的主要方法是采用层次冻结、实体的版本线索、基于时间的版本链技术等。版本功能不仅能使用户得到最新信息，而且还允许用户维护和处理网络的历史，包括用户的标记、书签等。如何实现版本功能，已成为下一代系统研究的热点。

⑤ 协同性工作。超媒体是支持协同性工作的自然工具。创建注释、维持一组信息的多种组织形式、在不同用户之间传递信息都是协同性工作的基础。如何使多个用户共享同一组数据而又不互相干扰，也已成为超媒体迫切需要解决的问题。

⑥ 标准化。标准化工作将研究解决用户需求模式、系统体系结构、标准用户接口、数据交换格式与协议等。例如，始于1993年由JTCI SC24/WG6承担的一个"多媒体对象的表示环境"(Presentation Environment for Multimedia Objects，PREMO)标准正在研究中。该标准将支持多媒体对象的构造、表现和交互，将详细说明如何建立音频交互(AVI)应用，特别强调用户界面、多媒体应用和多媒体信息交互之间的内部相互关系。

⑦ 标准的统一。HyTime、MHEG和PREMO都是支持超媒体的标准，但又有所不同。HyTime是在已有的国际标准标记语言(SGML)之上开发的，适合于从整体结构出发描述多媒体及超媒体文献的逻辑构成；MHEG则分析各种多媒体应用的"公共基础"，最终着力于不同应用底层的"信息单元"的定义，可以说是多媒体功能的核心；PREMO不仅要包含多媒体功能核心，又加进了对应用环境的考虑，所以它特别强调用户界面、多媒体应用和多媒体交互之间的相互关系。从具体的应用到为不同应用提供"公共基础"，再到"公共基础"与不同应用之间的接口，人们总是朝着标准越来越通用、方便和真正规范化的方向而不断

努力。

认识 HyTime、MHEG 和 PREMO 之间的联系后，人们便会问：HyTime 是否可以调用 MH 对象？MHEG 中 MH 对象的编码表示是否可以采用 HyTime 所基于的 SGML？PREMO 的多媒体功能核心是否可以就是 MHEG 等。事实上，JTC1 已经认识到这一点，成立了一个“参考模型”工作组，准备建立一个或多个参考模型来描述多媒体系统的各个方面，包括它的应用模式、多媒体文献及其分布应用等，其目的就是用来统一那些必须在一起协调工作的标准。这实际上是从更高的层次对现有的标准进行再认识，实现“多媒体标准”的标准化问题。

⑧ 可以实现自动信息发现的超媒体体系。早期超媒体的链是手工加上去的，但现在的研究是要使超媒体能够自动地根据内容建立起这些联系，并能在多机、多网、各种不同的超媒体系统间实现，例如实现多媒体的万维网。

6.3 本章小结

本章主要讨论了超文本与超媒体的概念、特点和特性，以及超文本与超媒体的体系结构、组成的要素，以及超文本与超媒体的应用和存在的问题及发展前景。

超文本与超媒体技术是通过结点和链将信息构成一个网状的互联结构。这是一种非常实用的技术，特别是对多媒体的信息管理，更突出了它的特色。

超文本和超媒体也有不完善的地方，但随着多媒体技术的发展，超文本和超媒体将向标准化、智能化发展，将不断完善其体系结构。

6.4 例题详析

[例题 1] 超文本是一种非线性的网状结构，它把文本分为不同基本信息块，即信息的基本单元是________。

A. 字节　　B. 字　　C. 结点　　D. 链

答案 C

解析 本题主要考查学生对超文本的基本信息单元的了解。超文本是一种非线性网状结构，它把文本分为不同的信息块，称为结点。一个结点可以是一个信息块，若干结点也可组成一个信息块。正确答案是 C。

[例题 2] 超文本和超媒体的主要特征是________。

(1) 多媒体化　　(2) 网络结构　　(3) 交互性　　(4) 非线性

A. (1)、(2)　　B. (1)、(2)、(3)　　C. (1)、(4)　　D. 全部

答案 B

解析 本题主要考查学生对超文本和超媒体基本特征的了解。超文本和超媒体主要的特征是多媒体化、网络结构和交互性。因此正确答案是 B。

[例题 3] 超文本和超媒体体系结构主要由 3 个层次组成，它们分别是________。

(1) 用户接口层　　(2) 超文本抽象机层

(3) 数据库层　　(4) 应用层

A. (1)、(2)、(4)　B. (2)、(3)、(4)　C. (1)、(2)、(3)　D. (1)、(3)、(4)

答案　C

解析　本题主要考查学生对超文本和超媒体体系结构的了解。超文本和超媒体的三层结构是表现层(用户接口层)、超文本抽象机层和数据库层。因此正确答案是C。

6.5 习　　题

1. 在超文本和超媒体中不同信息块之间的链接是通过________链接的。

A. 结点　B. 字节　C. 链　D. 字

2. 超文本的3个基本要素是________。

(1) 结点　(2) 链　(3) 网络　(4) 多媒体信息

A. (1)、(2)、(4)　B. (2)、(3)、(4)

C. (1)、(3)、(4)　D. (1)、(2)、(3)

3. 超文本和超媒体体系结构的三层模型是________年提出的。

A. 1985　B. 1988　C. 1989　D. 1990

4. 关于________的叙述是正确的。

(1) 结点在超文本中是信息的基本单元

(2) 结点的内容可以是文本、图形、图像、动画、视频和音频

(3) 结点是信息块之间链接的桥梁

(4) 结点在超文本中必须经过严格的定义

A. (1)、(3)、(4)　B. (1)、(2)

C. (3)、(4)　D. 全部

5. 关于________的叙述是错误的。

(1) 链的结构分为3部分:链源、链宿及链的属性

(2) 链是连接结点的桥梁

(3) 链在超文本中必须经过严格的定义

(4) 链在超文本和超媒体中是统一的

A. (1)、(2)　B. (1)、(3)　C. (3)、(4)　D. 全部

6. 超文本和超媒体系统中的数据库与传统的数据库有什么不同?

7. 超文本和超媒体的组成要素与操作工具有哪些?

第7章 多媒体计算机的应用技术

7.1 本章要点

(1) 多媒体电子出版物的创作过程和多媒体电子出版物的应用领域。

(2) 多媒体视频会议系统主要体系结构：视频会议终端、多点控制器、信道(网络)及控制管理软件等。多媒体视频会议系统的标准。

(3) 多媒体视频会议终端的设计原理和实现技术；多点控制单元(MCU)的结构和工作原理；视频会议系统的服务质量(QoS)及资源管理；视频会议系统的安全保密。

(4) 多媒体数据库与基于内容检索：多媒体数据库的组成、存储和管理，基于内容检索系统的体系结构、关键技术，以及设计原理和实现技术。

7.2 重点与难点内容分析

7.2.1 电子出版物的创作过程

1. 多媒体电子出版物概述

多媒体电子出版物(multimedia CD-ROM title)是把多媒体信息经过精心组织、编辑及存储在光盘上的一种电子图书。

出版业是工业时代的产物。数百年来，它随着工业经济的发展而壮大，成为大众传播业的支柱。随着信息社会的到来，出版手段也发生了很大变化。1975年，计算机排版系统开始被采用。到20世纪80年代，计算机字处理技术走向成熟，实现了计算机系统版式设计、文字编辑、整版相纸和相片输出，以及数字数据的再利用，并出现了电子出版物。20世纪90年代，多媒体技术的发展和应用，引起了电子出版浪潮。

1993年，德国法兰克福国际书展率先设置了电子出版社，给全球出版界传递了“新出版革命”的强烈信息。之后，每年电子出版物的数量都急剧增长。专家们预测，电子出版物将对传统的出版物形成严峻的挑战，而最终只有精美的典藏版会成为传统印刷书籍中唯一不被攻陷的领地。

电子出版的东西并不是都是电子出版物。中国新闻出版署在《电子出版物管理暂行规定》(1996年3月)中对电子出版物下了定义：电子出版物“指以数字代码方式将图文声像等信息存储在磁、光、电介质上，通过计算机或者具有类似功能的设备阅读使用，用以表达思想、普及知识和累积文化，并可复制发行的大众传播媒体”，并指出电子出版物的媒体形态有软磁盘(FD)、只读光盘(CD-ROM)、交互式光盘(CD-I)、图文光盘(CD-G)、照片光盘(photo-CD)和集成电路卡(IC card)等。

(1) 分类

一般出版物主要分为如下几类：传统的出版物；以缩微胶片、录音带、录像带等为代表的非纸面出版物；以电、磁、光等为信息载体的数字信息存储形式的电子出版物；以图、文、声、像等多种形式表现，并且由计算机及其网络对这些信息以内在的统一方式进行存储、传送、处理及再利用的电子出版物即为多媒体电子出版物。

多媒体电子出版物包括电子图书、电子期刊、电子新闻报纸、电子手册与说明书、电子公文或文献、电子图画、广告、电子声像制品等。

① 根据发行方式，电子出版物分为两大类：电子网络出版和单行的电子书刊。电子网络出版以数据库和通信网络为基础，以计算机的硬盘或光盘为存储介质，可以提供联机数据库检索、传真出版、电子报纸、电子邮件、电子杂志等多种服务；单行的电子书刊则以磁盘、集成电路卡和光盘等为载体。

② 根据出版物的形式，电子出版物主要有以下 3 种典型的类型：

- 联机数据库是目前发展最成熟的电子出版物之一。它要通过主机和联机网络及检索终端来提供信息。世界上一些大的联机系统可提供全文数据库，包括报纸、期刊、百科全书、字典等。提供信息内容广泛，除文献的目录和索引外，还包括市场信息、商品信息、金融、证券和企业财务及法律、教育等社会科学和天文等方面的信息。
- 电子报刊是网络出版的一种重要形式。以往传统的电子报刊指印刷版报刊的电子版，现在已逐渐向纯粹的电子报刊演变，其生产、出版和发行都在网络化环境中进行，所有的编辑、审稿、排版、检索和阅读都通过计算机处理。读者也可以用电子传递方式投送稿件，稿件一旦通过专家审阅后，在 24 小时内即可出现在电子报刊上。
- 电子图书是目前电子出版物的主要类型。电子图书存储的信息与印刷型图书类似，但其结构和功能较之印刷型图书要复杂得多。光盘图书开始逐渐占领出版物的领地。“信息爆炸”需要大量高效的信息存储介质，CD-ROM 有大容量、存放携带方便、保存时间长等优势。许多联机数据库，也同时出版光盘版，因为光盘一旦拥有，可反复使用，费用也较低，更适合大众使用。

③ 根据出版物的内容，大致可分为以下 3 大类：

- 教育类。主要是 CAI 软件，注重教学目标、教学策略，还有适时地评测、及时地反馈。强调过程的呈现，而不是直接告知结果；让读者动手参与，而不是被动接受。
- 娱乐类。可细分为两种，一种纯粹是训练手跟眼协调的游戏，如游戏多属此类；另一种是带有教育目的的游戏，透过设定多个困难关卡，让用户在解决问题的过程中，学会某些知识技能。娱乐类出版物强调的是创意的设计，活泼的画面、恰当的音效也是不可缺少的。三维动画与视频结合的新一代游戏，融入电影蒙太奇手法，塑造神秘又刺激的情景。
- 工具类（含数据库）。包括各种百科全书、字典、手册、地图集、电话号码本、年鉴、产品说明书、技术资料、零件图纸、培训维护手册等，强调运用超文本和超媒体来展现重要的内容，特别讲究多层次的检索机制和检索机制的实现。要提供尽可能多样的查找信息方式，不论读者在浏览哪部分内容，都要能方便地回溯，退出或跳转到其他部分内容；还要随时提示他所在的位置，以免在信息海洋中迷航。

（2）特点

电子出版物能较好地满足信息时代对信息的获取、积累以及使用的要求，代表了出版业的发展方向。

① 从信息载体上看，纸质出版物的容量小、体积大、成本高、复制困难、不易保存，同时制造纸张要消耗大量自然资源，并且在造纸过程中容易对自然环境产生较大的污染；电子出版物具有容量大、体积小、成本低、易于复制和保存，以及消耗的资源很少和对环境的污染较小等特点。

② 从信息结构上看，以前出版的概念是平面的，字典、百科全书、地图都是将文字和图片在平面的纸张上呈现出来。文字有文字的目录，图表有图表的目录，内容较庞杂的书还加上书后的索引、词汇解释等辅助阅读的篇章，但始终受文字描述的限制。如果这些信息能用超媒体技术加以有机地立体组合，并把音频和视频信息集成进来，配以科学的导航(navigation)系统，图文声像并茂，则是一种十分理想的"阅读"机制。

③ 从交互性上看，由于多媒体技术的应用，教育、娱乐题材的电子出版物，能建立起良好的交互环境，传统图书则无法做到。

④ 从检索手段上看，传统读物靠的手翻目视，既费时又费力，而且可靠性差，而电子出版物则是利用计算机的处理能力，提供科学而快速的检索、查询与追踪功能，帮助读者在信息海洋中迅速查询所要的内容。

⑤ 从发行方式上看，除了传统的出售方式外，还有联机检索和联机浏览等新方式。

电子出版物的出现和迅速发展，将不仅改变传统的图书的出版、阅读、收藏、发行和管理方式，甚至对人们传统的文化观念也将产生巨大的影响。

总之，它具有以下优点：存储容量大，一张光盘可以存储几百本长篇小说；媒体种类多，可以集成文本、图形、图像、动画、视频和音频等多媒体信息；运输与携带方便，检索迅速；可长期保存，不会出现纸质出版物那样变色、发霉、虫蛀和粉化等现象；及时传播，经由计算机网络可立即发行到国内外各地；价格低廉，单位成本是普通图书的几分之一，甚至几百分之一。

(3) 工艺流程的制作

多媒体电子出版物一般要经过选题、编写脚本、准备媒体数据、系统制作、调试、测试、优化、产品生产和发行等几个阶段。

电子出版物，实质上属于多媒体应用软件，具有软件系统的所有特性。然而，电子出版物的设计侧重于表现，而一般软件设计侧重于功能。生动形象、艺术性地表现其内容就需要创意，方便有效地提供使用就需要良好的交互性。这是电子出版物应具有的两大特点。

概括地说，电子出版物的制作具有下列特点：

① 制作人员是包括非计算机专业人员在内的各类人员的组合，主要有以下几类。

- 总体设计：艺术上有导演技巧，并熟悉多媒体编辑创作工具。
- 视频编辑：熟悉计算机视频软硬件的使用，负责视频材料的收集、制作、编辑。
- 音频编辑：熟悉计算机音频软硬件的使用，负责语音、音乐材料的收集、制作、编辑。
- 文本编辑：熟悉字处理软件的应用，负责文字编辑。
- 图形动画编辑：熟悉图形、动画软件的应用，负责图形、动画的制作。
- 图像编辑：熟悉图像软件的应用，负责图像的制作。
- 程序设计：熟悉各种计算机语言，具有程序设计能力，按需求编写程序。
- 语言与文字翻译：通晓一种或多种外语，负责口语或文字翻译。

② 运用各种媒体数据的准备工具，并通过多媒体创作工具进行集成。例如，分别运用

文字制作工具、音频制作工具、视频制作工具、动画制作工具和图像制作工具制作各种媒体素材后，在多媒体著作工具中集成。

③ 多媒体技术、超媒体技术和全文检索技术是主要的支持技术。

(4) 组成人员及分工

多媒体的应用涉及许多领域的各个方面，不可能仅依靠计算机专业人员来包揽一切，而应是各类专业人员的密切配合的结果。多媒体电子出版队伍一般由编导、文字编辑、美术编辑、视频编辑、音频编辑和软件工程师组成。通常采用工作组制，每个工作组由3～5人组成，其中主要人员有软件工程师(可兼编导、音频编辑或视频编辑)、文字编辑和美术编辑。当然这种分工并不是绝对的，可以根据项目的特点和工作组成员的实际情况做适当调整，开发小组中各组成员应职责明确，同时要互相配合，共同协作。

一般情况下，开发小组应包含以下一些人员：

① 媒体素材制作员。媒体素材制作员的任务是制作应用中需要的各种媒体数据。他应能利用各种设备，如扫描仪、摄像机、录音设备和电视制作设备，准备出脚本中所要求的声音、图像、文本、电视片段、动画等。也可以利用市场出售的数字化媒体(如图像库、音乐库等)，从中寻找出所需要的素材，经过必要的加工、编辑后使用。

② 主题专家、脚本设计人员。主题专家应对应用的领域具有充分的了解，能对系统所表达的主题内容的精确性负责。一般情况下，这类人还承担着脚本编写工作，负责完成所表达内容的组织工作。

脚本设计人员的职责是在原稿的基础上，写出能够用多媒体信息表现的创作脚本。脚本的设计应有一定的格式，对每一帧画面上出现的内容及格式有明确的说明。

③ 美术音乐设计和创意人员。美术音乐设计和创意人员应懂得如何创造在屏幕上显示的电子美术，以及在计算机上出版的电子音乐。虽然普通的美术音乐设计人员已可胜任这个工作，但他还应学习计算机及多媒体的有关知识，才有可能做出切实可行的创意。美术编辑除了决定节目的整体外观，包括背景颜色、字体格式及使用界面的复杂度等外，还要决定个别区域所使用的视听要素，完成分镜头制作；音频编辑负责讲解部分的语音对话、背景音乐、特殊音响、MIDI音乐等。

④ 创作人员。交互媒体创作人员十分熟悉多媒体的表现手法，熟悉创作工具的性能。能将主题专家编写的脚本转化成为能够在计算机环境下使用的交互式多媒体，确定信息表现形式和控制方法。这些工作包括需求分析、任务确定、内容组织、创作概念形成和流程绘制等。最后，在计算机上利用创作工具将其实现。如果是专门编写程序，还应协助软件人员完成程序的编制。

⑤ 软件和计算机维护人员。软件和计算机维护人员负责软件的编写、维护，计算机工作环境的建立等。在许多应用中，由于硬件软件配置不一样，还要由他们建立一个统一的平台，以适应软件的运行。

多媒体应用的开发无论是哪类，都比普通的应用软件开发要复杂得多，因为它所涉及的因素太多，技术难度也较大。如果组织得好，设计思想新颖，思路巧妙，则应用的效果是很好的。

2. 制作环境

随着多媒体技术的日趋成熟，多媒体CD-Title的制作也得到了相应的发展。目前，多媒体电子产品的内容涵盖了报刊、专利、商业、法律、医学、教育、文化、旅游和娱乐等诸多方面。在多媒体电子产品的制作过程中,需要对多种素材进行采集、加工、组合等各项工作。这就需要为各类素材建立相对独立的素材编辑制作系统。在整个制作系统中包括的制作子系统有文字录入系统、图形图像处理系统、动画制作系统、视频处理系统、音频制作系统和创作编辑系统。

文字录入系统中的文字信息是非常重要的媒体信息,有其他媒体所不能代替的功能。在制作过程中,文字的录入、校对、编辑、加工等工作仍十分重要。该子系统可由普通的计算机和文字编辑软件组成。

图形图像处理系统中的图形图像是多媒体中常用的两类媒体信息。该子系统由图形图像输入设备、图形处理软件、图像处理软件和图形图像输出设备 4 部分组成。图形图像输入设备用于静止图形图像的采集,即将模拟信息转换成为计算机可识别的数字信息。常用的设备有扫描仪、数码相机、数字化仪等。图形处理软件用于二维图形的绘制、三维模型的搭构等任务。图像处理软件用于静止图像的修饰、变形、转化等编辑处理工作,是多媒体制作系统中常用的软件,目前流行的图像处理类软件也非常丰富。图形图像输出设备是将处理后的图形图像信息进行输出。

动画制作系统中所谓的"动画"就是一组连续图形的结合。利用动画这种生动逼真的表现形式来展现事物的运动过程,会得到意想不到的效果。目前,动画制作系统主要是以软件为主。

视频处理系统包括视频的采集、压缩、剪接、回放等。视频信息的加工处理是制作系统中最重要的一个环节。

音频制作系统是利用声音信息使人机之间的交互更容易、更自然。同时,音频还是视频信息中不可缺少的一个部分。音频制作包括音频采集、后期加工、音效合成、MIDI 制作等多种工序。

创作编辑系统是利用现有的多媒体著作工具及程序语言将各种类型的素材文件按照一定的顺序编排起来,改变经过素材制作系统处理的素材文件的零散性及不连贯性,使彼此之间能够按照有机的方式进行搜索、查询和跳转,以制作出最终的多媒体应用系统。

根据目前多媒体电子出版物的开发系统组成情况看,多媒体课件制作系统存在单机制作环境和网络制作环境两大类。对于专业制作团体应选择具有共享性资源,而且还能协同工作的网络制作环境。多媒体课件网络制作系统按其网络组成形式,又可分成对等网络制作系统及客户机/服务器网络制作系统两大类。

随着计算机技术的日趋成熟,尤其是硬件技术的完善,使得原先昂贵的多媒体处理专用设备的价格得以大幅度地降低,使家庭配置一套功能简单的多媒体制作系统已成为可能。从实用角度看,在个人多媒体计算机基础上,建立简单的家庭多媒体制作系统可添置的硬件有扫描仪、数码相机和视频采集卡等设备,其中,扫描仪主要用于图形图像的录入。数码相机则是一种集光、机、电于一体的图像信息输入设备。视频采集卡是与摄像机、录像机或 VCD 机相连的,用于对视频进行采集的硬件设备。此外,还可根据实际需要配置数码相机、光刻机等专用设备。

3. 制作电子出版物的注意事项

制作电子出版物时应注意以下几点:

(1) 熟练掌握各种多媒体著作工具，充分认识其软件功能的“弹性”特点。

开发制作人员应该掌握多种多媒体著作工具，并充分认识其软件功能的“弹性”特点。以 Authorware 为例，使用 Authorware 开发多媒体应用有 3 个层次：第一层是适用于普通用户的基本制作方式，主要使用 Authorware 提供的十几个功能图标，无须编程即可开发一般的多媒体应用；第二层是面向中、高级使用人员的函数与变量，能否熟练掌握 Authorware 提供的函数与变量，是开发者用好 Authorware 并最大限度地发挥它强大功能的关键所在；第三层是面向专业程序员的 UCD 扩展模块，它为 Authorware 提供了无限的功能延伸。

(2) 努力提高多媒体资源的数字化水平，严把质量关。

多媒体资源的数字化主要指图片扫描、录音数字化、视频采集等。有的光盘中经常存在图片模糊不清、声音带有杂音、视频断断续续色彩不好等情况。造成这些问题的原因很多，如原始资源质量不好，硬件档次低，对多媒体资源数字化所有的相应软件掌握得不熟练，经验不够丰富等。

(3) 参考、交流第三方光盘，吸取他人成功的经验和失败的教训。

国内，光盘开发时间较短，尚处在探索时期，没有太多成功的经验可供借鉴，因此同行之间的交流、参考国外一些成功的光盘开发经验，可以避免或少走弯路。

还应该注重改善光盘的交互功能，给用户充分的自主权，让用户参与其中。例如，不强制用户看完某一部分，并能让用户参与其中等。

(4) 严格进行光盘测试，保证光盘质量。

现在市场上的很多光盘中或多或少地存在一些问题，如死机、中文冲突、安装问题、调色板问题、速度太慢、MIDI 无法正常播放等。造成这些问题的直接原因就是光盘测试不彻底等。

(5) 聘请主题专家，严把脚本质量关。

应注意文字脚本质量，切忌东拼西凑，必须聘请主题专家，确保多媒体资源的准确性、完整性和权威性。

7.2.2 多媒体会议系统的结构和标准

1. 视频会议系统的基本组成

视频会议大致可分为 3 大部分：

(1) 多媒体信息处理计算机及其 I/O 设备，这是各个会议点都需要配置的。这部分包括：

① 相当于 386 以上档次的微机。这种微机的内存容量配置要求在 4MB 以上，软件平台一般为 Microsoft Windows 3.1 或者是 MS-DOS 3.3 以上。

② 实时动态视频、语音信息的输入、压缩、还原及输出的专用卡。它的基本功能要求如下：

- 支持动态视频(video 或 RGB，S-video)、语音信号的输入输出。
- 提供编解码功能。
- 支持广播级的图像输出(支持 VGA 向 PAL 或 NTSC 制式的转换)。
- 提供实时动态图像和语音的压缩还原。
- 支持画中画(PIP)功能。

• 提供与数字通信网设备的标准接口。

• 具有控制视频会议系统所连接的各种 I/O 外设的专用接口及遥控装置等。

③ I/O 设备主要有彩色图像监视器、音响系统、摄像机、录像机等。

(2) 多点控制器：它只安装在主控站，用于各个会议点之间的实时多媒体信息交换，对会议点的个数、数字通信的带宽、会议的控制模式、系统启动和故障诊断参数等进行干预和设置。

(3) 数字通信网络接口："视频会议系统"内的各个会议点之间，必须要通过数字通信网信道来实现互连和多媒体信息交换。

2. 视频会议系统的基本功能

(1) 在"视频会议"工作时，各个会议点的多媒体计算机将"反映各个会场的主要场景、人物及有关资料"的图像、图片以及发言者的声音同时进行数字化压缩；根据视频会议的控制模式，经过数字通信系统，沿指定方向进行传输；同时，在各个会议点的多媒体计算机上，通过数字通信系统实时接收、解压缩多媒体会议信息，并在其监视器屏幕上实时显示指定会议参加方的会议室场景、人物图像、图片和语音。

(2) 视频显示的转换控制可有以下 3 种模式：

① 语音激活模式(voice activated)：也称自动模式，其特征是会议的"视频源"根据与会者的发言情况来转换。换句话说，谁是"主发言"(dominant speaker)，视频会议系统则自动地将他的视频图像传播到各个会议点。

② 主席控制模式(chair control)：在这种模式下，与会的任意一方均可能作为会议的主席，这就可以控制会议的视频源指定为某个与会方。

③ 讲课模式(lecture control)：此刻，所有的分会场均可观看分会场的情况，而主会场则可有选择地观看分会场的情况。

(3) 在对图像质量要求较低的场合，可利用音频线路传送低分辨率的黑白图像(如 10f/s)。在要求较高的场合，则采用更先进的数据压缩技术。例如，在数字通信一次群上能以 30f/s 的速率发送全彩色图像，质量接近 TV 级。介于两者之间的是 64Kb/s 整数倍通信线路，如在 128～38Kb/s 线路宽带上进行中等分辨率(如 352×288)的彩色视频通信。

3. 视频会议系统的主要技术特点

视频会议系统的主要技术特点如下：

(1) 它依靠数字通信网络，利用多点控制器将分布在各地的用户组织为一个或多个"会议"，实现会议(主、分)会场之间的实时动态图像、语音的传输、交换、处理和远程再现；会议的控制方式可以设置；多点控制器与 CODEC 的接口要符合 H.243 标准。

(2) 会议使用的多媒体信息在数字通信网上占有的带宽一般为 64～4048Kb/s，远低于广播电视的带宽，所以这里要采用专门的视频图像和语音的编解码器。需要指出的是，编解码器在功能上要求与 CCITT H.320 建议(窄带可视电话系统的终端)相符合。其中：

① 对视频信息而言，还要符合以下标准：

CCITT 建议 H.221(P×64K)：视频编解码算法。

CCITT 建议 H.221：视听电信业务中 64～1920Kb/s 信道的帧结构。

CCITT 建议 H.242 利用直至 2Mb/s 数字信道的视听终端之间建立通信的系统。

CCITT 建议 H.230：视听系统的帧步控制的指示信号。

② 对语音信息而言，要符合以下标准：

CCITT 建议 G. 711：语音频率的脉码调 PCM A-律、μ-律。

CCITT 建议 G. 711：语音算法。

③ 在与数字通信网接口上，目前国际市场上的主要视频会议产品要支持 56～1540Kb/s 的 T1 范围的网络数据速度，同时也支持 E1 的 2. 048Mb/s 速率。一般可提供以下标准的网路接口选件：

RS-449 Serial Communication Interface

Dual V. 35/X. 21 Interface

Connection to T1

Connection to E1

Connection to a structured G. 704 network

针对中国的具体情况，主要考虑 E1 的信道接口，它的接口要支持：

① CCITT 建议 G. 732（工作在 2. 048Mb/s 下的基本 PCM 复用设备特性）。

② HDB3 编码。

③ 数据速率达到 1. 920Mb/s。

（3）在对会议的动态图像和语音的质量要求上，以满足开会的基本要求为准（如能看清各个会场的主要坐席的人物形象和所展示的用文件阅读器读入的文件资料，能听清楚各位发言者的声音等），显然比广播电视的质量要求要低。

（4）视频会议系统的关键问题是多媒体信息的数字化压缩和解压缩。

① 数字化压缩的必要性：视频会议系统必须对音频信号进行实时数字化处理和传输，其数据量非常大。例如，对于 4kHz 模拟带宽的音频信号，采样频率为 8kHz，每个量用 8 位表示，要进行传输则需占用 64Kb/s 的数字信道；对模拟带宽为 22kHz 高质量音频信号，每个量用 16 位表示，采样频率为 44kHz，则每秒数据量为 88KB（或者为 704Kb/s）。又如 PAL 制式电视信号，每帧图像为 768×576 个像素，每秒 25 帧图像，真彩色每个像素用 24 位表示，则每秒要产生约 31MB×24（Mb/s）的数据量。即使对于静态图像，数据量也是很大的。如一个真彩色（24 位）视频分辨率图像（640×480）需要大约 921KB 的存储空间；一幅 A4 大小（8. 5in×11in）的真彩色图片，用 300d/i 分辨率的扫描仪输入，存储该图片需要约 24MB。

要实现视频会议系统的功能要求，就必须解决好两个特殊的问题：首先是多媒体会议信息传输的实时性；其次是它只能利用比广播电视传输窄得多的带宽（视频会议做信道通常不超过 2Mb/s）进行信息传输。由此可见，视频会议系统首先面临的关键技术是如何根据视频会议系统指标，选择合理的数字化压缩方案。

② 压缩分类：一般可分无损耗压缩和有损耗压缩。前者是不丢失信息的，所以压缩后的图像信息经过解压缩可完全恢复原像；而后者由于要丢失一些信息，所以其图像经压缩后无法完全重现。不过，使用有损压缩方法可得到较高的压缩比率，对视频会议系统而言，其突出的问题主要是减少传输信息量，所以基本上采用有损压缩的方法。

③ 压缩比问题：若压缩比取大值，则存储空间可节省，在实时传输时占用带宽可减小，传输时的效率可提高。按时压缩比越大，因压缩而丢失的信息就越多，图像的质量就越差。所以要综合考虑压缩比的选取。

④ 图像品质因素：这个因素的主观成分较多，而且品质的可接受程度往往取决于哪类应用。例如，广播电视对动态图像的质量要求很高，一般不可以采用有损压缩，在实时传输电视图像时所需的频宽非常宽。而对视频会议来说，并不追求与广播电视级相同的图像质量要求，它的"高压缩比率问题"较"图像的品质"更重要。

⑤ 压缩算法的标准化问题：国际电报电话咨询委员会(CCITT)、国际标准化组织(ISO)及欧美制造商(如 Intel、SGS-Thomson、C-Cube、LSL、Logic 等)，从 1980 年就开始着手建立一致的视频压缩标准。目前主要有 JPEG、MPEG 和 P×64(又称 CCITT H.261)标准。这 3 项标准分别用于静态图像、全动态视频信号和视频会议。MPEG 又再分为 MPEG-1 和 MPEG-3，前者主要针对较低档的消费用品，后者则为高品质广播视频而设。

目前，国际市场上推出的视频会议系统产品均支持 CCITT H.261 标准。该标准是视听通信编码标准，它建立在综合业务数字网(ISDN)的基础上，是专门针对可视电话和电视会议而指定的。它采用了 CIF 和 QCIF 的视频编码格式，这两种模式的最大画面传送率为 29.97f/s，并且容许丢失 1，2 或 3 帧画面。以 29.97f/s 的速度传送 CIF 或 QCIF 的未压缩位率分别是 36.45Mb/s 和 9.115Mb/s，视频编码的基本目标是去除冗余信息，降低位率。

通常采用的主要编码方法是源编码和熵编码两种。源编码处理的是源信息，它又可分为帧外编码和帧间编码。前者是用于第 1 帧画面和更换场景后的其他画面，它仅仅去除画面内的空间冗余。后者是用于一组相互连接、内容相似的画面(包括移动画面)，它还可以去除画面间的时间冗余。这两种编码均是"有损的"，画面在编码后的质量会下降。熵编码则利用信息统计特征来降低位率，所以从理论上讲是"无损的"。CCITT H.261 采用了帧外编码和帧间编码两种技术，同时采用离散余弦变换(Discrete Cosine Transform，DCT)。

7.2.3 多媒体数据库及基于内容检索

1. 多媒体数据管理的问题

数据管理方法大体上经历了 3 次重大的变化。最早，数据是用文件直接存储的，随着计算机技术的发展，计算机越来越多地用于信息处理，如财务管理、办公自动化、工业流程控制等。这些系统所使用的数据量大、内容复杂，而且面临数据共享、数据保密等方面的需求，于是产生了数据库系统。数据库系统的一个重要概念是数据的独立性。DBMS 统一实施对数据的管理，包括数据的存储、查询、处理和故障恢复等，同时也保证了数据库在不同用户之间实现数据共享。如果是分布式数据库，这些内容都将扩大到网络范围之上。

依据独立性原则，DBMS 一般按层次被分为 3 种模式：物理模式、概念模式和外部模式(也叫视图)。物理模式的主要职能是定义数据的存储组织方法，如数据库文件的格式、索引文件组织方法、数据库在网络上的分布方法等。概念模式定义抽象现实世界的方法。外部模式又称子模式，是概念模式对用户有用的那部分。模仿模式借助数据模型来描述。数据库系统的性能(包括可用性、便利性及效率等)与数据库的数据模型直接相关。数据模型的不断完善和变革，也就是数据库系统发展的历史。数据库的数据模型先后经历了网状模型、层次模型、关系模型和面向对象模型等阶段。其中，关系模型因为有比较完整的理论基础，"表格"一类的概念也易于被用户理解，因而逐渐取代了网状、层次模型，在商业应用数据库中居主导地位。关系模型把现实世界事物的特性抽象成数字或字符串表示的属性，每种属性都有固定的取值范围。于是，每个事物都有一个属性集及对应它的属性值集。把它们组织成具有以下性质的二维表格，便成为关系：

(1) 表格中没有任何两行数据完全相同。

(2) 表格中每行的所有数据属于同一属性。表头定义的是属性名，属性名不允许重复。

不难看出，关系模型主要针对整数、实数、定长字符等规范数据。关系数据库的设计者必须把真实世界抽象为规范数据，这要求设计者具有一定的技巧，而且在有些情况下，这项工作会特别的困难，例如用文字描述一个人的长相。即使抽象完成了，抽象得到的结果往往会损失部分原始信息，甚至会出现结果是错误的情况。

图像、声音、动态视频等多媒体信息引入计算机之后，可以表达的信息范围大大扩展，但又带来许多新的问题。因为多媒体数据不规则，没有一致的取值范围，没有相同的数据量级，也没有相似的属性集。在这种情况下，如何用数据库系统来描述这些数据，表格还适用吗？另一方面，关系数据库可以做到一个用户给出查询条件后，可以迅速地检索到正确的信息，但那是针对使用字符数值型等规范关键值的。基本数据不再是字符、数据型，而是图像、声音，甚至视频数据，将带来数据组织方式、查询等操作管理的变化。这种变化不应是对现有的数据库系统进行界面上的包装，使之看起来像一个多媒体数据库，而应该从多媒体数据与信息的本身特性出发，考虑将其引入到数据库之后而带来的有关问题，才能找到相应的解决办法。

2. 多媒体对数据库的影响

(1) 多媒体数据与数据库管理

在数据库中，常用的多媒体数据有字符、数值、文本、声音、图像(包括图形、位图图像、动画和视频)等类型。

① 字符数值：字符数值型数据记录的是事物非常简单的属性(如性别)、数值属性(如人数)或高度抽象的属性(如事物所属类型)。这种数据具有简单、规范的特点，因而易于管理。传统数据库主要是针对这种数据的，在多媒体数据库中仍然需要管理大量的这类数据。

② 文本数据：文本是常见的媒体形式，各种书籍、文献、档案等无不是由文本媒体数据为主构成的。在计算机内，文本数据是由一个具有特定意义的字符串表示。字符串长短不一，给数据的存储和再现带来不便。自然语言理解技术的不成熟也使查询文本数据的难度加大。因此，许多通用型数据库根本就没有管理和使用文本媒体的有效手段。检索文本数据主要采用关键字检索和全文检索两种方法。

- 关键字检索：在存储文本的同时，自动或手工生成能反映该文本数据主题的关键字的组合，并将其存储在数据库中。检索时通过某些关键字找到所需的文本数据。
- 全文检索：这种方法可以根据文本数据中的任何单词或词组检索，检索时进行全文扫描。

此外，大多数的实用系统使用文本直接存储文本数据，或把数据规范成标准长度的字符串(如微机数据库 dBase 系列使用约 80 个字符)。这些都只是权宜之计，必须寻求更彻底的解决方案。

③ 声音数据：声音数据如音乐数据与语音数据、单声道声音数据与多声道数据等。计算机已经能合成出高质量的音乐，这些音乐数据在计算机里是由符号表示的，因而数据量极小，对它的存储、查询可以当作文本处理。但计算机目前还无法模拟不同人的口音，以及人们讲话时的抑扬顿挫的语调。因而语音数据还是以数字化的波形数据为主，这样存储空间

就比较大。语音识别技术还未达到可以广泛应用的程度，这给语音数据的直接检索带来了不便。目前，对语音数据的检索主要有两种方法：第1种是给语音数据人工附加属性描述或文本描述。例如，可以给录音数据附加上讲话人姓名、讲话日期、讲话题目甚至主要内容。然后便可借用字符数值和文本数据检索语音数据。第2种是浏览，把语音逐一播放出来，边听边判断所需查找的语音数据，这种方法最大的缺点是速度太慢。在具体应用中，一般是将两种方法配合使用，由第1种方法缩小范围之后再进行浏览。

④ 图形数据：图形数据的数据库管理已有一些成功的应用范例。例如，地理信息系统、工业图纸管理系统、建筑CAD数据库等，图形数据可分为点、线、弧等基本图形元素。描述图形数据的关键是要有可以描述层次结构的数据模型。对图形数据来说，最大的问题就是如何对数据进行表示，这又与应用密切相关，对图形数据的检索也是如此。一般来说，由于图形是用符号或特定的数据结构表示的，更接近计算机的形式，且易于管理。但管理方法和检索使用需要有明确的应用背景。

⑤ 图像数据：图像数据是指位图式图像，图像数据在应用中出现的频率很高，也较有实用价值。图像数据库较早就有研究，已提出许多方法，包括属性描述法、特性提取、分割、纹理识别、颜色检索等。特定于某一类应用的图像检索系统已取得成功的经验，如指纹数据库、头像数据库等，但在多媒体数据库中将更强调对通用图像数据的管理和查询。

⑥ 视频数据：动态视频化图像数据要复杂得多，在管理上也存在新的问题。特别是引入了时间属性，对视频的管理还要在时间空间上进行。检索和查询的内容可以包括镜头、场景、内容等许多方面，这在传统数据库上是从来没有过的。为了真实地再现就必须做到实时，而且需要考虑视频和动画与其他媒体的合成和同步。例如，给一段视频加上一段字幕，字幕必须在适当的时候叠加到视频的适当位置上。再如给一段视频配音，声音与图像必须配合得恰到好处。合成和同步不仅是多媒体数据管理的问题，它还涉及通信、媒体表现、数据压缩等诸多方面。

图像数据有多媒体形式：位图式图形、动画及动态视频。由于在性质和存储量上的极大差异，一般把图像、视频与图形、动画分开讨论。

(2) 媒体带来的问题

字符、数值、文本、图形、声音和图像等多种媒体类型是研究多媒体数据库的基础，对它们适用的许多方法在多媒体数据库中需要借用和发展。除此之外，多媒体数据管理还需综合管理这些数量大小不一、类型各异的媒体数据。媒体带来的问题可归纳为以下几个方面：

① 数据量巨大且媒体之间量的差异也极大，从而影响数据库的组织和存储方法。如动态视频压缩后每秒仍达数兆字节的数据量，而字符数值等数据可能仅有几个字节。只有组织好多媒体数据库中的数据，选择设计合适的物理结构和逻辑结构，才能保证磁盘的充分利用和应用的快速存取。数据量的巨大还反映在支持信息系统的范围的扩大。由于应用范围的扩大，显然不能指望在一个站点上就存储上万兆的数据，而必须通过网络加以分布，在这种环境下对数据库进行存取也是一种挑战。

② 媒体种类的增多增加了数据处理的困难。虽然前面仅列出了几类主要的媒体类型，但事实上，在具体实现时往往根据系统定义、标准转换等演变成几十种媒体格式。例如，图像有16色图像和256色图像之分，有彩色图像和黑白图像之分，有GIF格式图像和TIF格式图像之分；动态视频也有AVI格式和DVI格式之分等。不同媒体类型对应不同的数据

处理方法，这要求多媒体 DBMS 能不断地扩充新的媒体类型及其相应的操作方法。新增加的媒体类型对用户应该是透明的。比如，已有多媒体 DBMS 可管理数字、文本、图形和 16 色图像，应用中却提出管理 256 色图像的要求，多媒体 DBMS 应能易于扩充，并保证用户操作图像媒体的方式是不变的。

③ 多媒体不仅改变了数据库的接口，使其声、图、文并茂；而且也改变了数据库的操作形式，其中最重要的是查询机制和查询方法。媒体的复合、分散、时序性质及其形象化的特点，注定要使查询不再是只通过字符查询，而应是通过媒体的语义查询。然而，人们却很难了解并且正确处理许多媒体的语义信息。这些基于内容的语义在有些媒体中是易于确定的（如字符、数值等），但对另一些媒体却不易确定，甚至会因为应用不同和观察者不同而不同，查询的结果也不仅仅是一张表，而是具有多媒体信息的统一表现。接口的多媒体化，对查询提出了更复杂，但对用户更友好的设计要求。

④ 传统的事务一般短小精悍，在多媒体数据库管理系统中也应尽可能采用短事务。但有些场合不能满足需求，如从动态视频库中提取并播放一部数字化影片，往往需要长达几个小时的时间，作为较完美的 DBMS 应保证播放过程不致中断，因此不得不增加处理长事务的能力。

⑤ 多媒体数据管理还要考虑版本控制的问题。在具体的应用中，往往涉及对某个处理对象（如一个 CAD 设计或一份多媒体文献）的不同版本的记录和处理。版本包括两种概念，一是历史版本，同一个处理对象在不同的时间有不同的内容，如 CAD 设计图纸有草图和正式图之分；二是选择版本，同一处理对象有不同的表述或处理，如一份合同文献可以包含英文和中文两种版本。需解决多版本的标识、存储、更新和查询，尽可能减少各版本所占存储空间，而且控制版本的访问权限。现有通用型 DBMS 大都没有提供这种功能，而由应用程序编制版本控制程序，显然是不合适的。

由此可见，多媒体对数据库的影响涉及数据库的用户接口、数据模型、体系结构、数据操纵以及应用等许多方面。自 1983 年提出多媒体数据库概念以来，已陆续提出了一些解决方法。

3. 理想的多媒体数据库系统的要求

在理想的多媒体数据库中，多媒体信息应当同字符、数值等一样，成为数据库的核心数据，数据库管理系统应能对此提供丰富的处理功能。

(1) 多媒体信息的特点

从数据库的角度看，多媒体信息具有以下特点：数据量大，非结构化信息，信息长度不固定，声音、视频等媒体具有时间敏感性，由于多媒体信息的集成性使得不同媒体之间的关系复杂，进行多媒体信息处理的硬件具有相关性。

(2) 多媒体数据库应提供的特殊功能

多媒体数据库管理系统除应具备传统数据库管理系统的功能，如数据存储管理、数据共享、并发控制、事务处理等以外，还应针对多媒体信息的特点，支持以下特殊功能：

① 支持图像、动画、声音、动态视频、文本等多媒体字段类型及用户定义的特殊类型。

② 支持定长数据和非定长数据的集成管理。

③ 支持复杂实体的表示和处理，要求有表示和处理实体间复杂关系（如时空关系）的能力，有保证复杂实体完整性和一致性的机制。

④ 支持同一实体的多种表现形式(如一段视频在播放时可改变其频率、一幅静止图像在显示时改变其对比度等性质而不影响库中的内容)。

⑤ 具有良好的用户界面。

⑥ 支持多媒体的特殊查询及良好的处理接口。

⑦ 支持分布式环境。

4. 多媒体数据库系统的关键技术

根据多媒体信息的特点和多媒体数据库的要求,可认为多媒体数据库具有以下关键技术。

(1) 数据模型技术

建立理想的多媒体数据库首先应建立理想的多媒体数据模型。数据模型是数据库系统设计的关键,对多媒体数据库也不例外。多媒体信息建模的关键是把多媒体信息中的各种复杂关系以形式化的方法在数据模型的层次上表示出来。

传统的网状、层次和关系数据在描述复杂实体时存在先天不足,而面向对象的数据模型适于描述复合对象等复杂实体,又有语义模型的抽象机制等特点,是描述多媒体信息较理想的模型。非第一范式的数据模型在关系模型的基础上通过更一般的扩展,提高了关系数据处理多媒体数据的能力,打破了1NF(第一范式)的限制,解决了多媒体数据的表示和处理问题。

还有其他一些数据模型,如超媒体数据模型、文献模型和专有媒体数据模型等,严格来说,它们都不是完整的或通用的数据库的数据模型,但它们的出现确实又使数据库的数据模型受到了很大的影响。

(2) 数据的存储管理与压缩、解压缩技术

多媒体数据,特别是动态视频数据必须经压缩存入库中,并能反复取出实时解码再次播放。此外,还应考虑物理存储介质的存取速度和数据库的存储结构。目前,有人在研究磁盘阵列技术;也有人在研究如何使用二级及三级存储管理技术,以便能在不同级间快速方便地交换数据;还有人在研究存储器高速缓存中的替换算法,以及如何将逻辑上相关的对象在存储器中进行组织的聚簇(cluster)技术等。数据库应能进行动态存储分配,以支持适合多媒体信息的可变长大字段,要求能对大字段进行局部随机存取。现在,很多关系型数据库都支持可变长二进制域,一般可采用分页技术对其进行存储。如Paradox数据库,对BLOB分别在.DB和.MB两个文件中存储。DB文件中主要包含头信息,MB文件采用分页结构存储信息,页与页之间以链相连。对大型数据库,页与页之间常用B树、B^+树及Hash表方法进行组织,如Sybase数据库就是采用B树对数据进行组织的。

(3) 多媒体信息的统一

多媒体具有硬件相关性的特点。同一类型的媒体,不同的硬件设备对其具体进行处理的方式可能千差万别。数据库管理要求能脱离具体的硬件设备,从一个抽象的层次上对信息进行各种处理。因此,在具体的硬件驱动和数据库管理之间有一接口,提供以具体的硬件处理到抽象的处理表示的转换。MCI为开发Windows下的多媒体应用提供了类似的编程接口,但该接口只提供文件层次上的操作,没有提供数据库管理要求的内存级操作。对数据库来说,不同类型媒体的描述应遵循统一的原则,这会给查询等处理带来方便。同样,在Windows中,许多类型的多媒体文件,如DIB、WAVE、AVI等,都遵循RIFF格式,使应用

程序对各种多媒体文件的I/O处理具有一致性。目前，同一类型的媒体往往存在多种编码格式，且相互之间互换性较差。对于数据，同一类型媒体的编码方式最好能统一。关于信息格式问题，国际上有ODA(办公文献模型)标准及其扩展，以及最新的MHEG(多媒体与超媒体信息编码专家组)标准。

另外，多媒体信息在不同的处理阶段可能有不同的表示形式，其间的映射应统一。

(4) 多媒体信息的再现及良好的用户界面

将各种多媒体信息从库中取出，并根据相互的约束关系协同地进行演播，在多媒体技术上占了重要的地位。由于媒体之间的关系(如时空关系)往往较复杂，有许多人专门研究在多媒体信息再现中各种关系的形式化描述方法，如采用表、有向图等，其中比较引人注意的是扩充Petri网来描述对象之间的时空关系。

多媒体数据应具有良好的用户界面。界面本身最好具有一定的多媒体功能，同时又能支持数据库结构查询语言(SQL)工业标准，并扩充SQL使其支持多媒体信息的各种操作。

(5) 多媒体信息包的检索、查询及其他处理功能

多媒体信息中包含的内容往往较丰富，且交织在一起，与数据描述之间一般无简单的对应关系，在这一点上与数值、字符等数据存在较大差别。因此，多媒体数据需要特殊的信息组织、检索和查询处理技术。例如，对多媒体信息应提供基于内容(content based)的检索。用户对多媒体数据的修改往往改变多媒体信息的整个性质，如图像的对比度、色差等，很少去直接修改其中的二进制数据，故应提供相应的操作等。在多媒体数据库系统的体结构下，许多问题的重点和含义已变化和扩展了。对于文本媒体而言，不仅仅只向查询者提供全文信息的准确位置、统计等数据，更重要的是建立这些文本中概念之间的关联(如超媒体的一个单词可能会需要一段文字进行参照解释)，或是与其他媒体的参照表现。对于图像来说，特征的提取是一方面，但对于一个管理成千上万图像的数据库来说，更重要的是全面地利用信息来快速地找到相似概念下的不同媒体的信息。对视频媒体，常常把它看作一组静态图像序列，许多基本内容的处理可以从图像媒体中继承过来，但还有关于场景的一些信息，如镜头的切换、景物的动作、运动的表达等一些内容。对于整个信息库或超媒体网来说，基本内容还应包括不同逻辑单元之间的语义。例如，超媒体的网结构、智能化浏览、过滤查询等。基本内容的信息处理应能对一切媒体进行，只有这样，才能充分反映媒体的内容语义及结构语义信息。

(6) 分布式环境与并行处理技术

随着数据库和计算机网络的应用，分布式数据库(DDB)已成为计算机技术的一个重要领域，其地位正迅速上升。DDB是建立在计算机网络上的各个结点成员数据库的有机结合体，主要由5部分组成。

- DBM(数据库管理)：负责管理本地结点的数据库。
- DC(数据通信)：负责系统与客户的通信。
- DD(数据字典)：负责描述本地结点数据的分布式管理。
- DDBM(分布式数据库管理)：负责系统的分布式管理。
- ND(网络字典)：负责描述数据在网上的分布及管理。

这5个组成部分中的DBM、DC和DD构成了单个结点上的集中式数据库。与DDB客体有关的各种描述信息和控制信息存放在主要由ND和DD组成的NDD中，使系统能将客

户对 DDB 的访问请求转换为对各结点 DB 客体的低级操作，并完成维护与管理功能。计算机技术与通信技术的紧密结合要求能实现分布式 MDB。上述基本内容的检索要利用数字信号处理和模式识别技术，运算量大，只有充分发挥并行处理的优势，MDB 管理系统(MDBMS)才能有较高的性能。

(7) 并行数据库系统

随着计算机多媒体应用领域的不断扩大，数据库规模越来越大，数据查询越来越复杂，对 DBMS 性能的要求越来越高。基于单处理机计算机系统的 DBMS 已经难以适应迅速增长的要求，DBMS 性能的提高已成为目前急需解决的问题。并行计算机系统的出现为高性能 DBMS 的实现带来了希望，以并行计算机为基础的数据库系统称为并行数据库系统。近年来，并行数据库系统已成为一个十分引人注目的研究领域，必须发展成为未来的高性能数据库系统。

7.3 本章小结

本章讨论了多媒体电子出版物的创作过程，详细地介绍了电子出版物的创作流程，以及电子出版物的应用领域。

有关多媒体视频会议系统的体系结构和有关标准均做了全面的介绍。对视频会议系统关键部件，视频会议终端的设计原理和实现技术，多点控制单元(MCU)的结构和工作原理，视频会议系统的服务质量(QoS)、系统资源的静态和动态管理及视频会议系统的加密算法等进行了详细的分析和讨论。

本章对有关多媒体数据的存储问题、管理问题和多媒体数据库的体系结构、多媒体数据库基于内容检索的关键技术和基于内容检索系统的设计原理和实现技术等均做了分析和讨论。

本章主要内容是多媒体技术在有关领域的应用技术。通过本章的学习可以进一步了解多媒体技术的应用是非常广泛的，而在实际应用中涉及了有关学科的知识和技术。要掌握好多媒体技术的应用，还必须进一步学习计算机学科、电子学科、通信学科等有关学科的知识和技术，以及在实践中的应用。

7.4 例题详析

[**例题 1**] 多媒体创作的主要过程可分为________步骤。

A. 应用目标分析、脚本编写、设计框架、各种媒体数据准备、制作合成、测试

B. 应用目标分析、设计框架、脚本编写、各种媒体数据准备、制作合成、测试

C. 应用目标分析、脚本编写、各种媒本数据准备、设计框架、制作合成、测试

D. 应用目标分析、各种媒体数据准备、脚本编写、设计框架、制作合成、测试

答案 A

解析 本题主要考查学生对多媒体创作流程的理解和掌握情况。在多媒体创作步骤中，首先是应用目标分析，在脚本的指导下才能设计框架，然后根据具体设计的要求准备各种媒体数据，并进行制作合成，最后进行测试。所以正确答案是 A。

［**例题 2**］ 多媒体视频会议系统的结构主要由________组成。

(1) 视频会议终端

(2) 多点控制单元(MCU)

(3) 信道及控制管理软件

(4) 视频会议加密

A. (1)、(2)、(4)　　B. (2)、(3)、(4)　　C. (1)、(2)、(3)　　D. 全部

答案　C

解析　本题主要考查学生对多媒体视频会议系统体系结构的了解情况。视频会议系统的体系结构主要由视频会议终端、多点控制单元(MCU)、信道和控制管理软件等组成。正确答案是 C。

［**例题 3**］ 多媒体数据的层次结构分为________。

A. 物理模式层、概念模式层、外部模式层、媒体支持层

B. 多媒体用户接口层、概念数据模式层、外部模式层、物理模式层

C. 存取与存储数据模式层、媒体支持层、概念模式层、物理模式层

D. 媒体支持层、存取与存储数据模式层、概念模式层、多媒体用户接口层

答案　D

解析　本题主要考查学生对多媒体数据库层次结构的了解。传统的数据库一般分为三层模型，而多媒体数据库分为四层模型，分别为媒体支持层、存取与存储模型层、概念模型层和多媒体用户接口层。因此，正确答案是 D。

［**例题 4**］ 在视频会议系统中多点控制单元(MCU)最多可接________个视频会议终端。

A. 8　　B. 10　　C. 12　　D. 16

答案　C

解析　本题主要考查学生对视频系统中多点控制单元(MCU)产品性能的了解。目前的 MCU 产品中一个 MCU 最多可接 12 个视频会议终端。所以正确答案是 C。

7.5 习　　题

1. ________的说法是不正确的。

   A. 电子出版物存储容量大，一张光盘可存储几百本书

   B. 电子出版物可以集成文本、图形、图像、动画、视频和音频等多媒体信息

   C. 电子出版物不能长期保存

   D. 电子出版物检索快

2. 在视频会议系统中关键技术是________。

   A. 视频会议系统的标准　　B. 多点控制单元(MCU)

   C. 视频会议终端　　D. 视频会议系统的安全保密

3. ________的说法是不正确的。

   A. 视频会议系统是一种分布式多媒体信息管理系统

   B. 视频会议系统是一种集中式多媒体信息管理系统

C. 视频会议系统的需求是多样化的

D. 视频会议系统是一个复杂的计算机网络系统

4. 在视频会议系统中安全密码系统包括________等功能。

(1) 秘密性、可验证性　　(2) 完整性、不可否认性

(3) 合法性、对称性　　(4) 兼容性、非对称性

A. (3)、(4)　　B. (1)、(2)　　C. (2)、(4)　　D. 全部

5. 视频会议系统设立了________等访问权限。

(1) 超级、优先　　(2) 一般、作废

(3) 排队、优先　　(4) 超级、中断

A. (1)、(2)　　B. (3)、(4)　　C. (1)、(4)　　D. 全部

6. 基于内容检索的体系结构可分为________两个子系统。

A. 特征抽取和查询　　B. 多媒体数据管理和调度

C. 用户访问和数据库管理　　D. 多媒体数据查询和用户访问

7. 基于内容检索要解决的关键技术是________。

(1) 多媒体特征提取和匹配　　(2) 相似检索技术

(3) 多媒体数据管理技术　　(4) 多媒体数据查询技术

A. (3)、(4)　　B. (2)、(3)　　C. (1)、(2)　　D. 全部

8. 视频会议系统最著名的标准是________。

A. H.261 和 H.263　　B. H.320 和 T.120

C. G.723 和 G.728　　D. G.722 和 T.127

9. 在视频会议系统中为什么需要 QoS?

10. 简述多媒体数据库中基于内容检索系统的工作原理。

第 2 部分

实 验 内 容

实验1　声音信号的获取与处理

声音媒体是较早引入计算机系统的多媒体信息之一，从早期的利用PC内置喇叭发声，发展到利用声卡在网上实现可视电话，声音一直是多媒体计算机中重要的媒体信息。在软件或多媒体作品中使用数字化声音是多媒体应用最基本、最常用的手段。通常所讲的数字化声音是数字化语音、声响和音乐的总称。在多媒体作品中可以通过声音直接表达信息、制造某种效果和气氛、演奏音乐等。逼真的数字声音和悦耳的音乐，拉近了计算机与人的距离，使计算机不仅能播放声音，而且能"听懂"人的声音是实现人机自然交流的重要方面之一。

采集(录音)、编辑、播放声音文件是声卡的基本功能，利用声卡及控制软件可实现对多种音源的采集工作。在本实验中，我们将利用声卡及几种声音处理软件，实现对声音信号的采集、编辑和处理。

实验所需软件：

Windows 录音机（Windows 内含）

Creative WaveStudio（Creative Sound Blaster 系列声卡自带）

Syntrillium Cool Edit2.1

进行实验的基本配置：

- Intel Pentium Ⅲ或 4 处理器或者 Intel Centrino(或其他支持 SSE 的)处理器(如要支持视频则要求 Pentium 4 或其他支持 SSE2 的处理器)；
- Microsoft Windows XP Professional 或 Home Edition(带有 Service Pack 2)；
- 512MB 内存(建议使用 1GB)；
- 700MB 可用硬盘空间(安装可选音频片段时，建议可用硬盘空间为 5.5GB)；
- 1024×768 显示（建议使用 1280×1024)；
- 使用 DirectSound 或 ASIO 驱动程序的声卡(建议使用多通道 ASIO 声卡)；
- CD-ROM 驱动器(若要安装可选音频片段，建议使用 DVD-ROM 驱动器)；
- 适于制作音频 CD 的 CD-RW 驱动器；
- 建议使用扬声器或耳机。

1. 实验目的和要求

本实验通过麦克风录制一段语音信号作为解说词并保存，通过线性输入录制一段音乐信号作为背景音乐并保存。为录制的解说词配背景音乐并作相应处理，制作出一段完整的带背景音乐的解说词。

2. 实验预备知识

1) 模拟音频和数字音频

模拟音频和数字音频在声音的录制和播放方面有很大不同。模拟声音的录制是将代表声音波形的电信号转换到适当的媒体上，如磁带或唱片。播放时将记录在媒体上的信号还原为波形。模拟音频技术应用广泛，使用方便。但模拟的声音信号在多次重复转录后，会使模拟信号衰弱，造成失真。

数字音频就是将模拟的（连续的）声音波形数字化（离散化），以便利用数字计算机进行处理，主要包括采样和量化两个方面。

2）数字音频的质量

数字音频的质量取决于采样频率和量化位数这两个重要参数。采样频率是对声音波形每秒钟进行采样的次数。人耳听觉的频率上限在 20kHz 左右，根据采样理论，为了保证声音不失真，采样频率应在 40kHz 左右。经常使用的采样频率有 11.025kHz、22.05kHz 和 44.1kHz 等。采样频率越高，声音失真越小、音频数据量越大。量化数据位数（也称量化级）是每个采样点能够表示的数据范围，经常采用的有 8 位、12 位和 16 位。例如，8 位量化级表示每个采样点可以表示 256 个（0～255）不同量化值，而 16 位量化级则可表示 65 536 个不同量化值。量化位数越高音质越好，数据量也越大。反映数字音频质量的另一个因素是通道（或声道）个数。单声道是比较原始的声音复制形式，每次只能生成一个声波数据。立体声（双声道）技术是每次生成两个声波数据，并在录制过程中分别分配到两个独立的声道出输出，从而达到了很好的声音定位效果。四声道环绕（4.1 声道）是为了适应三维音效技术而产生的，四声道环绕规定了 4 个发音点：前左、前右，后左、后右，并建议增加一个低音音箱，以加强对低频信号的回放处理。Dolby AC-3 音效（5.1 声道）是由 5 个全频声道和一个超重低音声道组成的环绕立体声。

在多媒体音频技术中，存储声音信息的文件格式有多种，如 Wav、Midi、MP3、Rm、VQF 等。

（1）Wav 格式

Wav 格式的文件又称波形文件，是用不同的采样率对声音的模拟波形进行采样得到的一系列离散的采样点，以不同的量化位数（16 位、32 位或 64 位）把这些采样点的值转换成二进制数得到的。Wav 是数字音频技术中最常用的格式，它还原的音质较好，但所需存储空间较大。

（2）Midi 格式

Midi 是 Musical Instrument Digital Interface（乐器数字接口）的缩写。它是由世界上主要电子乐器制造厂商建立起来的一个通信标准，并于 1988 年正式提交给 MIDI 制造商协会，便成为数字音乐的一个国际标准。MIDI 标准规定了电子乐器与计算机连接的电缆硬件以及电子乐器之间、乐器与计算机之间传送数据的通信协议等规范。MIDI 标准使不同厂家生产的电子合成乐器可以互相发送和接收音乐数据。Midi 文件记录的是一系列指令而不是数字化后的波形数据，所以它占用存储空间比 Wav 文件要小很多。

（3）MP3 格式

MP3 是对 MPEG Layer 3 的简称，它是目前最热门的音乐文件。其技术采用 MPEG Layer 3 标准对 WAVE 音频文件进行压缩而成，特点是能以较小的比特率、较大的压缩率达到近乎 CD 的音质。其压缩率可达 1∶12，每分钟 CD 音乐大约需要 1MB 的磁盘空间。

（4）Rm 格式

Rm 是 RealMedia 文件的简称。Real Networks 公司所制定的音频视频压缩规范称为 RealMedia，是目前在 Internet 上相当流行的跨平台的客户/服务器结构多媒体应用标准，它采用音频/视频流和同步回放技术来实现在 Intranet 上全带宽地提供最优质的多媒体，同时也能够在 Internet 上以 28.8Kb/s 的传输速率提供立体声和连续视频。

3. 实验内容与步骤

1）实验内容

（1）硬件与软件的准备

目前，多媒体计算机中的音频处理工作主要借助声卡，从对声音信息的采集、编辑加工，直到声音媒体文件的回放这一整个过程都离不开声卡。声卡在计算机系统中的主要作用是声音文件的处理、音调的控制、语音处理和提供 MIDI 接口功能等。

录制音频信号所需的硬件除了声卡，还有麦克风、音箱以及外界的音源信号设备（如 CD 唱机、录音机等），把麦克风、音箱、外界音源信号设备与声卡正确连接完成硬件准备工作。在 Windows 的【控制面板】|【多媒体】中选择正确的录音和回放设备，并对其进行调试。

（2）用 Windows 录音机录制解说词

使用 Windows 录音机录制任意一段语音信号作为解说词，录制完毕后把文件存为 Wav 格式，文件名为“示例 1_1”。

（3）使用 Cool Edit 录制背景音乐

使用 Cool Edit 2000 录制任意一段语音信号作为背景音乐，要求录制的声音文件采样频率为 44 100Hz，立体声，量化位数为 16 位，文件的格式为 Wav 格式，文件名为“示例1_2”。

（4）使用 WaveStuido 编辑和处理背景音乐

使用 WaveStuido 对“示例 1_2”先进行回声处理，【幅度】值为 100%，【回声延迟】为 300 毫秒，然后进行【淡入】和【淡出】处理，【幅度】值各为 50%。

（5）使用 Cool Edit 进行混音处理

使用 Cool Edit 的 Mix paste 功能对示例 1_1 和示例 1_2 进行混音处理。把示例 1_2 加入示例 1_1 中去，编辑成为一个完整的带背景音乐的解说词，保存为“示例 1_3”。

2）示例

（1）硬件与软件的准备

要录取声音文件需要的硬件主要有声卡、麦克风，为了回放所录取的声音还需要配备音箱，如图 1.1 所示。

声卡后有几个接口，标有 Midi/Game 的梯形接口是接 Midi 键盘和游戏手柄的，标有 Audio Out 的圆口是接音箱的，标有 Mic 的圆口是接麦克风的，标有 Line In 的圆口是外接音频输入设备的。声卡、音箱和麦克风的连接，如图 1.2 所示。

图 1.1 麦克风、声卡、CD 音源、音箱

完成硬件设备的连接后，为了使声卡能正常工作还要进行软件的调试。进入 Windows，选择【开始】|【设置】|【控制面板】，选择【声音、语音和音频设备】。在【声音和音频设备 属性】对话框中选择【音频】，在【声音播放】和【录音】的首选设备中选择声卡所对应的输入和输出选项，如图 1.3 所示。

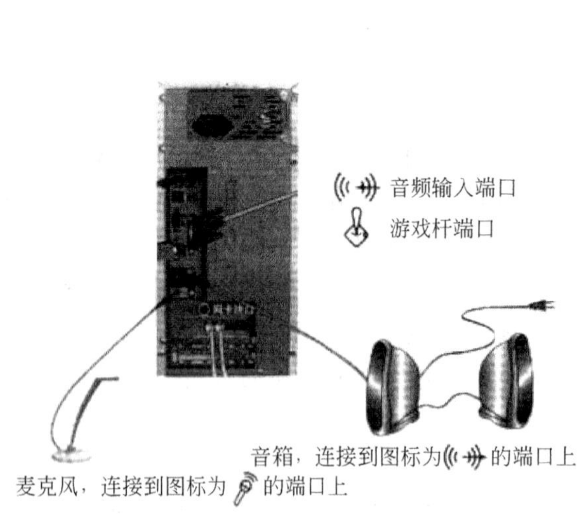

图 1.2 计算机连线图

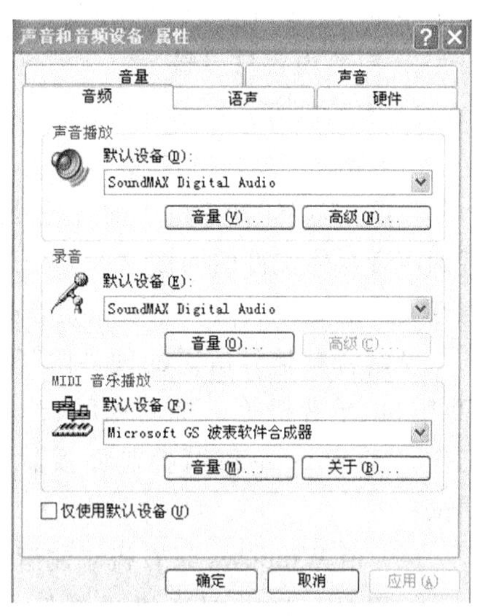

图 1.3 【声音和音频设备 属性】对话框

为确保麦克风和线性输入能正常使用，双击位于桌面右下任务栏中的喇叭，打开【音量控制】窗口，确认 CD 唱机和线性输入的【静音】前没有打“√”，如图 1.4 所示。

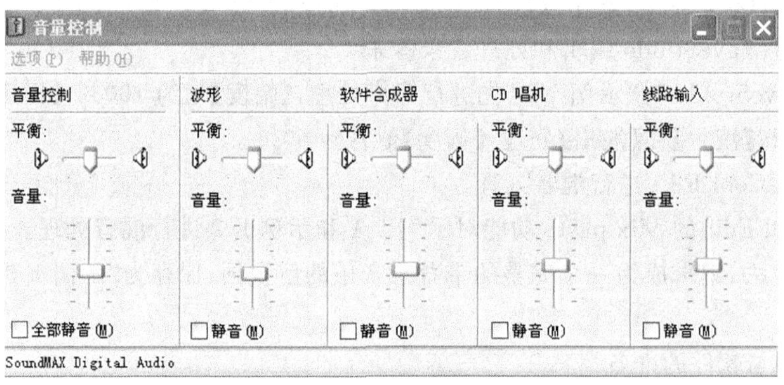

图 1.4 【音量控制】窗口

(2) 用 Windows 录音机录制解说词

① 首先准备一份所需录制的材料作为解说词。

② 选择【开始】|【程序】|【附件】|【娱乐】|【录音机】。打开【声音-录音机】窗口，单击【录音】按钮开始录音。用 Windows 录音机录制音频文件时一次能录制的时间为 60 秒，当录制时间大于 60 秒后，按【录音】按钮继续录制。当文章朗读结束后，单击【停止】按钮结束录音，如图 1.5 所示。

③ 执行【文件】|【另存为】命令，在出现的【另存为】对话框中单击【更改】按钮。在【声音选定】对话框中修改【属性】项为“22.050kHz，16 位，立体声 86KB/秒”，单击【确定】按钮返回【另存为】对话框，选好保存的路径，文件名存为“示例 1_1”，保存类型选 WAV，如图 1.6 所示。

图 1.5 【声音-录音机】窗口

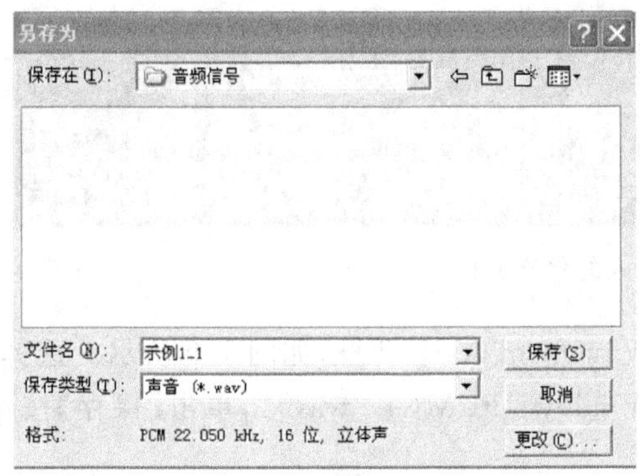

(a)【另存为】对话框

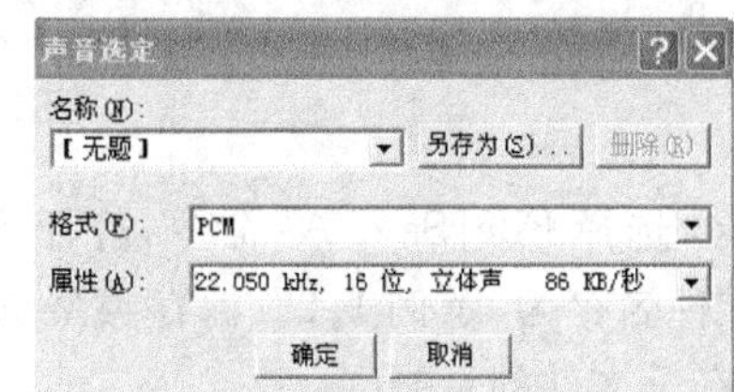

(b)【声音选定】对话框

图 1.6　Windows 录音机的保存及属性修改

这样一个完整语音音频文件便保存好了。

(3) 使用 Cool Edit 录制背景音乐

背景音乐可由录音机、CD 唱机等输出的模拟音频获取。首先保证外界音源设备与声卡的 Line In 接口正确相连。

① 选择【开始】|【程序】|Cool Edit Pro 2.1|Cool Edit Pro 2.1，打开 Cool Edit Pro 2.1 主界面，然后单击右键，选择【插入】|【音频文件】命令。插入想要录制歌曲的 mp3/wav 伴奏文件。如图 1.7 所示。

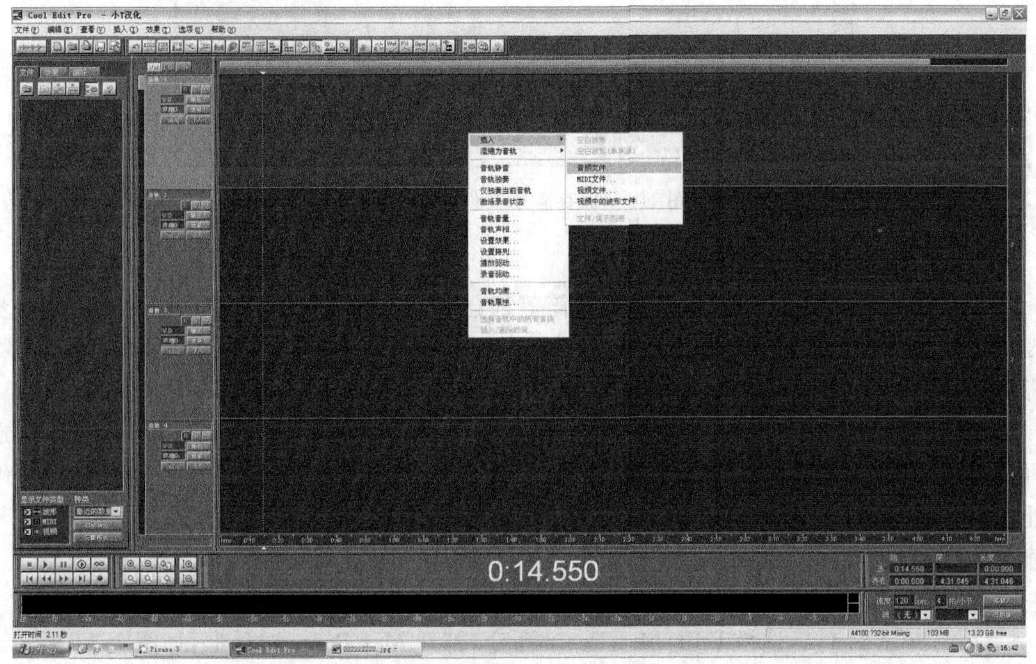

图 1.7　Cool Edit Pro 2.1 主界面

② 如图 1.8 所示，一段伴奏音乐被插入到音轨 1 中。

③ 录音结束后，单击工具栏中的 Stop 按钮完成录音。

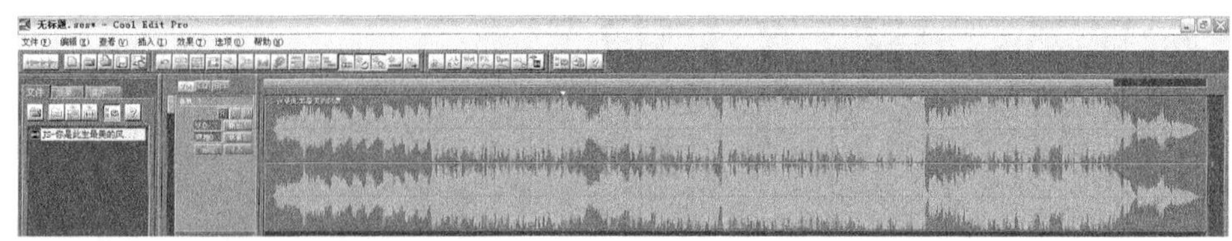

图 1.8　插入的伴奏文件

④ 选择 File|Save As 命令,打开 Save Waveform As 对话框,如图 1.9 所示。选择好路径,文件名存为“示例 1_2”,保存类型选择“Windows PCM(*. wav)”,单击【保存】按钮,完成对音乐文件的录制。

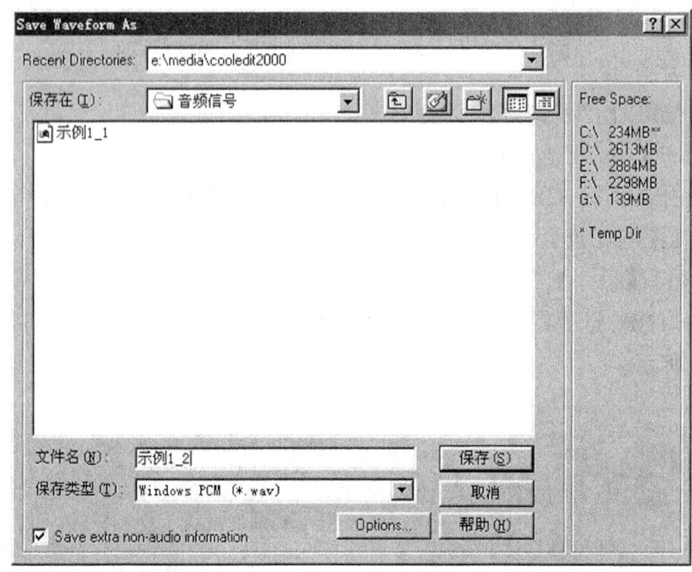

图 1.9　保存音乐文件 Music. wav

⑤ 后期效果处理

在录制声音的时候,周围的环境或话筒等都会产生一些噪音,因此录制完声音后第一步要做的就是降噪。可以双击音轨 1 中的人声进入单轨模式,选择【效果】|【噪音消除】|【降噪器】来进行降噪处理,如图 1.10 所示。

在弹出的对话框中,首先选择噪音级别,一般不要高于 80,级别过高会使人声失真,选择噪音级别后单击【噪音采样】,然后选中对话框下端的【直通】选项,单击下面的【预览/停止】按钮,这样就可以听到降噪后的声音了,如果效果不满意的话再调整降噪级别,不断重复直到满意为止。

(4) 使用 Cool Edit 进行混音处理

① 打开示例 1_1,选择 Edit|Mix Paste 命令,打开 Mix Paste 对话框,如图 1.11 所示。

- 在 Volume 框中,Volume L,R 代表左右声道音量,若为单声道文件,则只有一个声道音量调节,若选中 Invert,则文件在被粘贴前声音数据将会颠倒。当 Lock Left/Right 被选中时,左右声道调节钮将被锁定,调节时将一齐变化。
- 在合成方式框中,选中 Insert,则被粘贴的文件插入当前文件之中。选定 Overlap

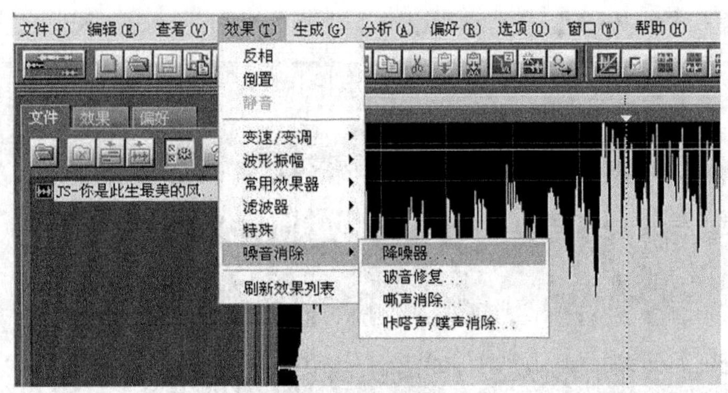

图 1.10　降噪命令

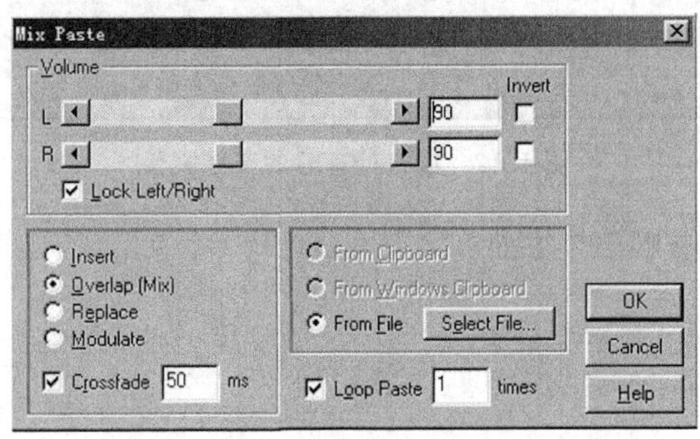

图 1.11　Mix Paste 对话框

时，则被粘贴的文件不会取代当前文件中的选定部分，而是以选定的部分与当前文件叠加。若被粘贴的文件比当前文件的选定部分长，则超出范围的部分将继续被粘贴。选定 Replace，则被粘贴的声音文件将覆盖源文件。选定 Modulate，则被粘贴的声音文件与当前文件一起调制，即将每采样点的幅值相乘混合后输出。激活 Crossfade，输入时间(ms)，则在粘贴前后粘贴的文件有一定的淡入淡出。

- 在选择被粘贴的文件来源框中，选中 From Clipboard 表示被粘贴的文件来源于剪贴板。From Windows Clipboard 表示被粘贴的文件来源于 Windows 剪贴板。From File 表示被粘贴的文件来源于新文件，单击 Select File 按钮可选择文件。
- Loop Paste 指粘贴文件的次数。

在本实验中设置 Volume L，R 为 90，选中 Overlap，设置 Crossfade 值为 50，选中 From File，单击 Select File 按钮选择作为背景音乐的文件“示例 1_2”，设置 Loop Past 值为 1，单击 OK 按钮完成设置。

② 处理结束后，选择 File|Save As 命令，选择好保存文件的路径，文件名保存为“示例 1_3”，单击【保存】按钮，完成混音处理，如图 1.12 所示。

4. 实验思考题

(1) 数字音频通常使用的采样率是多少？

(2) 请举出三种多媒体音频技术中常用的存储声音信息的文件格式。

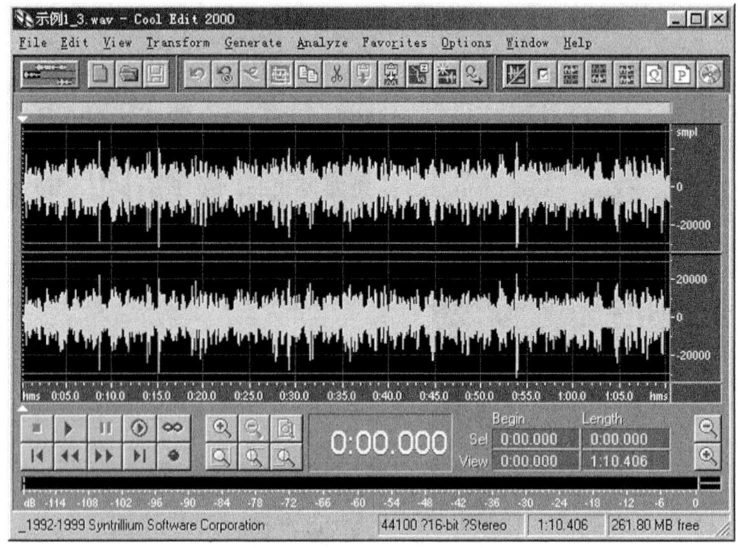

图 1.12　混音处理后的音频文件

(3) 数字音频主要有哪两个方面?

实验 2　图像处理和图像文件格式转换

图形图像作为一种视觉媒体，很久以前就已成为人类信息传输、思想表达的重要方式之一。计算机图形技术实际上是绘画技术与计算机技术相结合而形成的。在计算机出现以前，图像处理主要是依靠光学、照相、像片处理和视频信号处理等模拟的处理。随着多媒体计算机的产生与发展，数字图像代替了传统的模拟图像技术，形成了独立的“数字图像处理技术”。多媒体技术借助数字图像处理技术得到迅猛发展，同时又为数字图像处理技术的应用开拓了更为广阔的前景。

图像有静态和动态之分，在此主要介绍静态图像处理。用于静态图像处理的软件有很多，常见的有 Photoshop、PhotoStyler、PCPaintBrush、Corel Draw 等。其中 Photoshop 以其直观的界面、全面的功能成为最流行的图像处理软件，是我们学习的首选软件。平面设计是 Photoshop 应用最为广泛的领域，无论是我们正在阅读的图书封面，还是大街上看到的招帖、海报，这些具有丰富图像的平面印刷品，基本上都使用 Photoshop 软件对图像进行处理。它的专长在于图像处理，而不是图形创作。有必要区分一下这两个概念。图像处理是对已有的位图图像进行编辑加工处理以及运用一些特殊效果，其重点在于对图像的处理加工，而图形创作软件是按照自己的构思创意，使用矢量图形来设计图形。这里将以 Photoshop CS3 为例介绍 Photoshop 的使用。

Photoshop CS3 的工作环境和配置要求如下：

- Intel Pentium 4、Intel Centrino、Intel Xeon 或 Intel Core Duo(或兼容) 处理器；
- Microsoft Windows XP(带有 Service Pack 2)或 Windows Vista Home Premium、Business、Ultimate 或 Enterprise(已为 32 位版本进行验证)；
- 512MB 内存；
- 64MB 视频内存；
- 2GB 可用硬盘空间(安装过程中需要的其他可用空间)；
- 1024×768 分辨率的显示器(带有 16 位视频卡)；
- DVD-ROM 驱动器；
- 多媒体功能需要 QuickTime 7 软件；
- 需要 Internet 或电话连接进行产品激活；
- 需要宽带 Internet 连接，以使用 Adobe Stock Photos * 和其他服务。

1. 实验目的和要求

(1) 学会用选择工具等工具选取图像区域。

(2) 了解蒙板、通道的功能及用法。

(3) 学会运用图层选项制作立体效果。

(4) 掌握制作艺术字的途径和方法。

(5) 学会用滤镜制作特殊效果。

(6) 了解如何存储图像，并将其压缩为所需格式。

2. 实验预备知识

1) Photoshop CS3 的窗口组成

Photoshop CS3 的窗口由标题栏、菜单栏、工具箱、工作窗口、控制面板、状态栏等 6 部分组成,如图 2.1 所示。

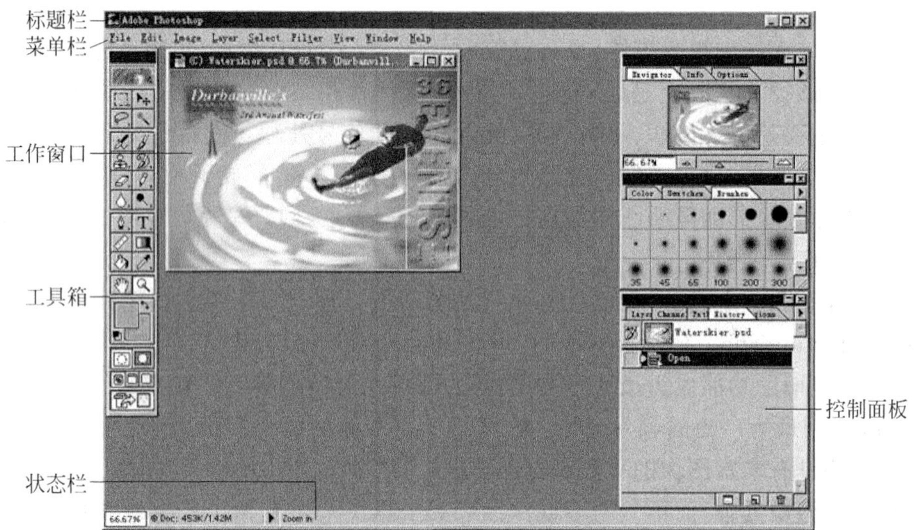

图 2.1 Photoshop CS3 的窗口

工具箱中存放着各种编辑工具,使用方便。控制面板的主要作用是辅助工具栏,更改工具的设置。一些对图层、通道、历史记录的操作也要在此完成。在菜单栏里的窗口选项中可以设置此栏中各项的显示与否,也可用鼠标拖动控制面板中的选项,按自己的习惯组合控制面板。状态栏显示当前图像的有关状态及一些简要说明和提示。

2) 工具箱的使用

Photoshop 的基本工具存放在工具箱中,一般置于 Photoshop 界面的左侧。当工具的图标右下角有一个小三角时,表示此工具图标中还隐藏了其他工具。单击此图标不放,便可以打开隐藏的工具栏。单击隐藏的工具后,所选工具便会代替原先工具出现在工具栏里。当把鼠标停在某个工具上时,Photoshop 会提示此工具的名称及快捷键。而在选定工具后可在右边的控制面板中的选项栏里修改工具的参数及设置(若屏幕上没有选项栏可选择 Window|Show Options 命令来显示它)。

工具的使用方法很灵活。这里先简单介绍几种重要工具的基本用法。

(1)【选框】工具

【选框】工具是重要的选图工具,单击【选框】工具不放,会弹出隐藏工具面板 。选择工具共有 5 种,从左到右依次为 Rectangular Marquee Tool(矩形选框)工具,Elliptical Marquee Tool(椭圆选框)工具,Single Row Marquee Tool(单行选框)工具,Single Column Marquee Tool(单列选框)工具,Crop Tool(裁切)工具。【选框】工具用于在被编辑图像中选取一个工作区域。其中矩形选框工具是用于选取一个任意矩形区域,椭圆选框工具用于选取一个任意圆形或椭圆形区域,单行选框工具用于选取图像中任一横行像素,单列选框工具用于选取图像中任一竖行像素,裁切工具较特殊,用于裁切选框以外的部分，以重新设置图像大小。

(2)【套索】工具

【套索】工具也是重要的选图工具，主要是用于选取不规则区域。从左到右依次是 Lasso Tool（套索）工具、Polygonal Lasso Tool（多边形套索）工具、Magnetic Lasso Tool（磁性套索）工具。套索工具用于手动选择一些极不规则的区域；多边形套索工具用于选择不规则多边形；磁性套索工具可选择圆滑曲线。

(3)【魔术棒】工具

【魔术棒】(Magic Wand Tool)工具用于选取图像中颜色近似的一个封闭区域。双击工具箱中的图标，可以打开相应工具的控制面板，在控制面板里可以修改颜色的容差以决定选取色域的大小。

(4)【文本】工具

【文本】(Type Tool)工具用于在图像中添加文字，实心的代表生成文字时会生成文字图层；空心的代表生成文字时只在本层生成文字选区；有“↓”标记的表示竖直排版；无“↓”标记的表示横向排版。

(5)【喷枪】工具和【画笔】工具

【喷枪】(Airbrush Tool)和【画笔】(Paintbrush Tool)都是常用的着色工具。

3) 滤镜(Filter)

滤镜是一些专门设计用于生成图像特殊效果的工具。例如，使用滤镜为图像制作出模糊效果，或把图像变成浮雕，为水面制作波纹等。滤镜自带的功能极为强大，会产生很多神奇的效果，为画面带来无穷的魅力。

(1) 使用滤镜工具时所受的限制

在位图、索引图、48 位 RGB 图、16 位灰度图等色彩模式下，不允许使用滤镜工具；在 CMYK、Lab 等模式下，不允许使用画笔描边、素描、视频、纹理、艺术效果 5 种滤镜工具。一般情况下，我们提倡用 RGB 模式编辑图像，这样就可不受阻碍地使用滤镜工具了。如果我们编辑的图像不是 RGB 格式的，可以选择 Image|Mode|RGB Color 命令，将图像格式转换为 RGB 格式即可。

(2) 滤镜工具的使用方法

① 用选择工具选择欲应用滤镜的图像区域（不选择时，滤镜默认对本图层进行操作）。

② 单击菜单栏里的 Filter 菜单，选择滤镜组的名称，打开子菜单项。若子菜单项中带有省略号“…”，将会打开滤镜对话框；若没有省略号“…”便会直接进行滤镜变化而不出现任何提示。

③ 若打开对话框，可在对话框中设置各项参数及选项，如果选中对话框中的“预览”复选框，还可以进行预览。

④ 决定好效果后便可单击 OK 按钮，将滤镜应用到图像中。

4) 图层(Layer)

图层就好像把很多层画叠加在一起，编辑修改都可分别进行。一个图像文件最多可设置 100 个图层。选择 Window|Show Layers 命令或按 F7 键可以打开图层控制面板。

如图 2.2 所示，在图层控制面板里可进行以下操作：

① 在图层的合成方式的下拉菜单中，可以选择合成的拼和方式。

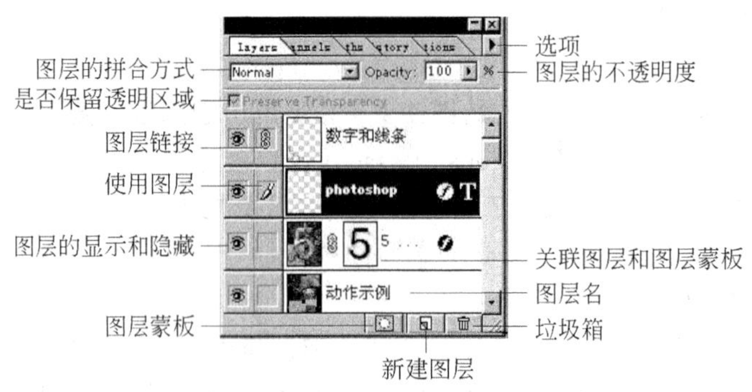

图 2.2　图层示意图

② 若选择"保留透明区域",则无法编辑本层的透明区域。

③ "图层链接"所在画框表示该层的使用状态,锁链图标表示该层与正在编辑的图层链接,如果移动编辑层,该层也会跟着移动。画笔图标表示该层正处于编辑状态,也就是说只能对该层进行改动。如果画框里显示的是图层蒙板图标,表示该层应用了蒙板。

④ 眼睛图标表示该图层处于显示状态,单击眼睛图标,图标消失则该层隐藏不显示。

⑤ 单击右三角按钮可以打开图层面板选项菜单,在这里可以进行图层操作(也可在菜单栏里)。

⑥ 用百分比度设置该层的透明度,当透明度为 0 时将会完全看不见该层。

⑦ 在图层面板右侧的矩形条中,会显示该层的缩略图、图层名。如果是文字图层将会显示文字内容;若使用了蒙板,会显示蒙板的缩略图。

⑧ 图层面板最下方的三个图标依次是建立蒙板、建新图层、删除图层(把图层拖到垃圾桶上即可删除)。

5) 蒙板通道

前面已介绍了选择图像工作区域的方法和作用。蒙板与选择区域相似,不同的是当图像加上了蒙板后,蒙板蒙住的图像区域将受到保护,所做的各种操作只影响没被蒙上的区域。

蒙板由一个灰度图来表示,黑色表示图像中没被选择的部分,白色表示被选择了的部分,而不同层次的灰度表示蒙住的程度(即羽化效果),我们可以在灰度图里使用各种工具为图像制出选区。

6) 图像文件的格式转换

PSD 格式:它是 Photoshop 软件的默认文件格式。它支持所有文件类型,能保存没有合并的图层和通道,蒙板等信息。但缺点是很少有其他的图像软件能读取这种格式,且存盘容量极大。

JPEG:它是一种有损压缩格式,是常用的一种压缩格式。Photoshop 5.5 支持 11 级压缩程度:0 是图像文件最小,图像质量最低;12 是质量最高,但文件最大。一般我们会选择 5 级以上来保证图像质量。

TIFF 格式:用于应用软件交换的文件格式,它是一种无损压缩方式。

BMP 格式:它是 Windows 下使用的标准图像文件格式。保存时,可以选择是 Windows 格式还是 OS/2 格式,选择 1、4、8、24 位 4 种形式,若选择 4 位、8 位,还可以设置

RLE 方式进行压缩，这种压缩方式对图像毫无损伤。

7）图像的压缩

图像的数据量很大，一幅普通的图像文件能占用很大的存储空间，应用于多媒体系统中的图像文件必须经过压缩才便于存储和传输，而压缩算法的选择会对图像本身产生不同程度的影响。

图像压缩的方法可分为无损压缩和有损压缩。无损压缩是利用数据统计特点进行的图像数据压缩处理，压缩效率不高，但保留了原图像文件中的全部信息，如 TIFF 格式等。有损压缩是以牺牲图像中某些信息为代价来换取较高的压缩率，其损失的信息大多是对视觉感知不重要的信息，由于损失信息是不能再恢复的，因而有损压缩是一种不可逆的压缩方法。常用的有损压缩图像格式为 JPEG 格式。

当将图像另存为 TIFF 格式时，屏幕上会出现 TIFF Options 对话框，如图 2.3 所示，若选中 LZW Compression 复选框即为无损压缩。

当另存图像为 JPEG 格式时，屏幕上会出现 JPEG Options 对话框，如图 2.4 所示，在 Image Options（图像选项）选项区中，small file 到 large file 的选择实际上就是存储质量 0～12 的选择。在 Quality（质量）的数字选项中，输入 0 则压缩最大，输入 12 则损失最小。选择 Low 则占用空间最小，但是变形情况严重；而选择 Maxnum 时虽保证了图像的质量，但占用了更多的磁盘空间。所以通常情况下，一般选取 Medium，即压缩质量为中档的最底默认值。在 Format Options（格式选项）中，给出了三种图像的保存格式：Baseline（"Standard"）（基线"标准"）、Baseline Optimized（基线优化）、Progressive（连续）。

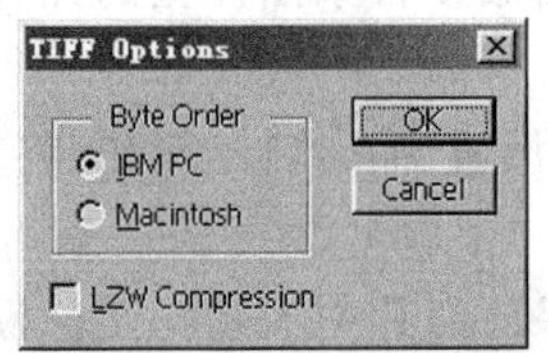

图 2.3　TIFF Options 对话框

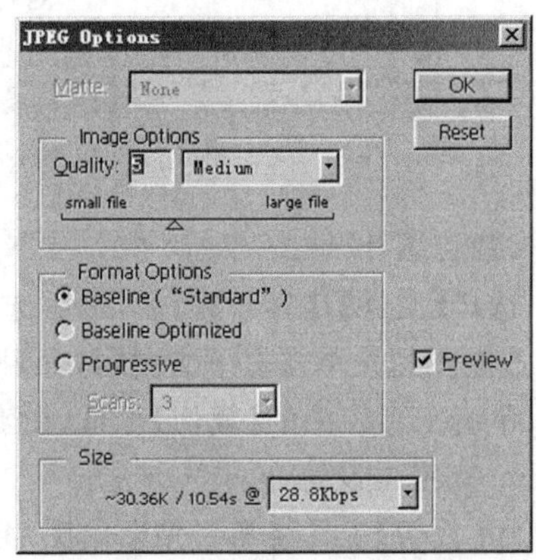

图 2.4　JPEG Options 对话框

3. 实验内容与步骤

1）实验内容

① 选取适当的照片素材和以奥运会志愿者为主题的魔方图片。

② 对图片进行适当的裁切，使图片符合要求。

③ 将图片拖曳至魔方背景。

④ 用自由变换调整图片的大小。

⑤ 将图片进行形状的改变，运用变换工具中的缩放、旋转、斜切、扭曲、透视、变形等工具。

⑥ 拼合图片。

⑦ 粘贴主题。

⑧ 调整并合并所有层。

⑨ 存储为各种图像文件格式并压缩。

另：简单的抠图练习。

2）示例

（1）选材并新建

新建背景，打开图像文件如图 2.5 所示。一张以奥运会志愿者为主题的魔方图片。

图 2.5　以奥运会志愿者为主题的魔方图片

（2）裁切图片

① 选择【文件】|【打开】命令，然后选择任意一张需要粘贴在背景图片上的照片，双击图片或者选定图片并单击右下方的【打开】按钮。

② 单击工具栏中的【裁切】工具，在工作区将长宽比例设置为 1∶1。例如，将宽度设置为 400cm，高度也设置为 400cm。

③ 用【裁切】工具将需要粘贴的图片进行裁切。要求保证照片中人物构图饱满，置于图片中心，如图 2.6 所示。

④ 用相同的步骤将其他需要处理的图片依次进行裁切。

（3）拖动图片

① 选择【移动】工具，单击已经裁切好的照片。

② 将照片拖曳至魔方图案背景中，如图 2.7 所示。

③ 此时如果拖曳进来的照片过大，可先将其缩小，再进行后面的步骤。

④ 缩小图片的方法是单击【缩放工具】，在工作区选择【缩小】，再单击图片即可。

（4）变换

① 选定已经拖曳进来的图片。

② 选择【编辑】|【自由变换】命令，此时照片的周围将出现 8 个可调整的点。

图 2.6　裁切图片

图 2.7　拖动图片

③ 根据需要，对照片进行自由变换，使其大小与魔方上一个小格的大小相符，如图 2.8 所示。

(5) 变换

① 选择【编辑】|【变换】|【缩放】命令，可均匀的调整图片大小。

② 选择【编辑】|【变换】|【旋转】命令，可对图片进行 360°的等比旋转。

③ 选择【编辑】|【变换】|【斜切】命令，可使图片以一条边为轴线做左右的变化。

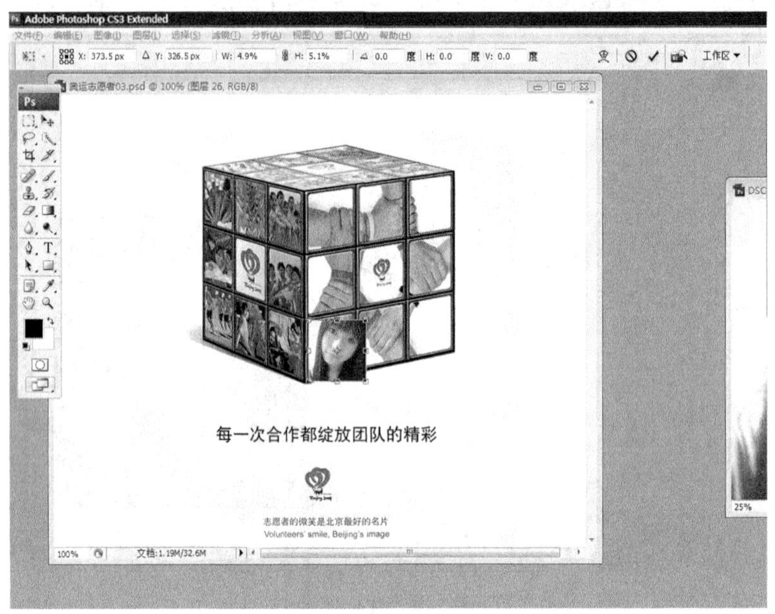

图 2.8　自由变换

④ 选择【编辑】|【变换】|【扭曲】命令，可使对图片进行扭曲。

⑤ 选择【编辑】|【变换】|【透视】命令，可用来改变图片的透视效果。

⑥ 选择【编辑】|【变换】|【变形】命令，可用来改变图片的形状。

⑦ 在【编辑】|【变换】的下拉列表中，还有一些功能是不常用的，例如【旋转 180°】、【旋转 90°(顺时针)】、【旋转 90°(逆时针)】、【水平翻转】、【垂直翻转】等，在此就不一一介绍其功能了。

⑧ 运用以上介绍的方法，对照片进行变换，使其能贴合在魔方的表面，并与每个小方格的大小形状相同，如图 2.9 所示。

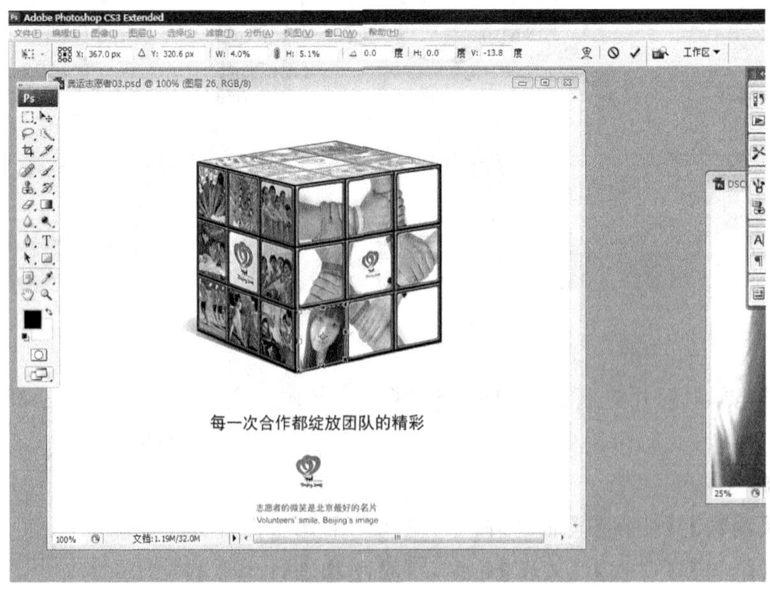

图 2.9　变换

(6) 拼合图片

① 遵照之前的步骤，把需要粘贴的照片，依次粘贴在魔方上面，如图 2.10 所示。

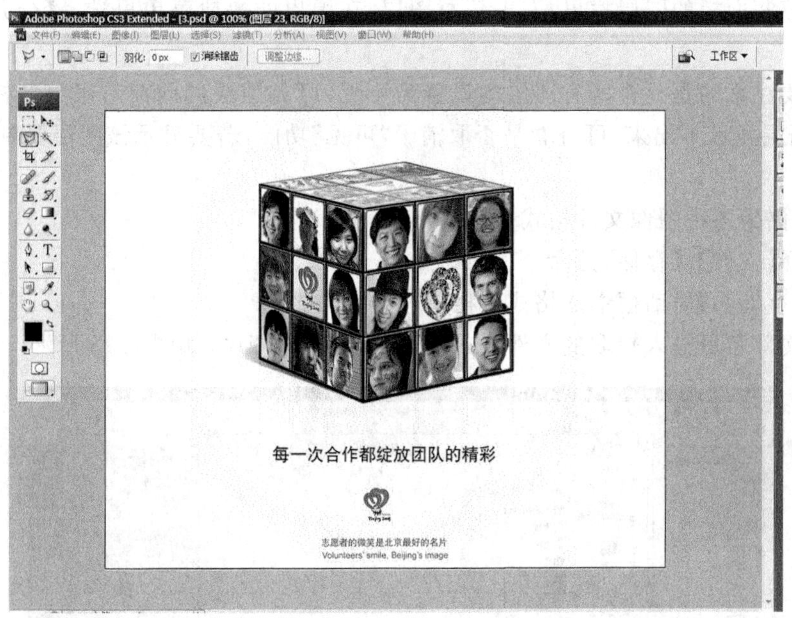

图 2.10　拼合图片

② 需要注意的是，一定要与每个格子的大小、形状保持一致，以免露出后面的图。

(7) 粘贴主题

① 将已经从其他图片裁切下来的主题“你的加入，让 2008 奥运更精彩”打开。

② 拖曳图片至背景图中。

③ 调整主题文字的大小，使其正好盖上原主题，如图 2.11 所示。

图 2.11　粘贴主题

(8) 调整并合并所有层

① 确定所有照片都已经粘贴，并没有形状的问题。

② 在控制面板的图层栏里，右击任意图层，在弹出的快捷菜单里选择【合并可见图层】命令。

③ 需要注意的是是否所有图层均设置为可见，可见图层的前面有眼睛的标识，如果有你需要的图层显示不出来，可查看是否取消了“可见”功能，若要显示该图层要单击“眼睛”的位置即可。

(9) 存储为各种图像文件格式并压缩

① 选择【文件】|【存储为】命令。

② 在【存储为】对话框中的格式一栏中，选择格式为 PSD。

③ 在文件名里输入想取的文件名，单击【保存】按钮即可，如图 2.12 所示。

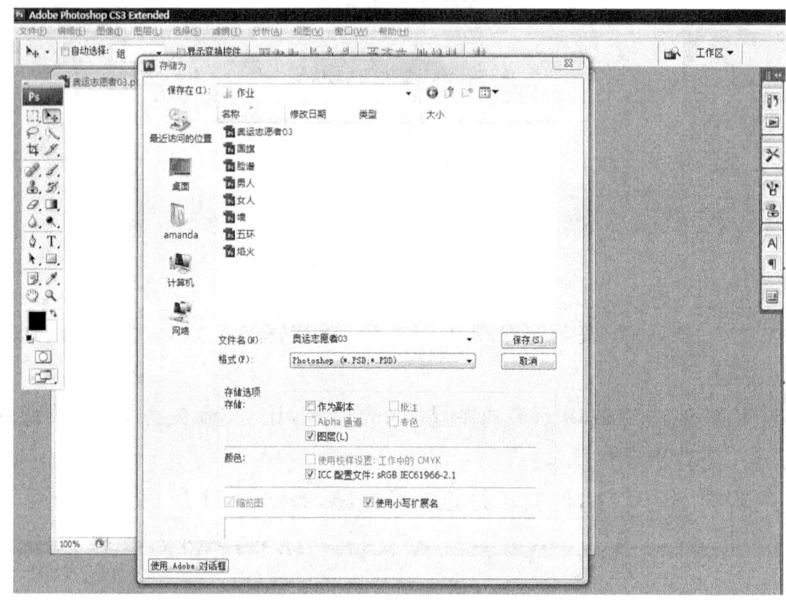

图 2.12　存储文件

另：简单的抠图练习

① 打开需要进行抠图的照片。

② 首先应将除了主要人物外的杂乱背景进行去除，使用的工具为橡皮擦。

③ 再用多边形套索工具进一步进行清理，把身体周围没擦干净的区域选上并删除。

④ 按住 Ctrl 键的同时单击图层创建选区，选择【选择】|【修改】|【收缩】命令，收缩 2 像素。

⑤ 反选并删除。

⑥ 调整并存储图片，前后对比图如图 2.13 所示。

4. 实验思考题

(1) 怎样在圆角的图形中设置图形的阴影？

(2) 做一个等腰梯形怎样精确控制它的大小？

图 2.13　前后对比图

(3) 怎么做一个很自然的阳光的效果？

(4) 在 Photoshop 中用什么方法可以很快画出虚线(包括曲线)？

(5) 用 Photoshop 制作图片，如果要把其中的层和历史记录都保存下来，应存为什么格式？

(6) 在 Photoshop 中怎样使图片的背景透明？

实验3　视频信号的采集与处理

在日常生活中，视觉是人们获取信息的最重要的途径之一。而在多媒体应用系统中，视频同样以其直观和生动的特点得到广泛应用。视频与动画一样是由一幅幅画面组成的，这些画面称为帧，以一定的速率播放，观众就产生了画面连续运动的感觉。

Premiere 是 Adobe System 公司推出的一种专业化数字视频处理软件。它首创的时间线编辑、素材项目管理等概念已成为事实上的工业标准。Premiere 融视音频处理于一身，功能强大。其核心技术是将视频文件逐帧展开，以帧为精度进行编辑，并与音频文件精确同步。它可以配合多种硬件进行视频捕捉和输出，能产生广播级质量的视频文件。

以下将针对 Premiere 的视频处理功能进行讲解，使读者初步掌握 Premiere 的一些编辑使用技巧。

实验环境与系统要求如下：

- DV 编辑需要 1.4GHz 处理器；HDV 编辑需要 3GHz 处理器；HD 编辑需要 2.8GHz 处理器；
- Microsoft Windows XP(带 Service Pack 2)；
- DV 编辑需要 512MB 内存；HDV 和 HD 编辑需要 2GB 内存；
- 安装需要 800MB 可用硬盘空间，对于内容，需要 6GB 可用硬盘空间；
- DV 和 HDV 编辑需要专用 7200RPM 硬盘驱动器，HD 编辑需要条带式磁盘阵列存储设备(RAID 0)；
- Microsoft DirectX 兼容声卡(环绕声支持需要 ASIO 兼容多轨声卡)；
- DVD-ROM 驱动器；
- 1280×1024 32 位彩色视频显示适配器；
- DV 和 HDV 编辑需要 OHCI 兼容 IEEE 1394 视频接口(HD 编辑需要 AJA Xena HS)。

1. 实验目的和要求

(1) 实验目的

① 了解制作电影的软件 Premiere。

② 了解 Premiere 的各种效果的制作。

③ 掌握 Premiere 的过渡效果的制作。

④ 掌握 Premiere 的滤镜效果的制作。

⑤ 掌握 Premiere 的透明效果的制作。

⑥ 掌握三种效果的合成制作。

(2) 实验要求

利用 Premiere 制作多种效果的电影。要求使用过渡、滤镜、透明三种制作方法编辑片段，最终达到熟练掌握编辑方法的目的，能独立制作电影片段。

2. 实验预备知识

1）视频卡的组成及其主要功能

在多媒体计算机系统中，视频采集卡将模拟信号转换成数字信号，由视频信号采集模块、音频信号采集模块和总线接口模块三个主要功能模块组成。

视频信号采集模块的任务是将模拟视频信号转换成数字视频信号，并将其送入计算机系统。主要步骤如下：

① 视频信号的捕捉，即借助摄像机、录像机等设备将自然界的景物转换为电信号。

② A/D 转换，即将采集到的模拟视频经过采样量化后送入数字解码器，通过输入的信号进行解码，从而得到数字视频信号。

③ 将得到的数字视频存储到帧存储器。由视频窗口控制器对采集到的信息经剪裁、改变比例后，存入帧存储器。

④ D/A 转换及彩色空间转换。经 D/A 转换及彩色空间变换矩阵得到相应的控制信号，送入数字视频编码器进行编码，最后输出到 VGA 显示器、电视机、录像机等视频输出设备。

音频采集模块在音频采集过程中完成对声音信号的预处理和模数转换，音频采集模块在接收到被放大到一定幅度的音频信号后，经过衰减器、低通滤波器被送到模数转换器，转换成相应的数字音频信号，从而完成对音频信息的采样量化。

总线接口模块使用来实现对视频、音频信息采集的控制，并将采样量化后的数字信息存储到计算机内部。

2）各种常见视频格式

（1）MPEG/MPG

采用 MPEG 方式压缩的视频文件。MPEG 是目前最常见的视频压缩方式，它采用帧间的压缩技术，可对包括声音在内的运动图像进行压缩，并且它还支持 1024×768 的分辨率、CD 音质播放、每秒 30 帧的播放速度等。另外，除 *.MPEG 和 *.MPG 之外，部分采用 MPEG 格式压缩的视频文件还以 DAT 为扩展名，对于这些文件，用户应注意不要与同名的 *.DAT 数据文件相混淆。

（2）QTM

QTM 即 QuickTime，它最初是苹果机上使用的一种视频文件格式，而后进行了扩充，同时支持 Macintosh 和 PC，现已成为 Internet 及个人计算机上的标准视频格式之一。

（3）AVI

AVI 是对视频文件采用的一种有损压缩方式，该方式的压缩率较高，并可将音频和视频混合到一起使用，因此尽管画面质量不是太好，但其应用范围仍然非常广泛。支持 256 色和 RLE 压缩。AVI 文件目前主要应用在多媒体光盘上，用来保存电影、电视等各种影像信息，有时也出现在 Internet 上，供用户下载、欣赏新影片的精彩片段。它是 Microsoft-Video 的标准动态影像。使用 Windows 系统的媒体播放器即可播放 AVI 文件。

（4）MOV

MOV 是一种从苹果机移植到 PC 的视频文件，采用了有损压缩方式，效果较 AVI 格式要稍好一些。

（5）DAT

DAT 是常见的 VCD、CD 光盘的存储文件格式。

3）转换的种类

转换分为两种：一种是无技巧转换，即一个片段结束时立即换为另一个片段，它是使用最多的场景转换技巧，也叫切换；另一种是有技巧转换，即一个片段用某种特技效果逐渐地转换成另一个片段。恰当利用有技巧转换，可以制作出赏心悦目的特技效果。

4）Premiere 的滤镜

滤镜就是特技效果，即后期处理效果，与 Photoshop 一样，Premiere 也有滤镜，但是 Premiere 的滤镜大多数都随着时间产生动态效果，而且 Premiere 还有一些音频滤镜。

5）设置运动背景颜色

在设置素材的运动效果时，当片段移动后，如果屏幕上仍有空余的地方，就可用某种色彩来填充。

6）设置 RGB 模式的透明效果

RGB Difference 是将一种 RGB 颜色作为透明颜色，将符合该颜色 RGB 通道数值的颜色下面的片段透视出来。Similarity 是可调节的 RGB 参数，它可以控制透明区域的范围。

7）Luminance 透明方式

它是根据当前画面的亮度数值来选取透明区域的透明方式。Threshold 和 Cutoff 是它的两个参数。

8）Premiere 的常用窗口

（1）Project（项目）窗口：用于组织、管理制作节目时所使用的所有原始片段。只有输入到此窗口的片段才可以在制作时使用。此窗口的片段包含缩略图、名称、注解、标签、引用状态等属性，窗口中的素材只是此文件的一个指针而不是文件本身。Project 窗口如图 3.1 所示。

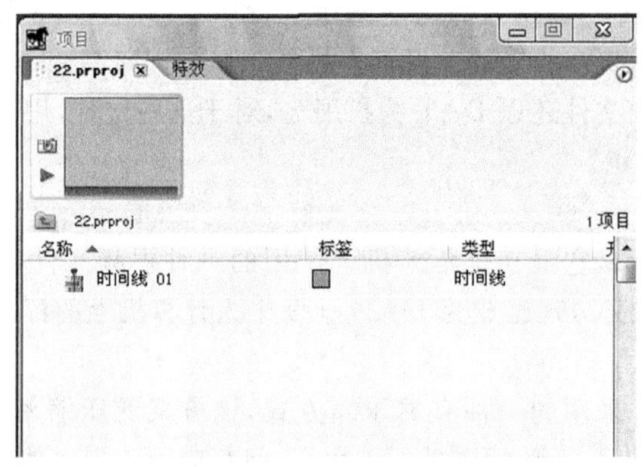

图 3.1　Project 窗口

（2）Timeline（时间线）窗口：是编辑素材并使其按时间排列的主编辑窗口，最长的节目编辑时间为 3 小时。它包含工作区域、视频轨道、音频轨道、转换轨道、工具条等部分，视、音轨道分别为 99 条，其中每个音频轨道分左右声道。Timeline 窗口如图 3.2 所示。

（3）Transitions/Commands（转换/命令）窗口：Transitions 选项卡提供了 75 种典型的转换效果。Commands 选项卡给出常用的命令。Transitions/Commands 窗口如图 3.3 所示。

（4）Navigator/Info（导航/信息）窗口：Navigator 选项卡可快速改变 Timeline 窗口显

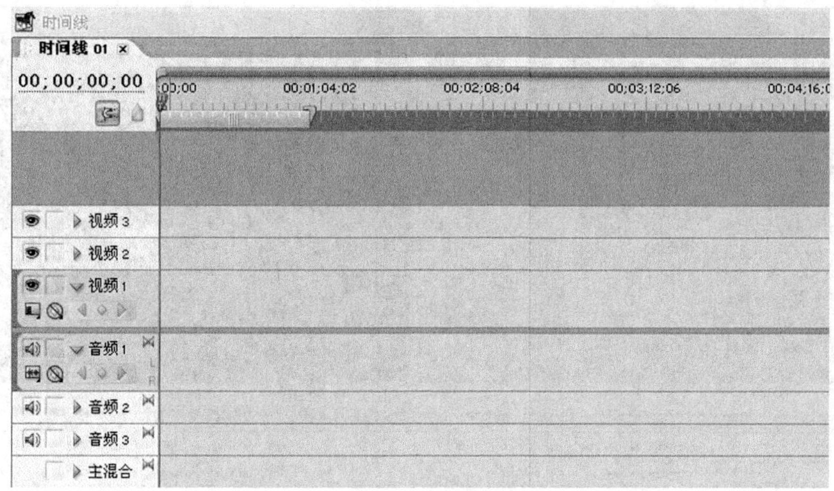

图 3.2　Timeline 窗口

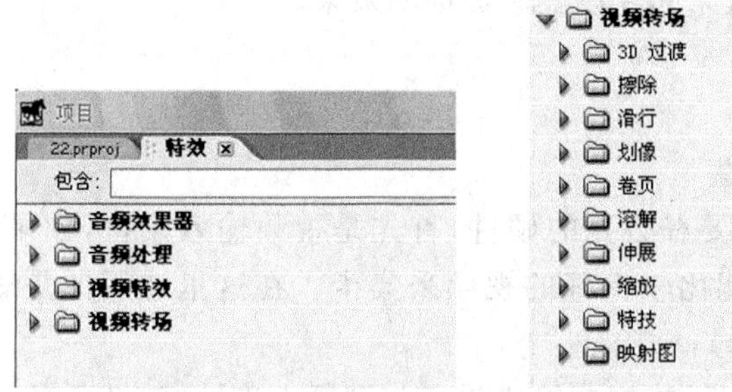

图 3.3　Transitions/Commands 窗口

示素材缩图的详略程度和快速片段定位。Info 选项卡显示所选片段或转换效果的详细信息。Navigator/Info 窗口如图 3.4 所示。

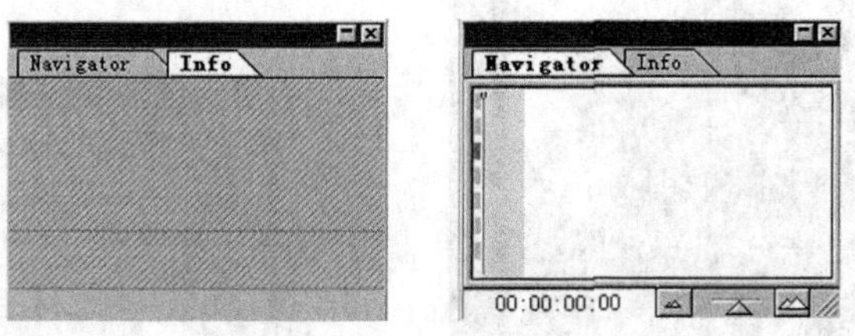

图 3.4　Navigator/Info 窗口

(5) Monitor(监视)窗口：包含两个视窗及相应工具。左边的视窗为 Source View，用于编辑和播放单独的原始素材。右边的视窗为 Program View，用于 Timeline 窗口的节目的预演。Monitor 窗口如图 3.5 所示。

3. 实验内容与步骤

1) 实验内容

① 设置过渡效果(在其自带的 4 种过渡效果中选择 Barn doors 效果)。

② 在已设置过过渡效果的片段上添加滤镜。

图 3.5　Monitor 窗口

③ 在拥有前两个效果的片段上添加透明效果。

④ 制作 AVI 电影。

2）实验步骤

(1) 模拟视频的采集

采集模拟视频必须要有必要的硬件，首先是视频输入设备，如录像机、摄像机、电视机等，其次必须有一块性能比较良好的视频采集卡。在这里选用的是影皇 KCE-9971V 型实时 MPEG-1 影音压缩卡。

把视频卡安装完毕后，将视频输入设备与视频卡连接好，打开视频卡自带的视频采集软件，如图 3.6 所示。

① 单击【设置】按钮▦，弹出【设置】对话框，如图 3.7 所示。

图 3.6　视频采集软件

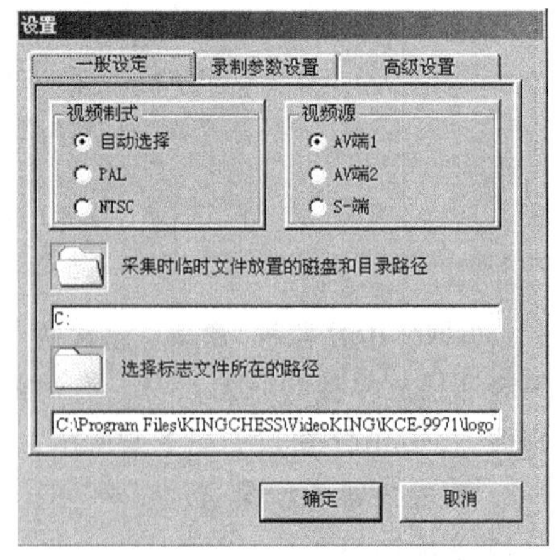

图 3.7　【设置】对话框之【一般设定】选项卡

在【一般设置】选项卡中,【视频制式】用来选择输入的制式;【视频源】用来选择输入视频的端口;【采集时临时文件放置的磁盘和目录路径】用来选择存放采集后的文件的位置;【选择标志文件所在的路径】用来选择标志文件的所在位置。

在【录制参数设置】选项卡中,主要用到【采集时间设定】功能,它可以精确采集所有时间段的视频,如图 3.8 所示。

【高级设置】选项卡用来调节声音补偿,如图 3.9 所示。

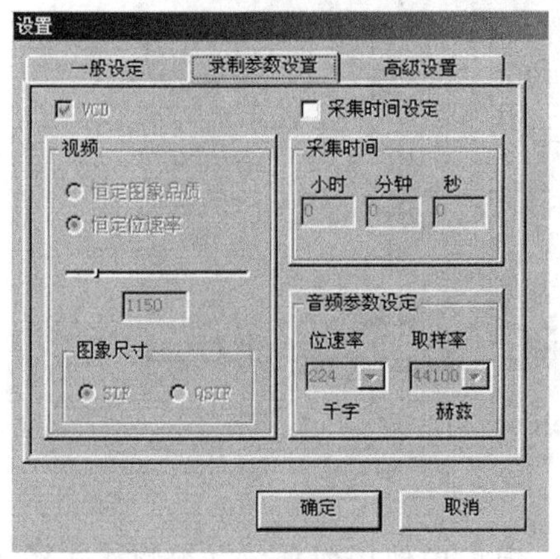

图 3.8 【录制参数设置】选项卡

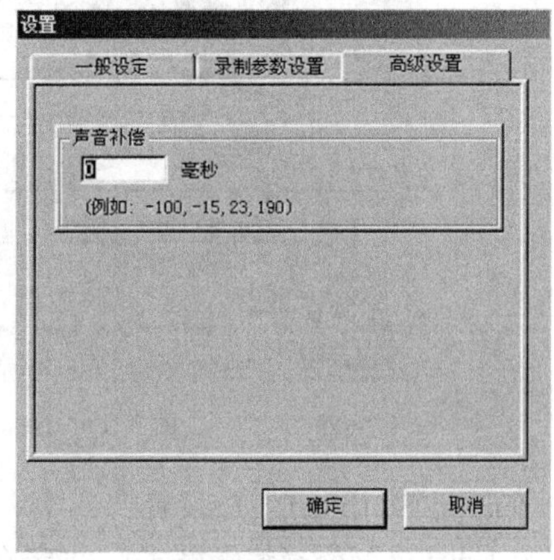

图 3.9 【高级设置】选项卡

② 所有设置调节完成后,单击按钮开始采集视频。

③ 采集完成后,可单击按钮进行回放。

(2) 数字视频的采集

如果没有视频采集卡,无法采集模拟视频时,可以利用一些如超级解霸之类的带有录制功能的视频播放软件对 VCD 等数字视频进行采集。

① 先打开超级解霸 5.5 和一段 VCD 影片,如图 3.10 所示。

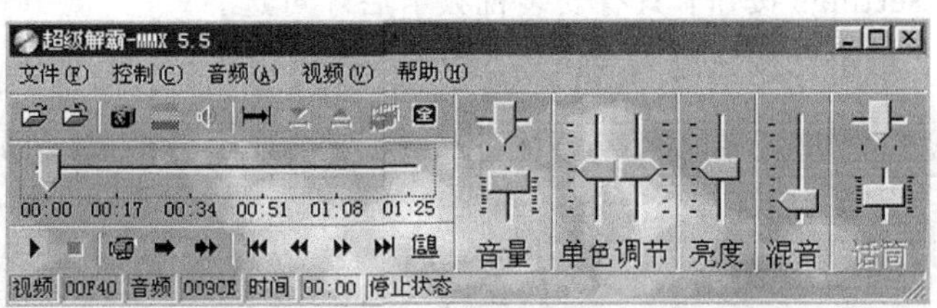

图 3.10 超级解霸 5.5

② 单击循环选择【录取区域】按钮,使之变为。

③ 选取所要录制的片段开头单击【选择开始点】按钮,再选取所要录制的片段末尾单击【选择结束点】按钮。

④ 单击【录制指定区域为 MPG 或 MOV 文件】按钮。

如果视频采集后的文件是 *. MPG,可利用 Windows 自带的媒体播放器打开采集到的文件,再另存为 *. AVI 的文件。步骤如下:

a. 选择【开始】|【程序】|【附件】|【娱乐】|【媒体播放器】命令,打开媒体播放器。

b. 选择 File|Open 命令打开采集好的文件，再选择 File|Save As 命令，弹出【另存为】对话框，指定文件名为示例 3_1. AVI，单击【保存】按钮。完成文件格式的转换。

(3) 向项目中加入素材

① 双击 Premiere 5.1 图标后，在欢迎界面之后，弹出 New Project Settings 对话框（如图 3.11 所示），用来设定 Premiere 的工作环境，即新建的 Project（项目）的各种默认数值。

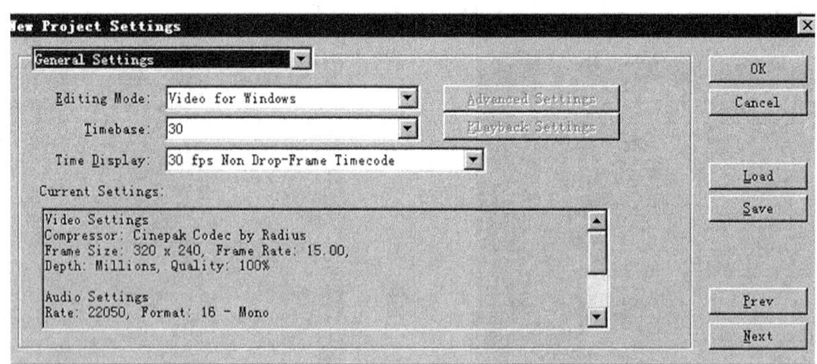

图 3.11　New Project Settings 对话框

General Settings（一般设置）：

- Editing Mode（编辑格式）：决定在 Timeline 窗口中使用何种数字视频格式播放视频，其下拉列表中有 Video for Windows 和 QuickTime 两种可选择，如安装了视频卡，还会有第三种数字视频格式。
- Timebase（时基）：指定 Timeline 窗口中计算片段时间位置的基准，即将每秒钟分成多少个时间段。一般情况下，编辑电影胶片选 24，编辑 PAL 或 SECAM 制视频选 25，编辑 NTSC 制视频选 29.97，其他可选 30。
- Time Display（时间显示）：指定 Timeline 窗口中时间显示方式，大多数情况来讲，它与 Timebase 中的设置应一致。
- Advanced Settings 按钮：只有安装视频卡后才可选。
- Next 按钮：单击此按钮进入 Video Setting（视频设置）界面，如图 3.12 所示。

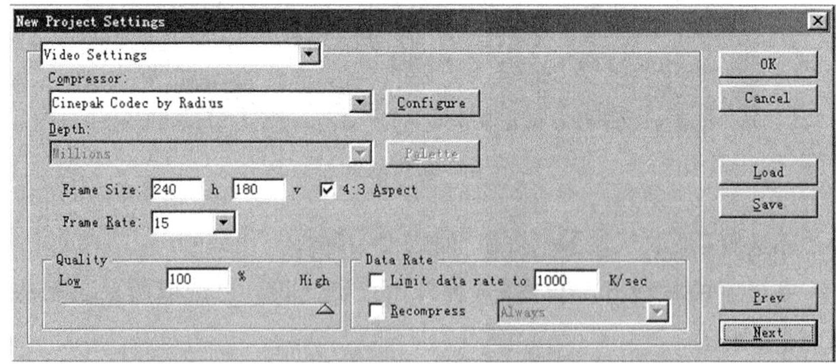

图 3.12　Video Setting 界面

Video Setting 中最常用的是 Frame Size（帧尺寸）：以帧为单位，指定从 Timeline 窗口播放节目的帧尺寸。较大的帧尺寸可以展现更多的细节，但需要较大的处理时间。如果播放速度减慢，可试着减小帧的尺寸。4∶3 Aspect：决定每帧是否保持普通电视使用的 4∶3 的长宽比。

② 单击 OK 按钮后，开始向项目中添加素材。选择 File | Import | File 命令，打开 Import 对话框，选择 Tour 文件夹，按 Ctrl 键选择文件 Boys. avi、Finale. avi、Cycles. avi，并打开，如图 3.13 所示。

此时，在 Project 窗口中出现 Boys. avi、Fastslow. avi、Cycles. avi 三个文件，如图 3.14 所示。

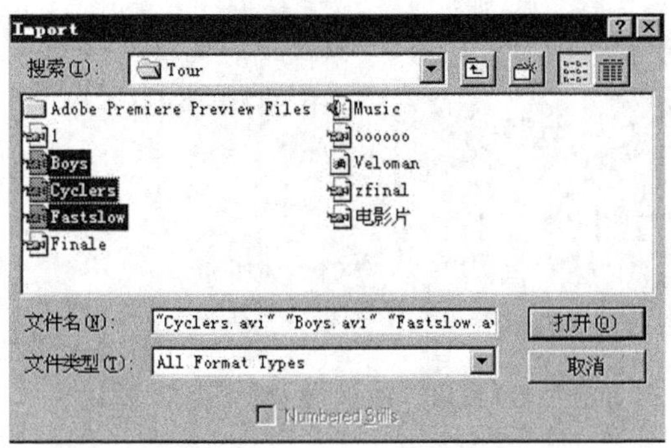

图 3.13 Import 对话框

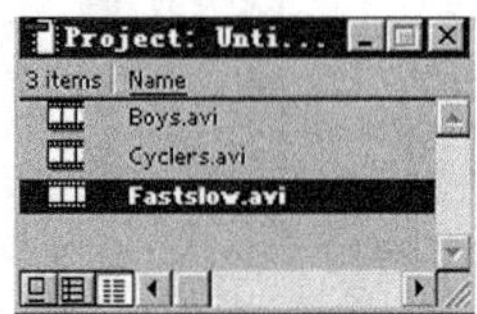

图 3.14 Project 窗口

(4) 设置转换效果

将成品 2. avi 和 2. avi 分别拖入 Timeline 窗口中的 Video 1A 和 Video 1B 轨道上，并且调整两个片段到适当的位置，且两个片段要有重叠的部分。从 Transitions 窗口中选择【卷页】效果，如图 3.15 所示。将【卷页】效果拖动至 Timeline 窗口中的 Video 1 的 Transition 轨道上，系统会自动将转换效果加入两个片段重叠的部分，如图 3.16 所示。

图 3.15 Transitions 窗口

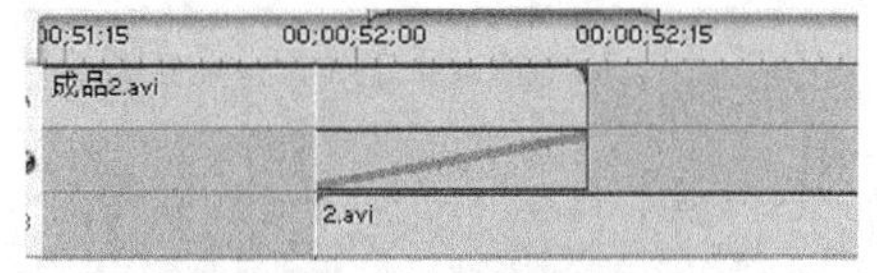

图 3.16 添加【卷页】效果

在 Transitions 窗口中双击过渡效果可预览过渡效果。在 Timeline 窗口中的 Transistion 中双击出现【卷页】窗口，选中 Show Actual Sources 复选框。这时，【卷页】窗口的上侧的预览屏幕上就会显示实际图片，如图 3.17 所示。

如果对所设置的过渡效果不满意，可以选中该过渡效果按 Delete 键，将其删除。

(5) 生成预览文件

将 Timeline 窗口中的蓝色彩带调至覆盖全部工作区域，然后按 Enter 键，就会弹出一个消息框，提醒作者保存当前的项目，如图 3.18 所示。将文件保存为"示例 3_2"。

单击【是】按钮，将项目保存到指定目录后，将出现表示进度的【卷页】指示条，如图 3.19 所示。这表示 Premiere 系统正在生成目前工作区域内素材编辑效果的预览文件。

当生成预览文件，会在 Monitor(监控器)窗口的右边视窗中播放。效果如图 3.20 所示。成品 2. avi 播放的同时，如同一扇门打开一样中间露出 2. avi。

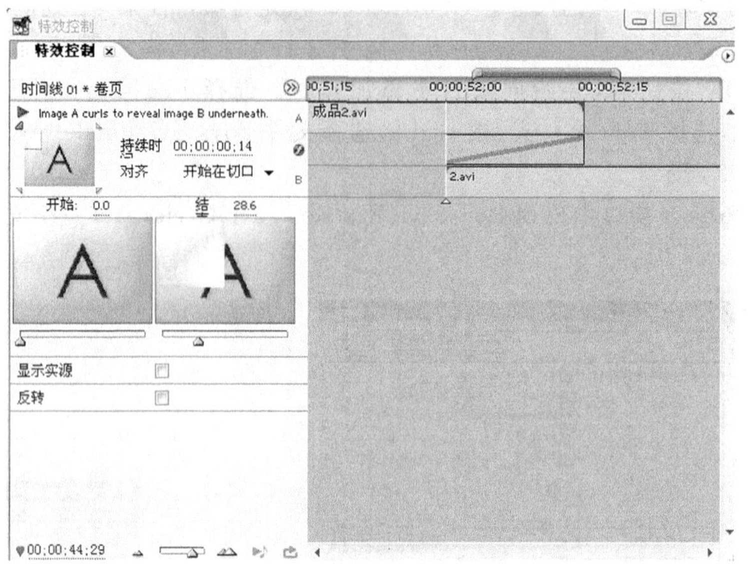

图 3.17 “卷页”设置窗口

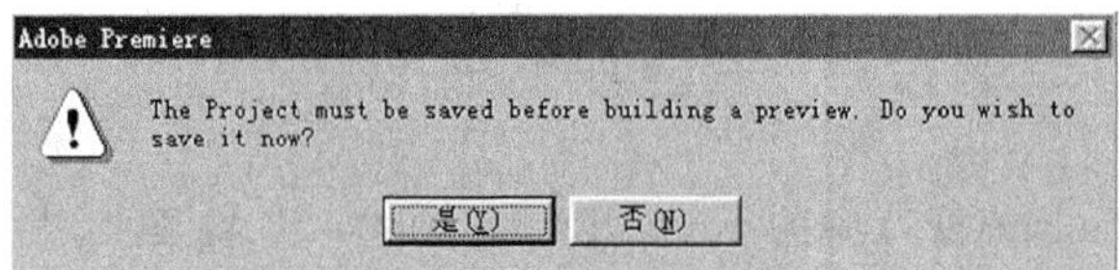

图 3.18 保存项目

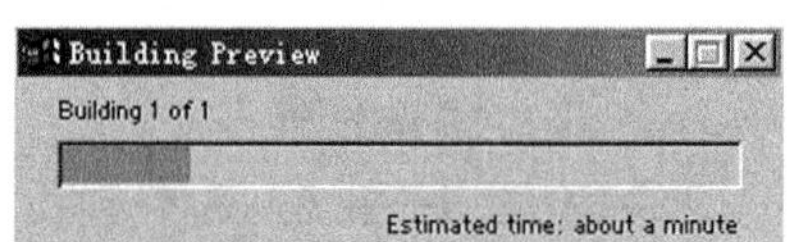

图 3.19 Building Preview 进度指示条

(6) 给片段添加特效

① 单击 Video 1A 轨道上的成品 2. avi,弹出特效控制选择设置对话框,如图 3.21 所示。

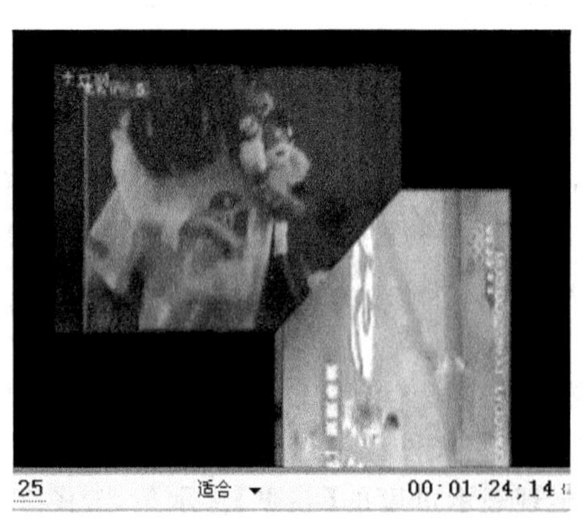

图 3.20 预览效果

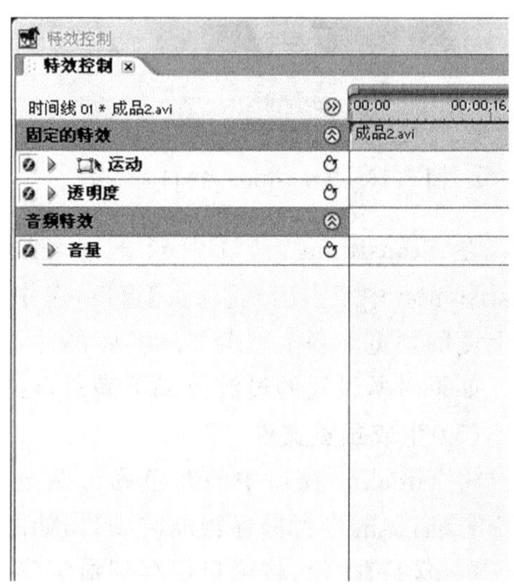

图 3.21 Filters 对话框

② 在视频特效栏中选择【风格化】滤镜，单击【马赛克】按钮会弹出 Mosaic Settings 滤镜参数设置对话框，设初始参数为 10，可以调整马赛克的大小，完成特效设置，如图 3.22 和图 3.23 所示。

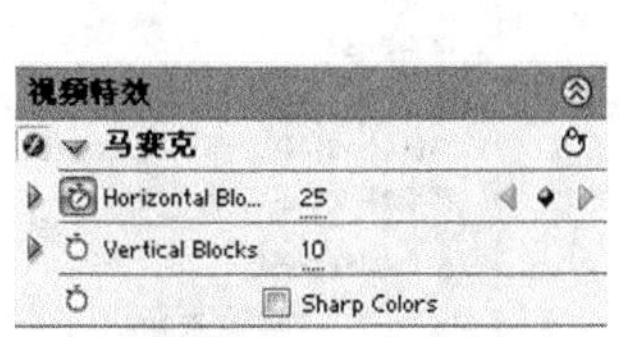

图 3.22　视频特效

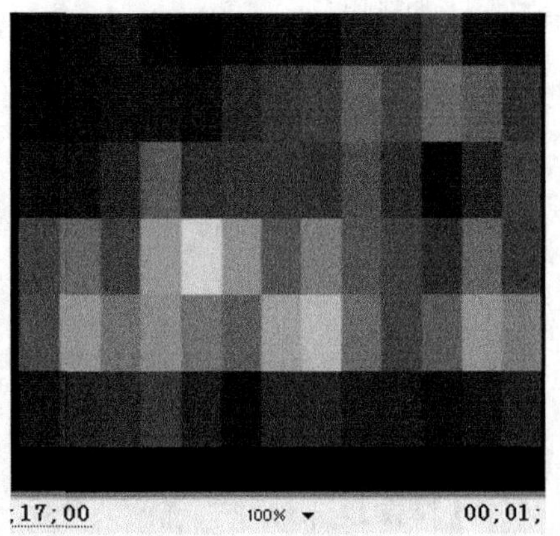

图 3.23　马赛克效果

此时，在 Timeline 窗口中，片段上部就出现一条紫线，说明已加入特效，如图 3.24 所示。

(7) 向项目中加入声音并进行处理

① 导入音乐文件，如将王菲的《传奇》导入到 Projct 窗口，如图 3.25 所示。

② 将“传奇．王菲．MP3”加入项目，并调整其长度使之与另外 2 个素材长度相同，如图 3.26 所示。

传奇．王菲．mp3　音频

图 3.25　上传音乐

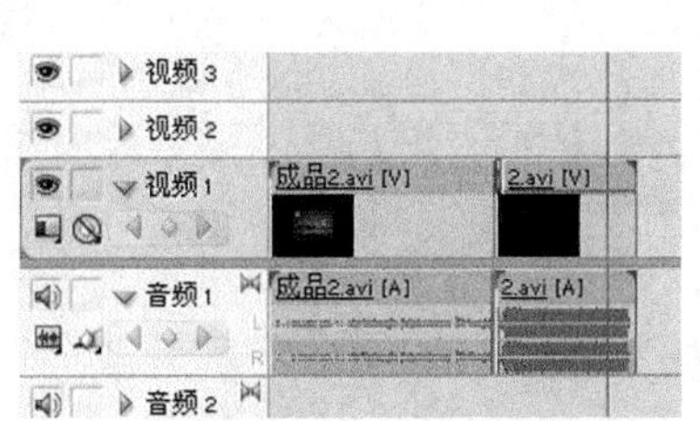

图 3.24　Timeline 窗口

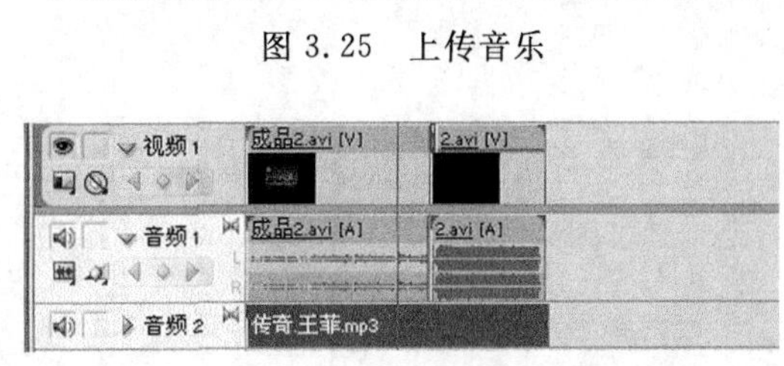

图 3.26　将“传奇．王菲．MP3”将加入项目

(8) 把编辑好的片段制作成电影

生成预览文件后，如果对预览效果满意，就可以输出视频文件。选择【文件】|【输出】|【影片】命令。此时，弹出【输出影片】对话框，如图 3.27 所示。

单击【保存】按钮，弹出【渲染】窗口(如图 3.28 所示)，对输出进行设置。按照图 3.28 所示设置该窗口的各个选项。

4. 实验思考题

(1) 如何向项目中添加素材？

(2) 如何给素材赋予特效？

(3) 如何把编辑好的片段转换成 AVI 影片？

(4) 在 Timeline 窗口中查看时间的细微增量的两种方法是什么？

图 3.27 【输出影片】对话框

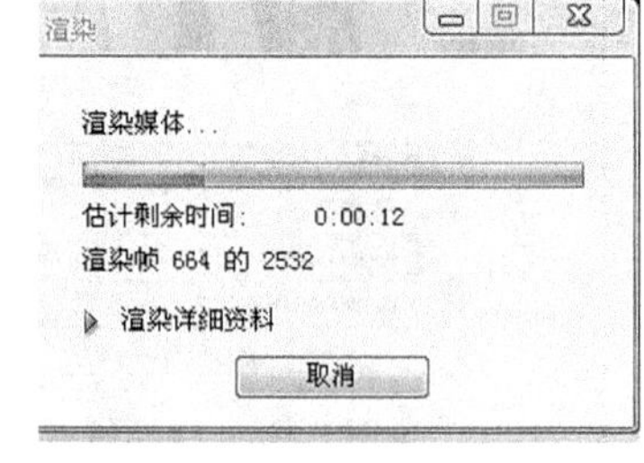

图 3.28 渲染设置

(5) 如何向项目中加入声音文件?

(6) 说出视频文件的主要格式。

实验 4　三维动画软件

3DS MAX 是美国 Autodesk 公司旗下优秀的计算机三维动画、模型和渲染软件，全称为 3D Studio MAX。该软件早期名为 3DS，是应用在 DOS 下的三维软件，之后随着 PC 的高速发展，Autodesk 公司于 1993 年开始研发基于 PC 下的三维软件，终于在 1996 年 3D Studio MAX V1.0 问世，其图形化的操作界面使应用更为方便。3D Studio MAX 从 V4.0 开始简写成 3DS MAX，随后历经 V1.2、2.5、3.0、4.0、5.0(未细分)…Autodesk 坚持不懈地不断更新更高级的版本，逐步完善了灯光、材质渲染，模型和动画制作，使其广泛应用于三维动画、影视制作、建筑设计等各种静态、动态场景的模拟制作领域。其主界面如图 4.1 所示。

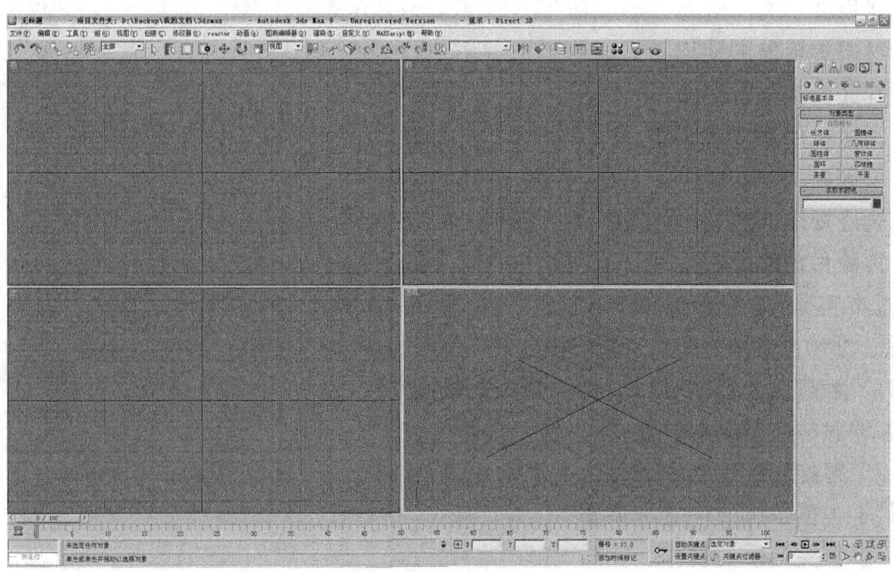

图 4.1　3DS MAX 界面

(1) 实验环境

① 3DS MAX 9.0 系统配置要求如下：

- 操作系统：操作系统为 Windows 98/ME/2000/XP。另外还必须安装 IE 6.0，否则无法安装 3DS MAX 9.0 的主程序。
- CPU：Intel 或 AMD 的兼容 CPU，3DS MAX 9.0 完全支持多处理器系统(推荐使用奔腾 4 处理器)，在奔腾 4 处理器中 3DS MAX 可显示出更高的品质。
- 内存和硬盘：需要至少 256MB 物理内存和 600MB 硬盘空间，在制作场景的过程中，越复杂的场景需要的内存空间就越多(推荐使用 512MB 内存)。
- 显卡：显卡的好坏将直接影响效果图的渲染速度和渲染质量。推荐使用专为绘图领域设计的图形加速卡，如 1280×1024×32bit 显示方式，同时还要支持 OpenGL 和 Direct 3D 硬件加速。支持 Direct 3D 硬件加速的显卡必须提供 16MB 以上的板载显存。要得到最佳效果，应选用硬件支持的 OpenGL 3D 加速显卡，并确保安装了该显卡配套的 OpenGL 的驱动程序。

- 鼠标：使用 Microsoft 标准鼠标或兼容鼠标。

  对于三维制作用途的鼠标，最好采用正品、高分辨率的三键光电鼠标，并应具备滚轮。因为在 3DS MAX 的制作过程中，鼠标中键以及滚轮都具备默认功能，这样可以有效地提高工作效率。

- 光驱：使用 16 倍速以上的兼容光驱。

② 3D Studio MAX 9.0 的软件环境：

操作系统使用 Windows XP 或 Windows NT 4.0。

(2) 实验介绍

本章实验制作一个有关北京奥运会的动画。通过 7 个实验部分将动画制作流程全盘介绍给大家。在实验中，我们将用到以下知识：

① 建模。

② 材质编辑器的使用。

③ 灯光的建立和调整。

④ 摄像机的建立和调整。

⑤ 关键帧的制作。

⑥ 轨迹视图的使用。

1. 实验目的和要求

通过本实验，应了解三维动画制作软件 3DS MAX 9.0 的基本使用方法。并在此基础上，熟悉三维动画的具体制作方法，要达到以下目标：

(1) 了解建模分类，掌握几何体建模、型建模方法。

(2) 掌握材质编辑器的使用。

(3) 了解灯光的建立和调整。

(4) 了解摄像机的建立和调整。

(5) 掌握关键帧的制作。

(6) 熟悉轨迹视图的使用。

2. 实验预备知识

(1) 3DS MAX 9.0 的窗口组成

启动 3DS MAX 9.0 后，屏幕上出现 3DS MAX 9.0 的应用程序窗口，它由标题栏、菜单栏、视图、标签面板、命令面板、视图调整控制、动画放映控制、状态栏、提示栏、锁定选择按钮和其他按钮组成，如图 4.2 所示。

(2) 建模

建模即建立模型，就像在街面上看到的捏面人。首先，把一团团的面捏成形态各异的人型，再对人型上色进行装饰美化。

我们建模也像捏面人，从简单的基本形体开始逐步修改、变形得到最终的复杂模型是建模的一项重要过程。基本模型建立参数可在模型建立之前设置，也可在建立之后进行修改。在 3DS MAX 中，可以在 Create(创建)命令面板中设置模型的创建参数，或者在 Modify(调整)命令面板中对所选定模型的参数进行修改。在建模过程中，对模型的诸多修改记录被放

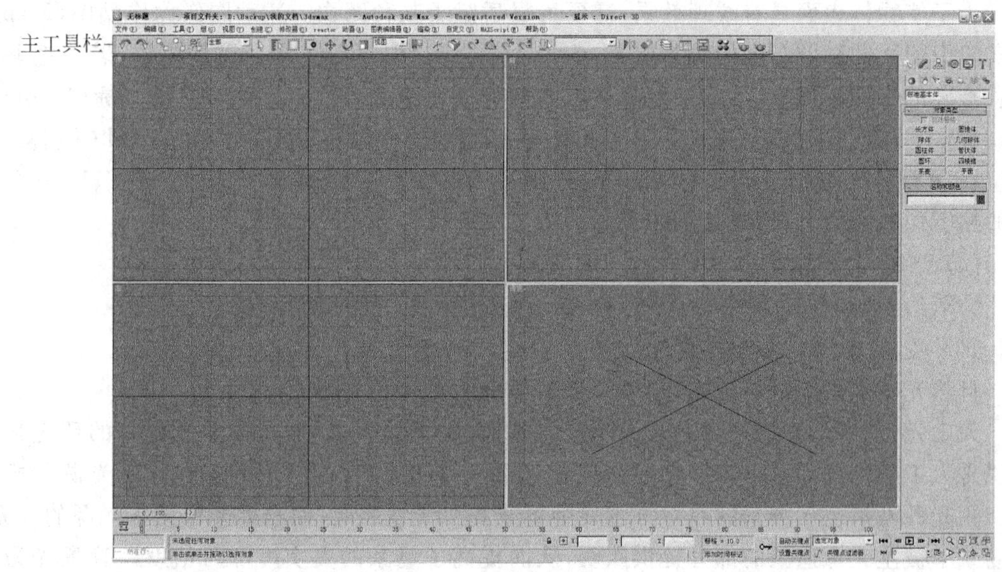

图 4.2　主工具栏

置在 Stack(堆栈)中。可随时修改堆栈,从中调出任意一层。

3DS MAX 提供的建模方法有很多,如 Geometry(几何体)建模、Shapes(型)建模、Loft(放样)建模、Mesh(网格)建模、Patch(面片)建模、NURBS 建模等。在这些建模中,最基本的是几何体建模和型建模。

几何体建模即使用创建命令面板中的 Standard/Extended Primitives(标准/扩展原始)建模。可将现实世界中的形体转化为大量的立方体、圆、圆柱、圆锥等,或对其进行扭曲、锐化、拉伸等变形。型建模是本次实验的重点。可单击 Shapes(型)按钮进入型创建命令面板,通过单击 Line(线)、Star(星)、Text(文字)等按钮创建二维形体模型。它是创建复杂模型的有效手段之一。

(3) 贴图与材质

所谓“材质”,是指物体的表面在渲染时所表现出来的性质。它主要体现在物体的 Ambient(环境色)、Diffuse(漫射色)、Specular(高光色)、Opacity(透明度)、Specular Highlights(反光度)、Self-Illumination(自发光)等特性。材质编辑器如图 4.3 所示。

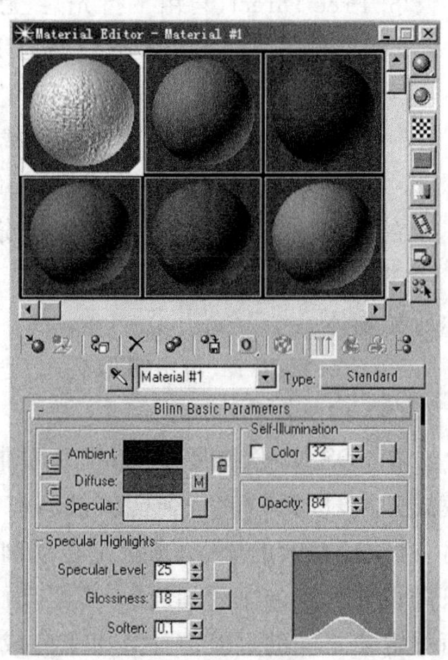

图 4.3　材质编辑器

在 3DS MAX 中,材质的编辑是靠 Material Editor(材质编辑器)来完成的。起初,材质是以简单的形式出现,但通过材质编辑器的编辑可使其分支变得非常复杂,好像一棵树,人们称其材质树。可以通过 Go to Parent(去父级)和 Go Forward to Sibling(去同级)按钮,或打开材质/贴图导航器,双击某级图标,到达要编辑层。

为了使物体表面具有纹理效果，需要为材质赋予某种图像。这种图像称作贴图(Map)。在实验中使用的贴图图像的类型有 *.tif，*.jpg 等。但对于大多数贴图来讲，若不把贴图信息准确的告诉渲染程序，渲染程序将不知如何放置图像。这一指令叫贴图坐标(Mapping Coordinations)。在 3DS MAX 中，贴图坐标有 Plannar(平面)、Cylindrical(柱体)和 Spherefy(球体)，分别对应于不同的需求。可使用 UVW 贴图调整器，改变 U、V、W 三个方向的贴图位置参数，以调整贴图的位置。

(4) 灯光与摄像机

为了给动画增加一些影院特效，将在动画中加入灯光和摄像机。

日常生活中，光大体分为自然光和人工光。

自然光就是太阳所发的光，它会因自然环境的不同而不同。

人工光，从字面理解好像是人为制造的光，其实不然，一切被非自然光照亮的环境都可以说是人工的。我们可以依据灯光在布置时所起的作用将灯光分为主光源、辅光源和背景光。主光源基本位于场景的右上方主要为场景提供光线照明，而辅助光作为主光源的补充，为场景中被主光源遗漏的部分提供照明，从而提高了场景的真实度和可信度。背景光为了突出场景中的对象被放置在主光源的对面，使被照对象从场景脱离开，以达到突出效果。

3DS MAX 9.0 提供了以下 5 种灯光：

① Omni(泛光灯)：是 5 种灯光中唯一能向所有方向照射的灯光。如太阳、蜡烛等可向四面八方发射的光源。

② Target Spot(目标聚光灯)：目标聚光灯是由灯体和目标点组成的，可产生阴影，对阴影的塑造功能很强。如手电筒所发出的发散光。

③ Free Spot(自由聚光灯)：类似于目标聚光灯，只是不能分别调节灯体和目标点。自由聚光灯是一种没有目标的聚光灯，它可以作为子物体连接到另一物体上。

④ Target Direct(目标平行光)：是一种模拟自然光的灯光。如透过窗户的阳光。

⑤ Free Direct(自由平行光)：无法分别调节灯体和目标点的平行光。

除了泛光灯外，每个聚光灯都有 Hotspot(发散角)和 Falloff(过渡角)两个参数。

- Hotspot：聚光灯发射光束的宽度。
- Falloff：聚光灯光束向外衰减的区域。

$$\text{Falloff 角度} \geq \text{Hotspot 角度}$$

在 3DS MAX 9.0 中，摄像机被分为目标摄像机和自由摄像机。

① Target Camera(目标摄像机)：由机身和目标点组成。机身代表观察点，目标点代表你所见物体。

② Free Camera(自由摄像机)：是把摄像机对准物体，而不是把摄像机目标移到对象上。

(5) 动画制作

在 3DS MAX 9.0 中，制作动画非常简单，我们可以单击 Toggle Animation Mode(动画模式开关)按钮 Animate 将任何能够被制作或者能够被修改的对象设置成动画。在进行动画制作时，必须理解帧的概念，帧就是在动画中记录对象每一个动作的画面。在进行动画制作时，只需设置动画的主要画面(一般是动画中动作或场景变化较大的那一瞬间)即设置关键帧，而关键帧之间的过渡由计算机来完成，最后将形成一个连续的动画。

为了方便修改动画中的对象，3DS MAX 9.0 提供了 Track View(轨迹视窗)编辑器。

可在标签面板中单击 Track View 按钮，进入轨迹视窗编辑器。在编辑器中，上方一排是工具栏，包含了各种控制按钮，工具栏的内容会随编辑器窗口的改变而改变。左侧窗口是层次树列表，它包含了场景中所有对象和材质的内容，还有所有的动画轨迹。动画轨迹显示了与每个对象相关联的可动画的信息，是动画中的一个独立通道。它的横轴为帧数，纵轴是动画值。可以从动画轨迹上看出场景中各个对象的动画状态，包括时间、位置、形态、频繁程度等。编辑器的右侧窗口是编辑窗口，它可以用来移动、复制或删除代表关键帧的关键点，以及编辑功能曲线。右下角是编辑窗口的显示控制按钮，它可以用来缩放和移动编辑窗口。

在实验中，只需单击 Objects 右侧的加号，打开对象目录，即可从中选择需要调整的对象。在其右侧，选择相对应的行，将指针放在需要调整的动画轨迹的任意一端。若想延长帧，可用单击动画轨迹的左/右端点，这时端点变为白色，说明我们可以用鼠标拖动端点。将端点向背离动画轨迹的方向拖动，即可将帧数延长。若想缩短帧数，可将端点向动画轨迹中心拖动。

在动画制作过程中，当将屏幕下方的时间滚动条 100/100 拖到最右侧发现已无去路时，可以单击 Time Configuration（时间控制器）按钮，会出现时间控制器面板，调整 Animation（动画）栏中的 End Time（结束时间）。单击 OK 按钮，返回原视图，这时可观察到时间范围值已更改为新设定的 End Time 值。

动画制作结束后，要将自己的作品渲染成 AVI 格式的文件。在保存成一个文件时，系统要问我们将动画压缩成什么格式的 AVI？根据我们不同的需要，3DS MAX 为我们提供了几种压缩格式：

Microsoft Video 1：使用 8 位有损压缩方法压缩模拟视频，不是最高质量的压缩方法。

Cinepak Codec by Radius：采用 24 位压缩视频方法，压缩比高、图像质量好、播放速度快。

Intel Indeo Video R3.2：也采用 24 位压缩视频方法，与 Cinepak Codec by Radius 压缩方法不相上下。

全帧（非压缩）：画面质量高，文件数据大。

3. 实验内容与步骤

1）实验内容

（1）制作“2008”、“北京奥运会”这几个字

用型建模生成“2008”、“北京奥运会”几个字，字号为系统默认大小。字体选用“楷体_GB2321”。

（2）制作背景

创建一个长宽为 500，高为 −8 的 Box。用材质编辑器为 Box 赋予材质与贴图。

（3）创建摄像机和灯光

创建一个 Target 摄像机和 Target Direct 灯光。灯光参数控制面板中，将 Hotspot（聚光区）值和 Falloff（衰减区）值设置为 57.0 和 59.0。调整灯体和目标点到合适高度。

（4）制作动画

在时间设置控制面板中，将帧率设为 25，帧数设为 200。开始录制动画。在 30 帧时，将“北”移动到摄像机轴左前方。在 60 帧时，将“京”移动到摄像机轴右前方。在 90 帧时，将“奥”移动到摄像机轴正前方。在 120 帧时，将“运”移动到摄像机轴正前方。在 150 帧时，将“会”移动到摄像机轴右前方。在 160 帧，调整灯光参数 Hotspot（聚光区）和 Falloff（漫反射区）的值为 160.0 和 162.0，使灯光包围三个字。在 180 帧，缩小灯光 Hotspot（聚光区）和

Falloff(漫反射区)的值为 1.0 和 3.0。在 200 帧,将"2008"移到背景前并重新设置灯光扩大 Hotspot(聚光区)和 Falloff(漫反射区)的值为 177.0 和 179.0,使灯光能照见所有字。

(5) 调整动画

在轨迹视图中,将"北京奥运会"5 个字的动画持续时间设为 30 帧,"2008"的动画持续时间设为 40 帧(从 160～200 帧)。把灯光的动画范围设置成从 90 帧到 180 帧,适当的调整改变 Hotspot 和 Falloff 值时的关键帧。

(6) 渲染

渲染出一个播放窗口大小为 320×240 的 AVI 文件。

2) 示例

(1) 制作文字

① 在屏幕右侧 Create(创建)命令面板中点击 Shapes(型)按钮,进入型创建命令面板,单击 Text(文字)按钮。

② 在 Parameters 卷帘的下拉列表中选择"楷体_GB2321"。

③ 在 Text 文本框中写入"北京奥运会"。

④ 在 Front 视图中单击合适位置以确定"北京奥运会"的位置。最好一次放置成功,若字不在理想位置,可在屏幕上方选择 Select and Move(选择和移动)工具将字移动到合适位置。

⑤ 单击 Modify(调整)图标,进入调整命令面板,单击 Extrude(拉伸)按钮。

⑥ 将 Amount 数值改为 25,可以看见"北京奥运会"字延 Y 轴负方向即屏幕方向拉伸了 25 个单位。如果将此处改为－25,那么"北京奥运会"将延 Y 轴正方向即向背离屏幕的方向拉伸了 25 个单位。为方便以后的调整工作,这里把 Amount 数值改为 25。

⑦ 单击 Front 视图中的空白处,使字处于非选择状态。

⑧ 选择 Select and Move 工具和屏幕右下方视图调整控制工具中的 Zoom Extents All (缩放所有区域)工具将 4 个字调整为如图 4.4 所示位置。

图 4.4 文字放置图

⑨ 选择 File|Save 命令,将场景保存为示例 4-1.max。

(2) 制作背景

① 打开示例 4-1.max 文件,回到创建命令面板,单击 Geometry(几何)按钮,来到创建几何体命令面板。在下面的按钮组中单击 Box(盒子)按钮。

② 在屏幕右侧的控制面板中有 Height(高)、Length(长)和 Width(宽)三项参数设置。在 Front 视图中按住鼠标左键拖出矩形的横截面,释放鼠标并将指针向下移动,当屏幕右侧

控制面板中的 Height 为－8 时，单击以确定背景的高度。然后，将 Length 和 Width 的值都调整为 500，可观察到背景已在文字之后。

③ 单击标签面板中的 Material Editor（材质编辑器）按钮，弹出材质编辑器面板。

④ 选择第一个样本槽。

⑤ 将指针移动到材质编辑器的空白处，当指针变为手形时，拖动面板露出 Maps（贴图）卷帘，单击并展开它。单击 Diffuse Color（漫反射）旁的 None 按钮。将弹出 Material/Map Browser（材质/贴图浏览器）对话框。

⑥ 在 Material/Map Browser 对话框中选择 Bitmap（位图），单击 OK 按钮。

（3）创建灯光和摄像机

① 打开场景文件示例 4-2. max。选择屏幕右下方的 Zoom（放大）工具，单击 Top 视图并向下拉，缩小视图。用同样方法缩小 Left 视图，如图 4.5 所示

② 选择 Cameras（摄像机）命令面板，单击 Target（目标）按钮。

③ 在 Top 视图中间靠下位置单击并向上拖动，拉出摄像机，如图 4.6 所示

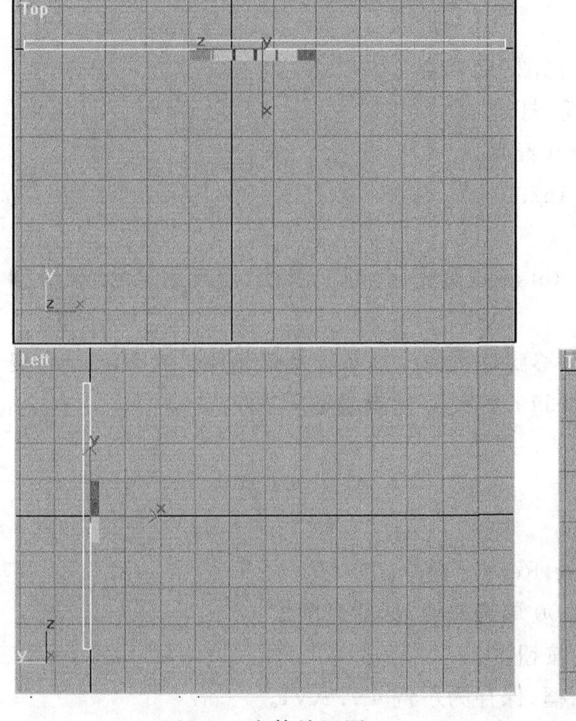

图 4.5　字体放置图

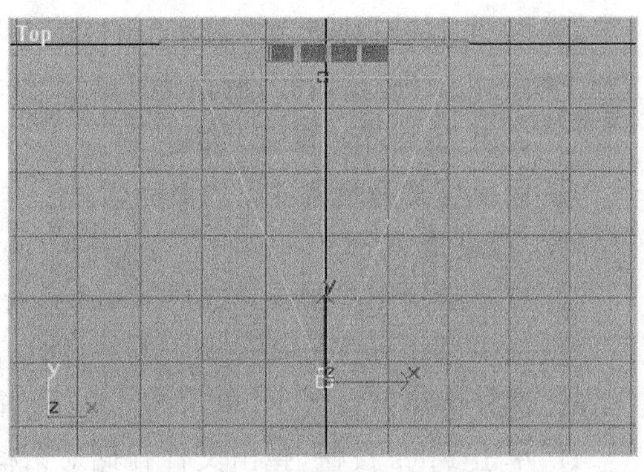

图 4.6　摄像机放置图

④ 将 Perspective 视图转化成 Camera 视图。右击 Perspective，在弹出的快捷菜单中选择 Views|Camera01 命令。

⑤ 选择 Lights 命令面板，单击 Target Direct（目标平行光）按钮。

⑥ 在 Top 视图中间靠下位置单击并向上拖动，拉出灯光。

⑦ 在屏幕右侧灯光调整命令面板中，打开 Directional Parameters（平行光参数）卷帘将 Hotspot（聚光区）值和 Falloff（衰减区）值分别改为 57.0 和 59.0。选择 Select and Move 工具调整灯体和目标点到合适高度（以刚刚照到一个字为佳）。

⑧ 保存场景为示例 4-3.max。

(4) 制作动画

① 打开示例 4-4.max 文件。在屏幕下方,单击 Time Configuration(时间设置)按钮。

② 选择 Custom(自定义),将 FPS(每秒的帧数)值改为 25,也可直接选择 PAL,系统将默认 FPS(每秒的帧数)值改为 25。修改 End Time 为 200,单击 OK 按钮,如图 4.7 所示。

③ 将时间滑块拖动到 30 帧外,激活 Animate(动画)按钮,将"北"移动到摄像机轴左前方。

④ 拖动时间滑块到 60 帧处,将"京"移动到摄像机轴右前方。

⑤ 拖动时间滑块到 90 帧处,将"奥"移动到摄像机轴正前方。

⑥ 拖动时间滑块到 120 帧处,将"运"移动到摄像机轴正前方。

⑦ 拖动时间滑块到 150 帧处,将"会"移动到摄像机轴右前方。

⑧ 拖动时间滑块到 160 帧处,在 Top 视图中选择灯光,调出屏幕右侧的灯光调整面板,打开 Directional Parameters 对话框调整 Hotspot(聚光区)和 Falloff(漫反射区)的值为 160.0 和 162.0,使灯光包围三个字。

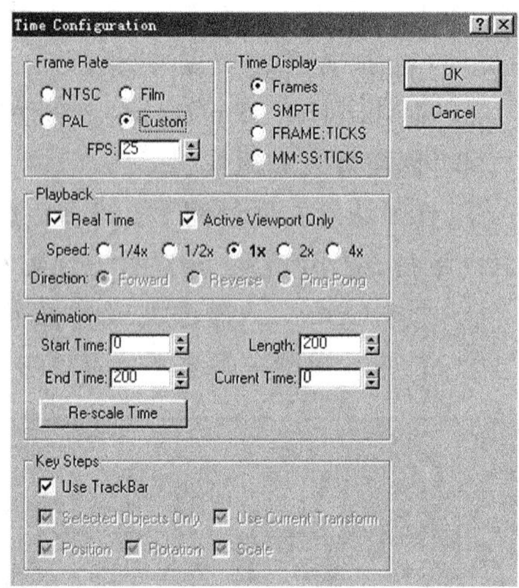

图 4.7 时间控制器

⑨ 拖动时间滑块到 160 帧处,将灯光 Hotspot(聚光区)和 Falloff(漫反射区)的值分别设为 1.0 和 3.0。

⑩ 拖动时间滑块到 200 帧处,将"2008"移到背景前。重新选择灯光并扩大 Hotspot(聚光区)和 Falloff(漫反射区)的值为 177.0 和 179.0,使灯光能照见所有字。

⑪ 关闭 Animate(动画)按钮。

⑫ 保存场景为示例 4-5.max。

(5) 渲染成 AVI

① 打开示例 4-6.max。选择 Rendering|Render 命令。

② 选中 Active Time Segment: 0 To 200 单选按钮,激活时间段。

③ 选择渲染窗口大小,单击 320×240 按钮。

④ 单击 Files 按钮,弹出文件存储对话框,保存为示例 4-7.AVI。

⑤ 单击 Render 命令进行渲染。

4. 实验思考题

(1) 请举出 3DS MAX 9.0 中的几种基本建模方法。

(2) 什么叫材质?

(3) 你认为 Falloff 角度小于等于 Hotspot 角度的说法正确吗?

(4) Microsoft Video 1 压缩格式与 Cinepak Codec by Radius 压缩格式之间的区别是什么?

(5) 摄像机有几种?

实验 5 利用 Authorware 7.02 制作多媒体软件

Authorware 是 Macromedia 公司开发的一套多媒体的著作工具。用 Authorware 制作多媒体应用程序十分简便，它直接采用面向对象的流程图设计，程序的具体流向可以清晰地通过流程图反映出来。对于不具备高级语言编程经验的用户来说无疑是极为便捷的。另外，与前面介绍的 Photoshop 等软件不同，Authorware 不是对某种媒体素材进行编辑，而是一种将已有的各种媒体素材集成于一体的制作软件。如多用户需要的是对某个声音、图像抑或是视频文件进行编辑、修改，就应该使用相应的软件。而当用户需要的是将各种媒体素材集成起来，制作完整的多媒体软件时，就需要使用 Authorware 一类的多媒体著作工具了。

与其他多媒体著作工具相比 Authorware 具有以下特点：

- 面向对象的流程图设计。Authorware 提供了大量的图标，而流程图就是由这些图标构成的。图标的内容直接面向用户，每个图标代表一个基本演示内容，例如文本、动画、图片、声音、视频等。对于外部素材的载入只需在对应图标中载入，完成相应的对话框设置即可。
- 交互能力强。Authorware 准备了 11 种交互方式，程序运行时可以通过程序进行控制。
- 程序调试和修改直观简便。程序运行时可以逐步地跟踪程序运行和程序的流向。程序调试运行中如果想修改某个对象，只需双击该对象，系统立即暂停程序运行，自动打开编辑窗口并给出该对象的设置和编辑工具，修改完毕后编辑窗口还可继续运行。
- 可与其他编程软件结合使用。对于 Authorware 的高级用户来说可以通过交互方式引用其他编程软件的成果，丰富自身的作品。

1. 实验目的和要求

本实验反映了 Authorware 的各种基本功能，通过本实验应熟悉 Authorware 7.02 所提供的各种主要功能。并能够融会贯通，创造出自己的多媒体作品。

(1) 实验环境

CPU：带有浮点协处理功能的奔腾协处理器。

内存：2GB。

硬盘：2GB。

操作平台：Windows XP。

还应具备 CD-ROM 驱动器、声卡、扫描仪等辅助设备。

(2) 实验介绍

制作一个关于 2008 年北京奥运会志愿者的多媒体程序。将实验 1～4 已有的文字、声音、视频以及图像文件集成在一起，使用 Authorware 交互手段，制作一个多媒体作品。

(3) 实验目的和要求

① 熟悉 Authorware 所提供的大多数图标，掌握各种图标的使用方法，尤其是交互和框架图标的最基本使用。

② 掌握每种图标的最基本设置，如声音图标和数字视频图标。并尝试实验中未涉及的参数、选项，如擦除图标。Authorware 为用户提供了大量的擦除方式，我们在实验中只能涉猎其中很小的一部分，希望大家能试用每种方式。

③ 了解最基本的函数设置。

2. 实验预备知识

在编辑制作一个 Authorware 文件之前，首先应建立一个空白文件。选择 File|New|File 命令，一个新的流程图展示区就会被打开。通常，Authorware 在启动时会自动建立一个空白文件，如图 5.1 所示。

图 5.1 主界面

(1) Display(显示图标)：它是 Authorware 7.02 所提供的最基本、最主要的图标。用于显示画面、文字等视觉信息。除 AVI 等数字电影外，一切在屏幕上出现的图标都源于显示图标。使用时，打开显示图标，可以利用 Authorware 7.02 所给的各种模板进行制作。双击绘制工具箱中的各种图标会相应地激活不同的模板。

(2) Motion(运动图标)：用来制作 Authorware 中简单的图像运动。

(3) Erase(擦除图标)：用来擦除屏幕上的画面，根据需求，可以分为擦除单个或几个图标；还可以根据不同的需要选择擦除的不同方式，改变擦除的速度。

(4) Wait(等待图标)：使程序执行到此处暂停一段时间，何时或什么条件下重新开始运行由用户确定。

(5) Navigate(导航图标)：主要用于控制程序的跳转，它通常与框架图标及交互图标结合使用，在流程中用于创建一个指定内容的链接。

(6) Framework(框架图标)：框架图标不仅功能强大而且简单易用，一般常在程序中作为图片库使用。

(7) Calculation(计算图标)：用于执行算术运算、特定控制函数的运算和制定的代码运算。

(8) Interaction(交互图标)：这是所有图标中功能最强大，也是最复杂得一个。本实验中我们只涉及了"热区"及"按钮"两种。

(9) Map(群组图标)：为了将程序更加直观地显示出来，也为了提高程序的可维护性，应该学会使用群组图标，把功能相同或是为同一目的服务的图标放入同一个群组。

(10) Digital Movie(数字影像图标)：本实验中，将引入实验 3 和实验 4 中的 AVI 文件。

(11) Sound(声音图标)：把声音图标加入流程图，可以加入许多为图像服务的背景音乐及解说词，在本实验中将加入实验 1 中的声音文件。

(12) Start/Stop(流程起始/终止图标)：在实验过程中，将不可避免地进行大量的调试工作，合理的使用流程起始/终止图标有助于调试程序。

3. 实验内容与步骤

运用 Authorware 特有的流程线和各种交互方式及简单的函数运算制作有关于 2008 年北京奥运会志愿者的多媒体作品。希望可以再次展现大学生志愿者在北京奥运会中乐于奉献的精神。以下详述了如何通过使用图标和简单函数来制作流程线。

1) 实验内容

(1) 主流程图的设置

本部分内容主要是设置 5 个群组图标，搭建整个程序的主架。主流程图如图 5.2 所示。

(2) 片头部分的制作

本部分的主要目的是制作整个程序的前言部分，包括声音、数字影像、显示图标以及与之相配合的擦除图标，如图 5.3 所示。其中，声音图标主要为片头部分的背景音乐，要求贯穿整个片头部分。而其他几个显示图标相互组合，其中 Tools 图标所显示的画面可以保留到"菜单栏文件"、" 菜单栏文件我们的志愿者"以及"菜单栏文件备注"。

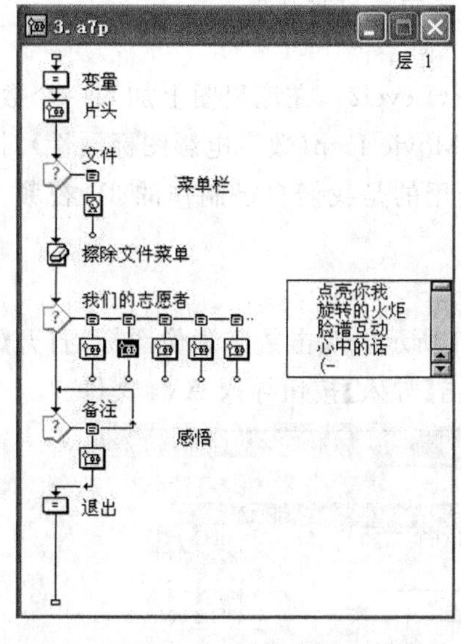

图 5.2　主流程图

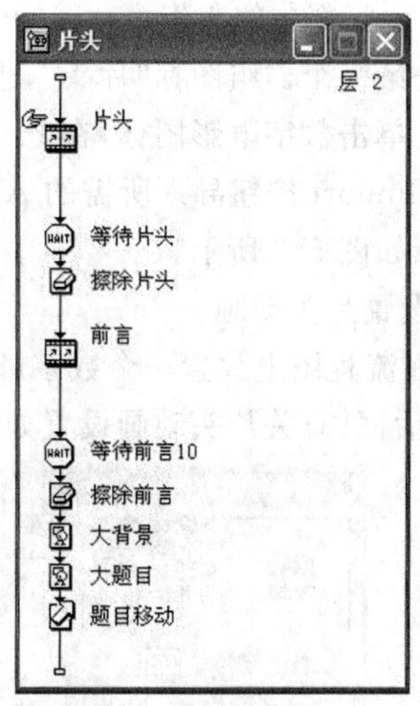

图 5.3　片头流程图

(3) 菜单栏文件部分的制作

本部分比较简单，包括简单的菜单栏的表示和变化，如图 5.2 所示

(4) 菜单栏文件"我们的志愿者"部分的制作

本部分内容是整个程序之中最复杂的。主干上是一个交互图标，下面包括 5 个群组分支和一些简单函数运算，又分别运用了移动图标、擦除图标、交互图标、计算图标、判断图标等，应用比较全面。如图 5.13、图 5.19、图 5.26、图 5.29 所示。部分的内容包括声音、显示、数字视频、运动图标以及与之配合的擦除图标。需要与数字视频图标同步进行。

(5) 菜单栏文件"备注"部分的制作

图片部分的内容与视频部分类似，主干部分为一个显示图标、一个交互图标和一个条件图标，如图 5.2 所示

(6) 退出部分的制作

结束部分的制作与前言部分相同，包括声音图标、数字视频图标、显示图标以及与之配套的擦除图标，如图 5.2 所示。

注意：在软件中给出了 11 种响应类型，分别为按钮响应 Button、热区响应 Hot Spot、热物体响应 Hot Object、目标区域响应 Target Area、下拉菜单响应 Pull-down Menu、条件响应 Condition、文本响应 Text Entry、键盘响应 Key Press、重试次数响应 Tries Limit、时间限制响应 Time Limit、事件响应 Event。

2) 实验步骤

(1) 主流程图的设置

① 在流程图上添加第一个群组图标，命名为"片头"，如图 5.2 所示。

② 在流程图上添加第二个文件图标，命名为"菜单栏文件"。

③ 在流程图上添加第三个文件图标，命名为"菜单栏文件我们的志愿者"。

④ 在流程图上添加第四个文件图标，命名为"菜单栏文件备注"。

⑤ 在流程图上添加第五个计算图标，命名为"菜单栏文件退出"。

(2) 片头部分的制作

双击第一个群组图标"片头"，进入第二层流程图(Level2)，在流程图上加入一个数字电影图标。单击数字电影图标，在 Properties: Digital Movie Icon(数字电影图标属性)对话框中，单击 Import 按钮导入所需的 AVI 文件。这里选用的是我们自己制作的 3D 视频片头。视频图标如图 5.3 所示。

① 设置片头动画。

a. 在流程图上放置一个数字影像图标，如图 5.3 所示。双击数字影像图标，打开【电影图标】对话框，有关片头动画设置如图 5.4 所示。单击【导入】按钮导入 AVI 文件。

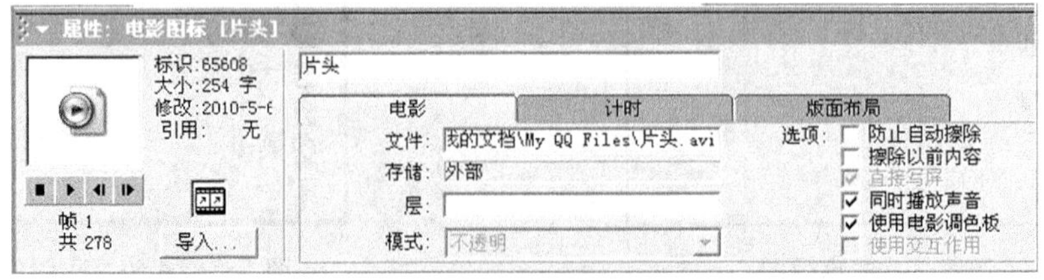

图 5.4 片头流程图

b. 在【计时】选项卡中，将执行方式设为【同时】，并只允许播放一次。

c. 在【版面布局】选项卡中，位置选择【不改变】(可事先用鼠标直接在窗口移动位置和调节大小)，可移动性选择【不能移动】，使其保持固定的画面大小。

② 等待片头播放完成。

a. 设置等待图标的属性，根据需要在【事件】中选择【单击鼠标】，这样可以利用键盘或是鼠标来控制数字影像的播放。

b. 等待时间是根据片头的播放时间所定的，在这里可以设置不同的等待时间。设置【时限】为 10s。

c. 根据需要在显示【选项】中，选择【显示倒计时】和【显示按钮】。

③ 片头动画结束后，进入大背景的背景部分，如图 5.3 所示。

a. 在流程图上添加一个擦除图标。在打开数字影像图标的情况下双击擦除图标。选择要擦除的对象即数字影像图标的画面，擦除数字影像画面。

b. 添加一个命名为“大背景”的显示图标，执行 Import 命令导入。背景画面已在前面实验 2 中做好。设置“大背景”图标的属性，设置【特效】过渡方式为【以相机光圈开放】，位置和活动设为【不能改变】，也可以根据需要在选项中进行选择。

c. 在流程图上添加一个命名为“大题目”的显示图标，将素材图片导入并放置在右下角。选中图标“大题目”，双击，打开图标属性对话框。在 Layer 文本框中输入 1，这样，无论屏幕上其他显示图标如何变化都将保留大题目的字样。在这里使用 Authorware 的工具中的文本功能，输入文本，并修改字体、字体大小等。这里设置为宋体、字体大小为 25。并设置【特效】过渡方式为【由外往内螺旋状】，位置和活动设为【不能改变】。

d. 添加一个命名为“题目”的移动图标，将大题目从最初的位置逐步移动到展示窗口中心。但并不改变大题目中已经设置好的属性内容。设置为层 2，定时设置为 1(sec/in)，执行方式为【等待直到完成】，类型为【直接移动到固定点】，也可根据需要改变任意位置，如图 5.5 所示。

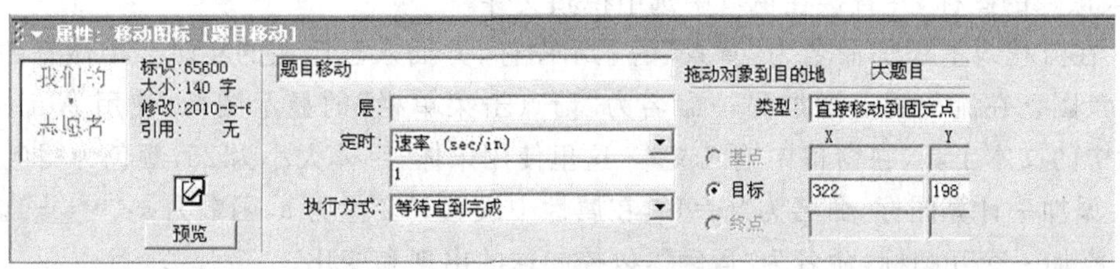

图 5.5　移动图标属性

(3) 菜单栏文件

① 在主流程线上添加一交互图标。在其属性的交互作用中，将擦除设置为【不擦除】。在显示中，设为层 3，特效设置为【小框形式】，选项可默认或根据需要选择。在版面布局中，将位置设置为【不改变】，可移动性设置为【不能移动】，如图 5.2 所示。

② 在交互图标右侧拖入一显示图标，并将其类型改为【下拉菜单】。在属性的响应中将范围设置为【永久】，擦除设置为【在退出时】，分支设置为【返回】。状态设置为【不判断】。在流程图上设置一个显示图标，命名为“时间”，如图 5.6 所示

③ 在主流程线上添加一擦出图标，它主要是把原有的文本字样擦除，在这里我们把它

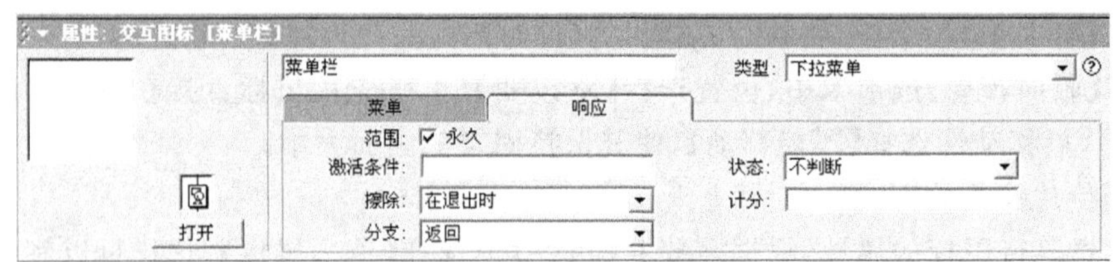

图 5.6　交互图标属性

归为擦除菜单栏文件，为正式展开主题菜单做准备。属性中在特效设置为【以关门方式】。列中设置为【被擦除的图标】，并在窗口直接选择擦除的对象。

(4) 菜单栏文件我们的志愿者

这个部分是主体表现内容的重点部分，当中记录了很多的志愿者生活和工作的内容，也是作品中内容表现方式最为全面、最为丰富的部分。

① 在主流程线上添加，命名为“我们的志愿者”的交互视频图标，如图 5.2 所示。在其右侧添加第一个群组图标层 2，如图 5.2 所示。层 2 命名为“点亮你我”，类型设置为【下拉菜单】，范围选择【永久】，擦除设置为【在下一次输入之后】，分支设置为【返回】，状态设置为【不判断】。

a. 双击第一个群组图标打开层 2，在流程线中拉入视频电影图标命名为“fla2”，打开电影图标属性，在【电影】中【导入】已在实验 6 中做好的 Flash 视频文件，在计时中的执行方式里选择【同时】，播放中选择【播放次数】为 1，版面布局中选择位置为【不改变】、可移动性选择【不能移动】。

b. 在流程线中拉入等待图标，为的是等待视频 fla2 播放完成后擦除视频。设置等待图标的属性，在【事件】中选中【单击鼠标】和【按任意键】，将【时限】设置为 15s，在选项中选择【显示倒计时】和【显示按钮】，这里可根据视频的长短和不同需要，做出不同的选择。

c. 在流程线中添加命名为“fla2”的擦除图标，在其属性中设置特效为【逐次图层】，列中选择【被擦除的图标】并直接在窗口中选中视频文件。

d. 在流程线上添加命名为“背景”的显示图标，并插入已经在的实验 2 中做好的图片，作为背景图。在流程线上添加另一命名为“请点击菜单栏”的显示图标，使用 Authorware 工具栏中的文本工具，在窗口中输入文本，这里使用宋体，字体大小为 25，颜色为橘色。

e. 添加一计算图标，命名为“a=1”，在属性中设置其变量为 a，函数为 a：=a+1。

f. 添加一交互图标，命名为“运动”，以控制球的出现和变化。

g. 在主流程线右侧添加一群组图标，命名为“a=1”，双击群组图标出现层 3，在群组图标的属性中，修改类型为【条件】。在条件中，设置条件为【a=1】，设置自动为【为真】。在响应中设置擦除为【在下一次输入之后】，分支为【重试】，状态为【不判断】，如图 5.7 所示。

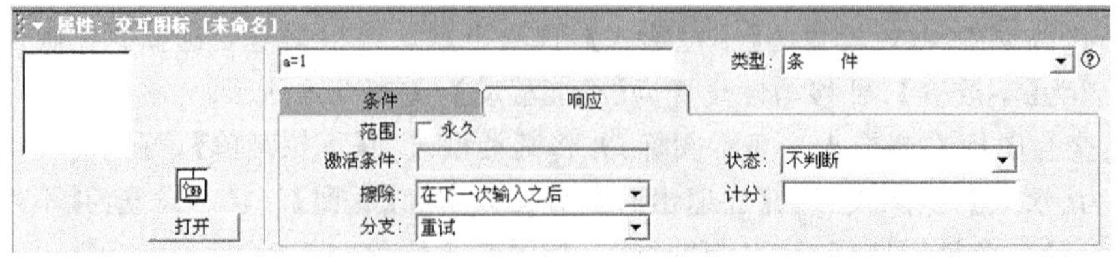

图 5.7　交互图标“a=1”属性设置

Ⅰ. 在层 3 流程线上添加一显示图标，命名为“红球”，在属性中设置特效为【以相机光圈开放】，位置和活动都设为【不能改变】，并移动到背景中五环的红色部分，如图 5.8 所示。

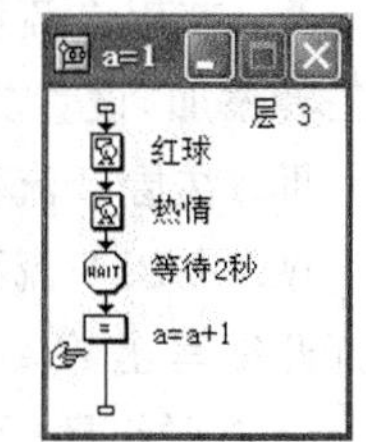

图 5.8　层 3 流程图

Ⅱ. 在层 3 流程线上添加一显示图标，命名为“热情”，使用 Authorware 工具栏中的文本工具添加，设置颜色为黑色，字体大小为 25，在属性中设置特效为【以相机光圈开放】。

Ⅲ. 在层 3 流程线上添加一等待图标，命名为“等待 2 秒”，设置等待时间为 2s。

Ⅳ. 在层 3 流程线上添加一计算图标，命名为“a＝a＋1”，在其属性中设置变量为 a、双击打开编写函数 a：＝a＋1。

h. 在群组图标“a＝1”右侧继续添加群组图标“a＝2”。在群组图标的属性中，修改类型为【条件】。在条件中，设置条件为【a＝2】设置，自动为【为真】。在响应中设置擦除为【在下一次输入之后】，分支为【重试】，状态为【不判断】，如图 5.9 所示。

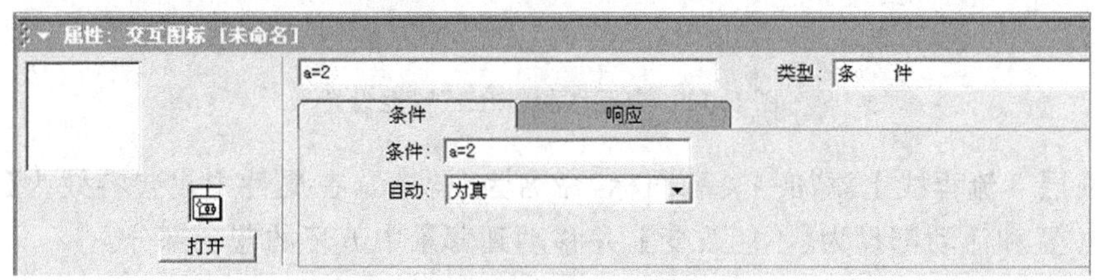

图 5.9　交互图标“a＝2”属性设置

Ⅰ. 在层 3 流程线上添加一显示图标，命名为“黄球”，在属性中设置特效为【以相机光圈开放】，位置和活动都设为【不能改变】，并移动到背景中五环的黄色部分。

Ⅱ. 在层 3 流程线上添加一显示图标，命名为“真诚”，使用 Authorware 工具栏中的文本工具添加，设置颜色为黑色，字体大小为 25 在属性中设置特效为【以相机光圈开放】。

Ⅲ. 在层 3 流程线上添加一等待图标，命名为“等待 2 秒”，设置等待时间为 2s。

Ⅳ. 在层 3 流程线上添加一计算图标，命名为“a＝a＋1”，在其属性中设置变量为 a、双击打开编写函数 a：＝a＋1。

i. 在群组图标“a＝2”右侧继续添加群组图标“a＝3”。在群组图标的属性中，修改类型为【条件】。在条件中，设置条件为【a＝3】设置，自动为【为真】。在响应中设置擦除为【在下一次输入之后】，分支为【重试】，状态为【不判断】，如图 5.10 所示。

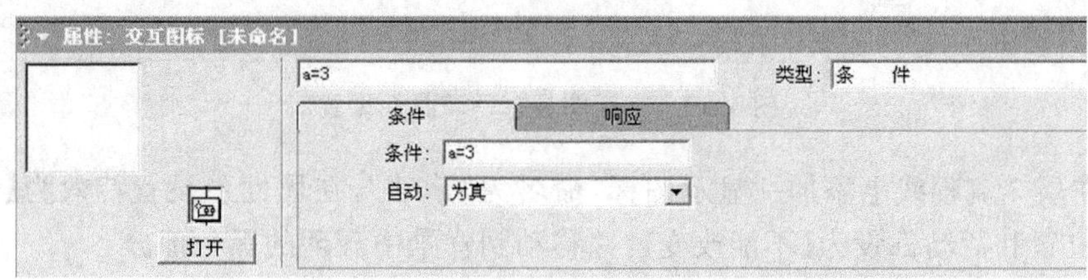

图 5.10　交互图标“a＝3”属性设置

Ⅰ. 在层 3 流程线上添加一显示图标，命名为“黄球”，在属性中设置特效为【以相机光圈圈开放】,位置和活动都设为【不能改变】,并移动到背景中五环的绿色部分。

Ⅱ. 在层 3 流程线上添加一显示图标,命名为"真诚",使用 Authorware 工具栏中的文本工具添加,设置颜色为黑色,字体大小为 25,在属性中设置特效为【以相机光圈开放】。

Ⅲ. 在层 3 流程线上添加一等待图标,命名为"等待 2 秒"设置等待时间为 2s。

Ⅳ. 在层 3 流程线上添加一计算图标,命名为"a=a+1",在其属性中设置变量为 a、双击打开编写函数 a:=a+1。

j. 在群组图标"a=3"右侧继续添加群组图标"a=4"。在群组图标的属性中,修改类型为【条件】。在条件中,设置条件为【a=4】设置,自动为【为真】。在响应中设置擦除为【在下一次输入之后】,分支为【重试】,状态为【不判断】,如图 5.11 所示。

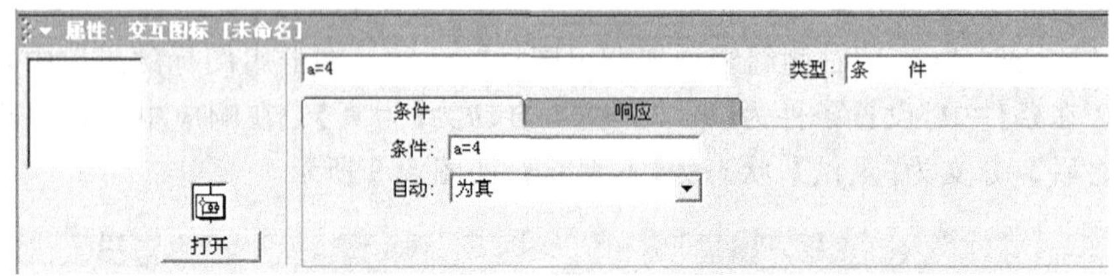

图 5.11　交互图标"a=4"属性设置

Ⅰ. 在层 3 流程线上添加一显示图标,命名为"蓝球",在属性中设置特效为【以相机光圈开放】,位置和活动都设为【不能改变】,并移动到背景中五环的蓝色部分。

Ⅱ. 在层 3 流程线上添加一显示图标,命名为"精神",使用 Authorware 工具栏中的文本工具添加,设置颜色为黑色,字体大小为 25,在属性中设置特效为【以相机光圈开放】。

Ⅲ. 在层 3 流程线上添加一等待图标,命名为"等待 2 秒",设置等待时间为 2s。

Ⅳ. 在层 3 流程线上添加一计算图标,命名为"a=a+1",在其属性中设置变量为 a、双击打开编写函数 a:=a+1。

k. 在群组图标"a=4"右侧继续添加群组图标"a=5"。在群组图标的属性中,修改类型为【条件】。在条件中,设置条件为【a=5】设置,自动为【为真】,如图 5.12 所示。在响应中设置擦除为【在下一次输入之后】,分支为【重试】,状态为【不判断】。

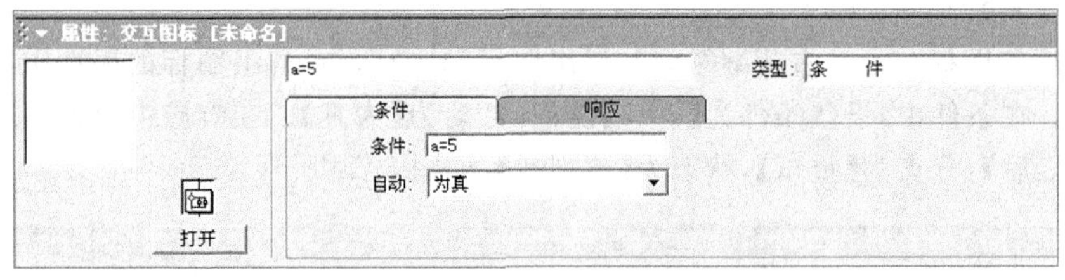

图 5.12　交互图标"a=5"属性设置

Ⅰ. 在层 3 流程线上添加一显示图标,命名为"紫球",在属性中设置特效为【以相机光圈开放】,位置和活动都设为【不能改变】,并移动到背景中五环的黑色部分。

Ⅱ. 在层 3 流程线上添加一显示图标,命名为"友谊",使用 Authorware 工具栏中的文本工具添加,设置颜色为黑色,字体大小为 25,在属性中设置特效为【以相机光圈开放】。

Ⅲ. 在层 3 流程线上添加一等待图标,命名为"等待 2 秒"设置等待时间为 2s。

Ⅳ. 在层 3 流程线上添加一计算图标，命名为“a=a+1”，在其属性中设置变量为 a、双击打开编写函数 a:=a+1。

l. 在层 2 的主流程线上添加一交互图标，命名为“返回”。在其属性的交互作用中设置擦除为【在推出之前】，显示可根据需要选择。在版面布局中，将位置设置为【不改变】，可移动性设置为【不能移动】。

m. 在命名为“返回”的交互图标右侧添加一计算图标，也命名为“返回”，在其属性中设置类型为【按钮】，大小为 X=69、Y=25，位置为 X=562、Y=397。在响应中将擦除设置为【在下一次输入之后】，分支设置为【退出交互】，状态为【不判断】，如图 5.13 所示。

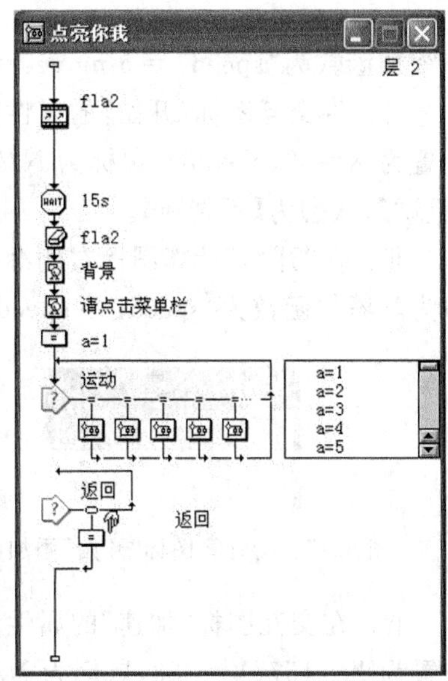

图 5.13 “点亮你我”流程图

② 在命名为“点亮你我”的群组图标的右侧再添加一群组图标，命名为“旋转的火炬”，如图 5.2 所示。类型设置为【下拉菜单】，范围选择【永久】，擦除设置为【在下一次输入之后】，分支设置为【返回】，状态设置为【不判断】。

a. 双击第二个群组图标打开层 2，在 Authorware 菜单栏中选择【插入】|【媒体】|Flash Movie 命令，导入在实验 6 中做好的 Flash 视频文件，如图 5.19 所示。

b. 在层 2 的主流程线上添加等待图标，可根据 Flash 播放时长调整等待时间，在其属性的事件中选中【单击鼠标】和【按任意键】，时限设为 25s，选项选择【显示按钮】。

c. 在层 2 的主流程线上添加擦除图标，可在 Flash 播放完成之后将其擦除，在属性中，列中选择【被擦除的图标】，并在窗口中单击 Flash 影片。

d. 在层 2 的主流程线上添加一名为“背景”的显示图标，导入在实验 2 中已做好的 Photoshop 图片，在其属性中设置特效为 DMXT UnRoll Up 并选中【防止自动擦除】，位置和活动都设为【不能改变】。

e. 在层 2 的主流程线上添加一名为“生活”的显示图标，使用 Authorware 工具栏中的文本工具直接输入文本，字体设为默认字体，大小为 25。

f. 在层 2 的主流程线上添加一名为“红球”的显示图标，使用 Authorware 工具栏中的椭圆工具，按 Shift 键的同时画出红色圆球，在其上层使用文本工具直接输入文字，在其属性面板中设置特效为【逐次图层方式】，位置和活动都为【不能改变】。

g. 在层 2 的主流程线上添加一移动图标，命名为“旋转”。在其属性中设置【拖动对象到扩展路径】为【红球】，类型为【沿路径移动到终点】，定时为【速率(sec/in)】和 speed，执行方式为【永久】，设置【移动当】为 move，在这里要根据需要设定红球转动的路线，如图 5.14 所示。

h. 在层 2 的主流程线上添加一交互图标，其属性中交互作用设置为【在退出之前】，显示和版面布局都可根据需要进行选择，在 CMI 中将类型设为【多项选择】。

Ⅰ. 在交互图标右侧添加计算图标，命名为“开始”。设置其变量为 move、speed，并为

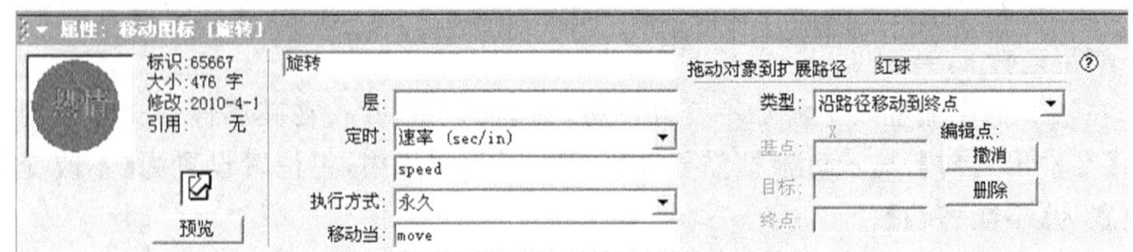

图 5.14 移动图标“旋转”属性设置

其添加函数为“speed：=5 move：=1”，如图 5.15 所示。

Ⅱ. 将交互图标“开始”的属性类型设置为【按钮】。在按钮中，设置大小 X=72、Y=25，位置为 X=39、Y=383，鼠标为 N/A。在响应中，设置擦除为【在下一次输入之后】，分支为【重试】，状态为【不判断】。

Ⅲ. 在“开始”计算图标右侧继续添加计算图标，命名为“加速”。设置其变量为 speed，并为其添加函数为“speed：=speed－speed/3”，如图 5.16 所示。

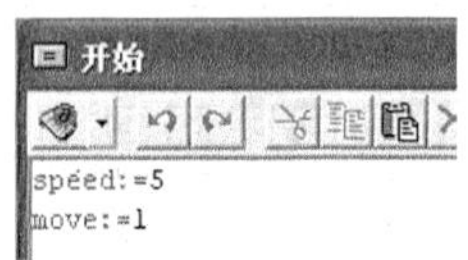

图 5.15 为计算图标“开始”添加函数

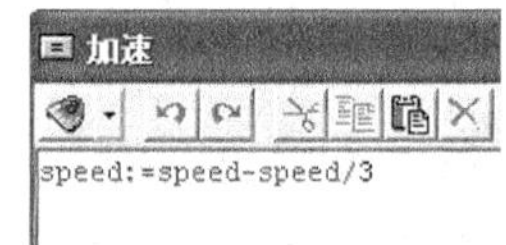

图 5.16 为计算图标“加速”添加函数

Ⅳ. 在交互图标“加速”的属性设置类型为【按钮】。在按钮中，设置大小 X=72、Y=25，位置为 X=157、Y=383，鼠标为 N/A。在响应中，设置擦除为【在下一次输入之后】，分支为【重试】，状态为【不判断】。

Ⅴ. 在“加速”计算图标右侧继续添加计算图标，命名为“减速”。设置其变量为 speed，并为其添加函数为“speed：=speed＋speed/3”，如图 5.17 所示。

Ⅵ. 在交互图标“减速”的属性中设置类型为【按钮】。在按钮中，设置大小为 X=72、Y=25，位置为 X=291、Y=383，鼠标为 N/A。在响应中，设置擦除为【在下一次输入之后】，分支为【重试】，状态为【不判断】。

Ⅶ. 在“减速”计算图标右侧继续添加计算图标，命名为“停止”。设置其变量为 move，并为其添加函数为“move=0”，如图 5.18 所示。

图 5.17 为计算图标“减速”添加函数

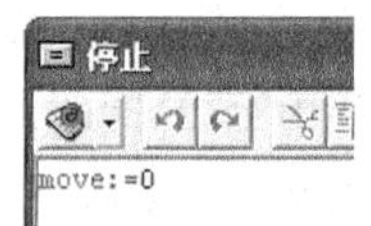

图 5.18 为计算图标“停止”添加函数

Ⅷ. 在交互图标“停止”的属性中设置类型为【按钮】。在按钮中，设置大小为 X=72、Y=25，位置为 X=419、Y=383，鼠标为 N/A。在响应中，设置擦除为【在下一次输入之后】，分支为【重试】，状态为【不判断】。

Ⅸ. 在“停止”计算图标右侧添加显示图标，命名为“提示”。使用 Authorware 工具栏中的文本工具，直接输入文本，字体为默认字体，大小为 10。设置特效为 waves，位置和活动都为【不能改变】。

Ⅹ. 在交互图标"提示"的属性中设置类型为【文本输入】。在【文本输入的忽略】中选中【大小写】、【附加单词】、【附加符号】、【单词顺序】。

③ 在命名为"旋转的火炬"的群组图标的右侧再添加一群组图标，命名为"脸谱互动"，如图 5.2 所示。类型设置为【下拉菜单】，范围选择【永久】，擦除设置为【在下一次输入之后】，分支设置为【返回】，状态设置为【不判断】。如图 5.19 所示。双击打开第三个群组图标，在流程图上放置一个数字影像图标。双击数字影像图标，打开【电影图标】对话框进行有关视频的设置。单击【导入】按钮导入 WMV 文件。并继续添加等待图标设置为 10s，之后添加擦除图标，待视频播放完成，可擦除视频。

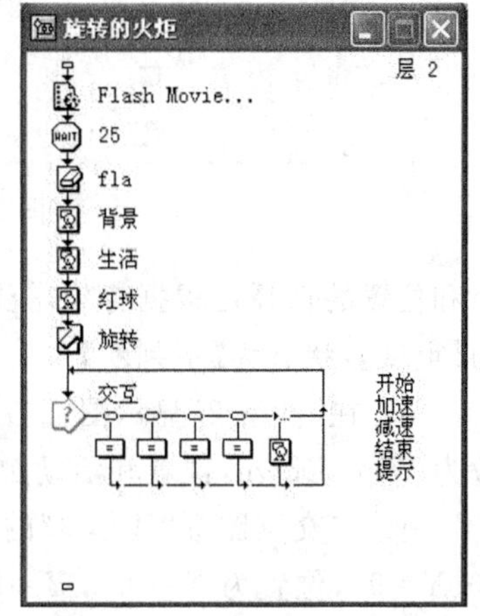

图 5.19 "旋转的火炬"流程图

a. 在层 2 的主流程线上添加命名为"背景"的显示图标，在【打开】对话框中选择在实验 2 中已经做好的 Photoshop 图片，在其属性中设置特效为 DMXP Wipe Left Right，位置和活动都为【不能改变】。

b. 在层 2 的主流程线上添加命名为"提示"的显示图标，使用 Authorware 工具栏中的文本工具，直接输入文本，字体为默认字体，大小为 10，在其属性中设置特效为"Strips on Top, Build"，位置和活动都为【不能改变】。

c. 在层 2 的主流程线上添加命名为"交互"的交互图标，在其属性的交互作用中，设置擦除为【在退出之前】，在版面布局中设置位置为【不改变】、可移动性为【不能移动】，在 CMI 中设置类型为【多项选择】。

Ⅰ. 在交互图标右侧添加显示图标，命名为"注解 1"。在其属性中设置特效为【垂直百叶窗式】，位置和活动都为【不能改变】。

Ⅱ. 在交互图标"注解 1"的属性中设置类型为【热区域】，在热区域中设置大小为 X=90、Y=97，位置为 X=166、Y=96，匹配为【单击】，鼠标为【设置鼠标指针】。这里热区域大小和位置的选择可根据背景需要来调整。在响应中，设置擦除为【在下一次输入之后】，分支为【重试】，状态为【不判断】，如图 5.20 和图 5.21 所示。

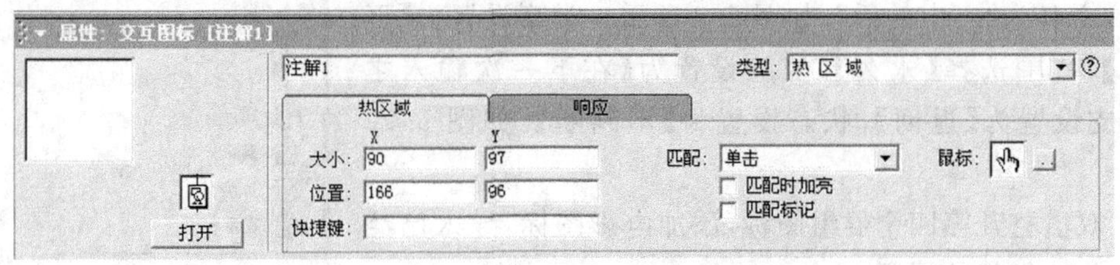

图 5.20 交互图标"注解 1"属性设置 1

Ⅲ. 在"注解 1"显示图标右侧继续添加显示图标，命名为"注解 2"。在其属性中设置特效为 Page Turn，位置和活动都为【不能改变】。

Ⅳ. 在交互图标"注解 2"的属性中设置类型为【热区域】，在热区域中设置大小为 X=90、Y=97，位置为 X=279、Y=96，匹配为【单击】，鼠标为【设置鼠标指针】。这里热区域大

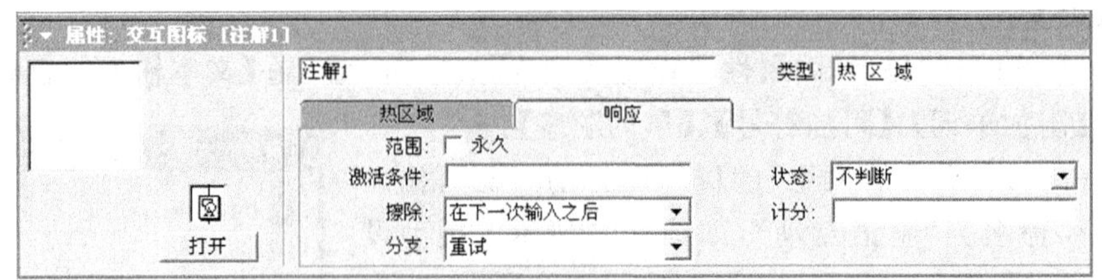

图 5.21　交互图标“注解 1”属性设置 2

小和位置的选择可根据背景需要来调整。在响应中，设置擦除为【在下一次输入之后】，分支为【重试】，状态为【不判断】。

Ⅴ. 在“注解 2”显示图标右侧继续添加显示图标，命名为“注解 3”。在其属性中设置特效为 Wipe Down，位置和活动都为【不能改变】。

Ⅵ. 在交互图标“注解 3”的属性中设置类型为【热区域】，在热区域中设置大小为 X=90、Y=97，位置为 X=396、Y=96，匹配为【单击】，鼠标为【设置鼠标指针】。这里热区域大小和位置的选择可根据背景需要来调整。在响应中，设置擦除为【在下一次输入之后】，分支为【重试】，状态为【不判断】。

Ⅶ. 在“注解 3”显示图标右侧继续添加显示图标，命名为“注解 4”。在其属性中设置特效为【马赛克效果】，位置和活动都为【不能改变】。

Ⅷ. 在交互图标“注解 4”的属性中设置类型为【热区域】，在热区域中设置大小为 X=90、Y=97，位置为 X=219、Y=192，匹配为【单击】，鼠标为【设置鼠标指针】。这里热区域大小和位置的选择可根据背景需要来调整。在响应中，设置擦除为【在下一次输入之后】，分支为【重试】，状态为【不判断】。

Ⅸ. 在“注解 4”显示图标右侧继续添加显示图标，命名为“注解 5”。在其属性中设置特效为【从上往下】，位置和活动都为【不能改变】。

Ⅹ. 在交互图标“注解 5”的属性中设置类型为【热区域】，在热区域中设置大小为 X=90、Y=97，位置为 X=332、Y=192，匹配为【单击】，鼠标为【设置鼠标指针】。这里热区域大小和位置的选择可根据背景需要来调整。在响应中，设置擦除为【在下一次输入之后】，分支为【重试】，状态为【不判断】。

④ 在命名为“脸谱互动”的群组图标的右侧再添加一群组图标，命名为“心中的话”，如图 5.2 所示。类型设置为【下拉菜单】，范围选择【永久】，擦除设置为【在下一次输入之后】，分支设置为【返回】，状态设置为【不判断】，如图 5.22 所示。

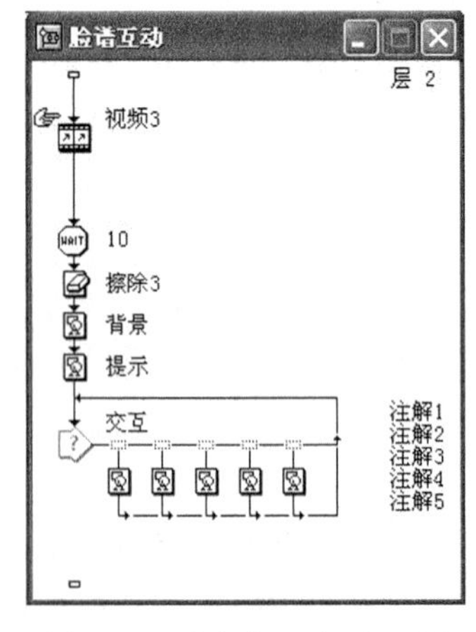

图 5.22　“脸谱互动”流程图

a. 双击打开第四个群组图标，添加电影图标，导入已经用 Premiere 做好的视频。

b. 添加一等待图标，设置其属性，事件选择【单击鼠标】、【按任意键】，时限为 25s，在选项中选择【显示按钮】。可根据视频时长来改变等待时间。

c. 添加一命名为“擦除视频”的擦除图标，设置其属性，列中选择【被擦除的图标】,并在窗口中直接单击选择视频,如图 5.23 所示。

d. 添加一命名为“背景”的显示图标,打开在 Photoshop 中做好的图片,在流程中起到过渡作用,设置其属性,特效为【水平百叶窗式】,位置和活动都为【不能改变】。

e. 添加一等待图标,设置其属性,事件选择【单击鼠标】、【按任意键】,时限为 2s。

f. 添加一命名为“浅背景”的显示图标,打开在 Photoshop 做好的图片,设置其属性,特效为【水平百叶窗式】,位置和活动都为【不能改变】。

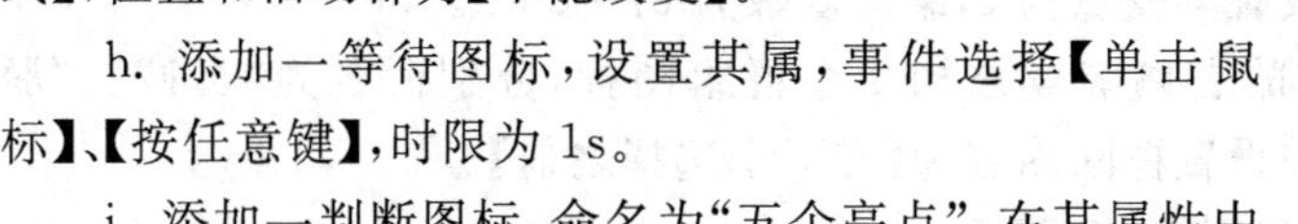

g. 添加一命名为“点击提示”的显示图标,使用 Authorware 工具栏中的文本工具,直接输入文本,字体为默认字体,大小为 10,在其属性中设置特效为【小框形式】,位置和活动都为【不能改变】。

h. 添加一等待图标,设置其属,事件选择【单击鼠标】、【按任意键】,时限为 1s。

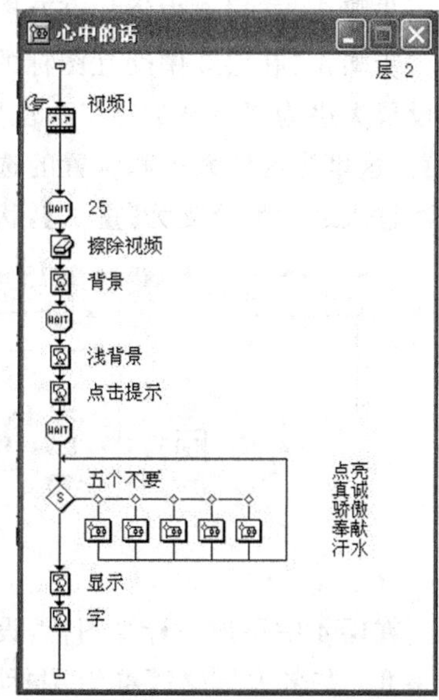

图 5.23 “心中的话”流程图

i. 添加一判断图标,命名为“五个亮点”,在其属性中设置重复为【固定循环次数】、【5】,分支为【顺序分支路径】,如图 5.24 所示。

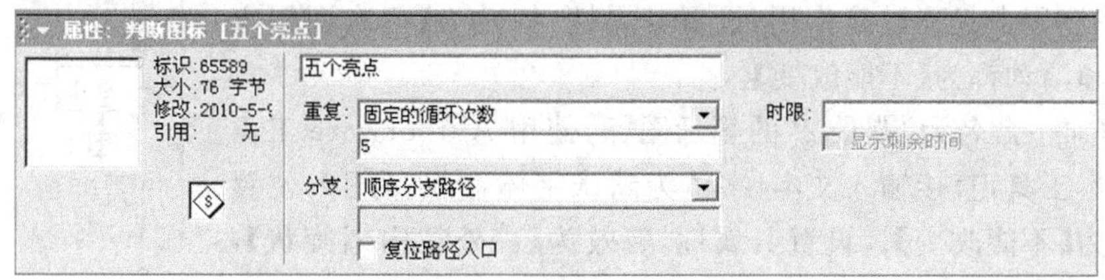

图 5.24 判断图标属性

Ⅰ. 在判断图标右侧添加群组图标,命名为“点亮”。设置其属性,擦除内容为【在下个选择之前】,如图 5.25 所示。

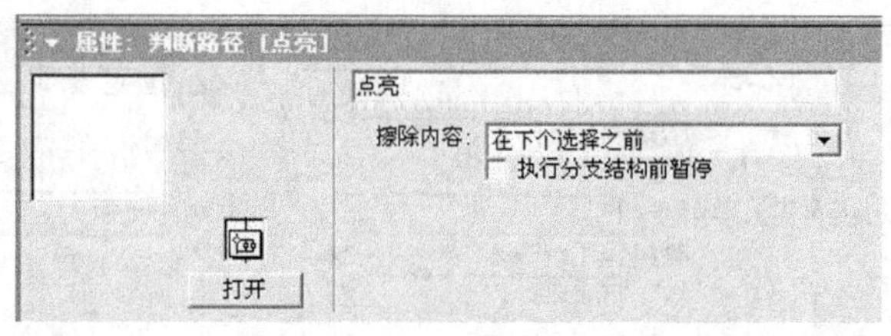

图 5.25 判断路径属性

步骤 1: 双击打开“点亮”群组图标,在层 3 中添加显示图标,使用 Authorware 工具栏中的文本工具,直接输入文本,字体为默认字体,大小为 10,设置其属性,特效为 DMXT Roll Down,位置和活动都为【不能改变】。

步骤 2: 在层 3 中添加显示图标,使用 Authorware 工具栏中的文本工具,直接输入文本，字体为默认字体，大小为 10，位置和活动都为【不能改变】。

步骤 3：在层 3 中添加交互图标，设置其属性，擦除为【在退出之前】。

步骤 4：在层 3 中交互图标的右侧添加群组图标，并设置交互类型为热区域，在热区域中设置大小为 X＝62、Y＝27，位置为 X＝411、Y＝52，匹配为【单击】，鼠标为【设置鼠标指针】。这里热区域大小和位置的选择可根据背景需要来调整。在响应中，设置擦除为【在下一次输入之后】，分支为【重试】，状态为【不判断】。如图 5.26 所示。

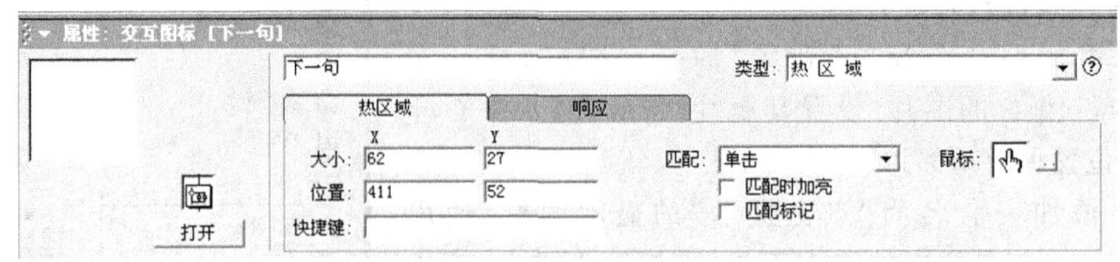

图 5.26　交互图标属性

在层 4 中添加一计算图标，设置其变量为 c，编写函数为 c:＝c＋1。

Ⅱ. 在名为“点亮”群组图标的右侧继续添加 4 个群组图标，分别命名为“真诚”、“骄傲”、“奉献”、“汗水”。在其属性中设置擦除内容为【在下个选择之前】。

双击打开群组后，步骤同Ⅰ，如图 5.27 所示。

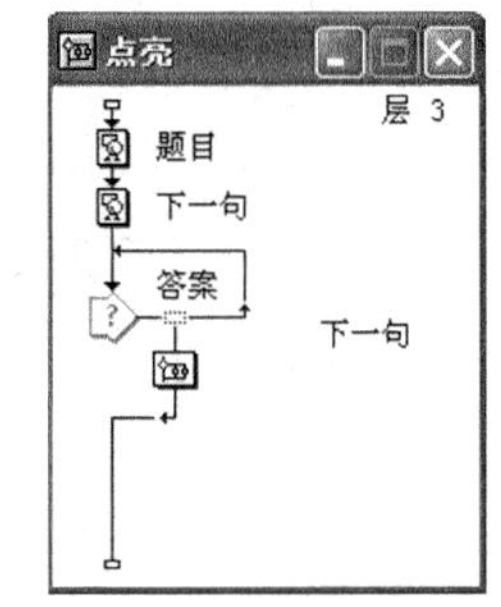

图 5.27　“点亮”流程图

j. 添加一命名为“背景 2”的显示图标，打开在 Photoshop 做好的图片，在流程中起到过渡作用，设置其属性，特效为【逐次图层方式】，位置和活动都为【不能改变】。

k. 添加一命名为“背景 2”的显示图标，使用 Authorware 工具栏中的文本工具，直接输入文本，字体为默认字体，大小为 10，位置和活动都为【不能改变】。设置其属性，特效为【由外往内螺旋状】，位置和活动都为【不能改变】。

⑤ 在命名为“心中的话”的群组图标的右侧再添加一群组图标，命名为“退出”，类型设置为【下拉菜单】，范围选择【永久】，擦除设置为【在下一次输入之后】，分支设置为【返回】，状态设置为【不判断】。如图 5.28 所示。

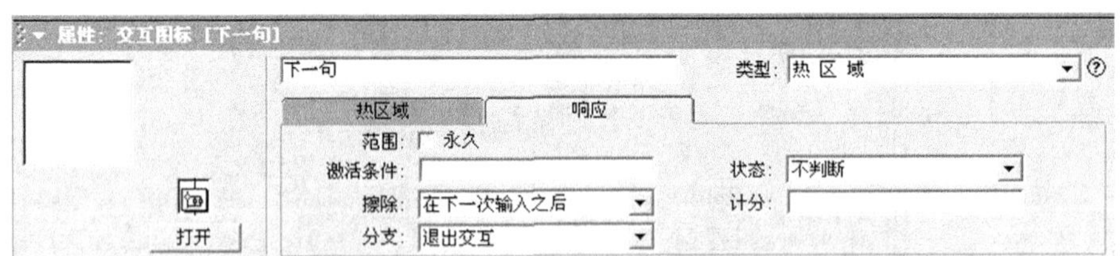

图 5.28　群组图标“退出”属性设置

在层 2 流程线中添加一个计算图标，命名为“返回”。设置函数为 Quit(0)。

(5) 菜单栏文件备注

在主流程线上添加命为“备注”的交互视频图标，在其右侧添加一个群组图标层 2，层 2 命名为“感悟”，如图 5.2 所示。类型设置为【下拉菜单】，擦除设置为【在下一次输入之后】，分支设置为【退出交互】，状态设置为【不判断】，如图 5.29 所示。

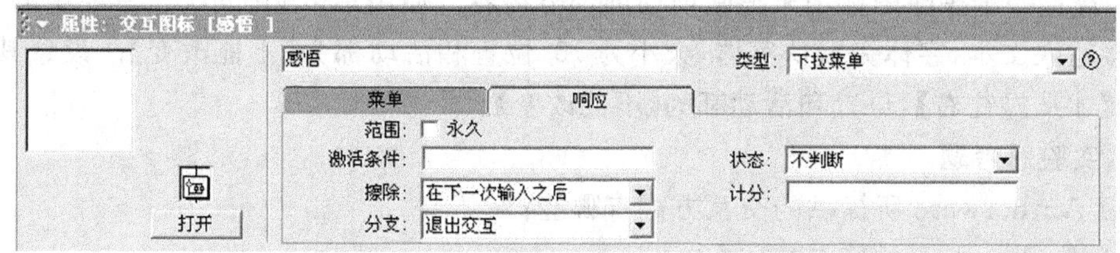

图 5.29　交互图标属性

① 双击打开“感悟”群组图标，在层 2 主流程线上添加显示图标，命名为“背景”，打开在 Photoshop 中做好的图片作为背景，设置其属性，特效为 DMXT Roll Down，位置和活动都为【不能改变】。

② 添加一命名为“提示”的显示图标，使用 Authorware 工具栏中的文本工具，直接输入文本，字体为默认字体，大小为 10，位置和活动都为【不能改变】。设置其属性，特效为 DMWipe Left，位置和活动都为【不能改变】。

③ 添加一个名为“语句”的交互图标，设置其属性，擦除为【在退出之前】，CMI 为【多项选择】。

a. 在“语句”交互图标的右侧添加一群组图标，命名为“语句 1”。设置其交互图标的交互类型为【下拉菜单】，在响应中设置擦除为【在下一次输入之后】，分支为【重试】，状态为【不判断】。

双击打开“语句 1”群组图标，在层 3 流程线上添加显示图标，使用 Authorware 工具栏中的文本工具，直接输入文本，字体为默认字体，大小为 10，位置和活动都为【不能改变】。设置其属性，特效为【以线形式由内往外】，位置和活动都为【不能改变】。

b. 在“语句 1”群组图标的右侧继续添加一群组图标，命名为“语句 2”。设置交互图标的交互类型为【下拉菜单】，在响应中设置擦除为【在下一次输入之后】，分支为【重试】，状态为【不判断】。

Ⅰ. 双击打开“语句 2”群组图标，在层 3 流程线上添加显示图标，使用 Authorware 工具栏中的文本工具，直接输入文本，字体为默认字体，大小为 10，位置和活动都为【不能改变】。设置其属性，特效为【以线形式由内往外】，位置和活动都为【不能改变】。

Ⅱ. 之后添加一等待图标，设置其属性，事件选择【单击鼠标】、【按任意键】，时限为 5s。

Ⅲ. 在流程图上放置一个数字影像图标。双击数字影像图标，打开【电影图标】对话框进行有关片头动画设置。单击【导入】按钮导入已经做好的 AVI 文件，如图 5.30 所示。

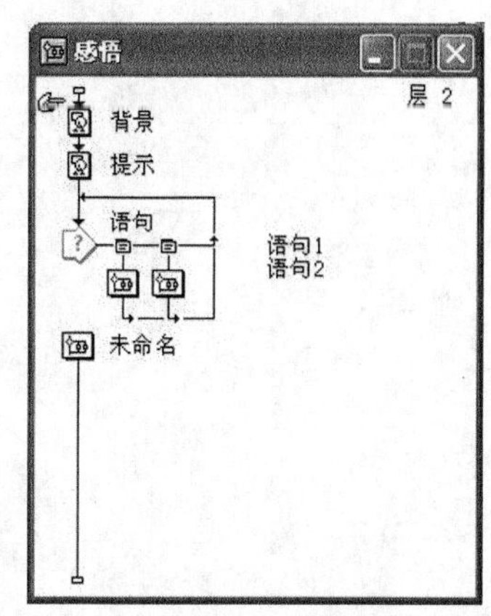

图 5.30　“感悟”流程图

(6) 菜单栏文件退出部分的制作

设计退出部分步骤如下：

① 在主流程线上添加一个计算图标，设置其函数为 Quit(0)。

② 插入在 Photoshop 中制作好的结束画面的背景图片和文字。

③ 设置一个擦除图标用来擦除前面的部分内容。使用 Authorware 工具栏中的文本工具，直接输入文本，字体为默认字体，大小为 10，位置和活动都为【不能改变】。设置其属性，特效为【才从左往右】，位置和活动都为【不能改变】。

4. 实验思考题

(1) Authorware 所提供的交互方式有哪些？

(2) Authorware 的特点是什么？

(3) 制作一个(影集)电子相册或通讯录。

实验 6　用 Flash 制作《志愿者的生活》

Flash 是一款电影编辑软件，同时它也是一种非常优秀的多媒体和动态动画的设计工具。通过 Flash 的形式把图片很微妙的结合在一起，大大提高了图片的欣赏价值。Flash 是很好的制作网上动画的软件，用它可以将音乐，声效，动画以及富有新意的界面融合在一起，以制作出高品质的动画效果。由它制作出的作品，图文并茂、声色俱全，并且用户可以根据自己的需要进行编辑，可以制作出具有个人特点的动画。

Flash 所特有的矢量图形技术，让 Flash 文件变得非常小，即使图片放大很多倍，也不会增大文件的体积，更不会降低显示图形的质量。Flash 的领先技术一直是创作网页多媒体最好的工具，使用 Flash 可以轻松地在任意两帧图形之间制作变形动画，而不需为图片增加图形来产生过渡图像。Flash 支持同步播放 WAV(Windows)和 AIFF(Macintosh)格式声音文件，4.0 版又加入了对 MP3 的支持。如今 Flash 已经成为业界的标准，并代表着新技术发展的方向，正逐渐成为互联网多媒体的重要分支。

本实验是利用 Flash 8.0 制作图文并茂、声色俱全的动画，涵盖了 Flash 8.0 版两种过渡动画的创建、交互性的创建和声音的添加等多种技术。

运行 Flash 8.0 的硬件与系统需求如下：

- 133MHz Pentium 处理器或以上；
- Windows 95/98，Windows NT4 或更高版本；
- 32MB 内存；
- 20MB 可用硬盘空间；
- 256 色显示器，800×600 分辨率；
- CD-ROM 驱动器。

1. 实验目的和要求

(1) 掌握对象和符号的创建以及位图的导入，了解位图的矢量化。

(2) 掌握直线运动、缩放运动、旋转运动、沿指定路径运动过渡以及变形过渡动画的创建，能够使一个对象或实体在运动的同时改变它的大小和颜色，使其淡入淡出等。熟悉图库和监控板的应用。了解对象、符号和实例的概念以及三者之间的区别与联系。

(3) 理解引导线的概念，掌握引导层动画原理、创作方法。

(4) 理解遮罩层的概念，掌握遮罩层动画原理、创作方法。

(5) 理解交互式动画概念，掌握交互式动画原理、创作方法。

(6) 理解多场景动画概念、掌握复杂剪辑动画的创作原理。

(7) 掌握交互性的创建，可以使用键盘或鼠标控制某个事件的发生。熟悉 Flash 中一些常用语句的用法，了解基本语句的作用。

(8) 掌握声音文件的导入、能够为电影加入背景音乐和为按钮增加声音效果等。熟悉编辑声音效果。

(9) 掌握文件的发布和导出，了解 Flash 支持的多种文件格式。

2. 实验预备知识

(1) 过渡动画的创建

- 只需制作好几个关键帧的画面，其余中间各帧由 Flash 通过计算生成，使得画面从一个关键帧过渡到另一个关键帧，这就称为“过渡”动画。过渡动画分为运动过渡动画和变形过渡动画两种。Flash 可以过渡的属性有位置、大小、颜色、形状、旋转和扭曲。
- 要使图形或者文本产生运动过渡效果，必须把它们转换为 Symbol（符号）。如果是在工作区中画上去的图形，而没有将它转换为符号，那么就不能直接创建运动过渡动画。总之，只有 Symbol 才能创建运动过渡动画，其他对象要先转换为 Symbol 后再创建运动过渡动画。而创建变形过渡动画则不需转换为 Symbol。
- 要创建过渡动画可在 Frame Properties（帧属性）对话框的 Tweening（过渡）选项卡中设置。

(2) 交互性的创建

- 具有交互性的电影能够使观众在欣赏影片的同时通过使用键盘或鼠标进行跳转、移动对象、输入信息或者执行其他多种操作。
- 创建交互性电影的关键是设置在指定事件发生时所要执行的动作。在 Flash 中，电影播放到某一帧、点击鼠标或者敲击键盘，都是所谓的“指定事件”，也就是发出了要执行某个动作的信号。在编辑时，就要设置好在什么情况下执行什么动作。
- 要执行的动作在 Frame Properties（帧属性）对话框的 Actions（动作）选项卡中设置。只有关键帧才能分配动作。

(3) 声音的导入和处理

- 声音的导入非常简单，选择 File|Import 命令，打开 Import（导入）对话框，从中选择 WAV 格式的声音文件，导入的声音文件会存储在 Library（库）中。
- 和符号一样，一个声音只需要一份拷贝就可以了，它可以用于电影中的不同位置。这样就可以有效地缩小电影文件的体积。
- 在电影中加入声音首先需要加入一个新层，然后在该层加入声音，并在 Frame Properties（帧属性）对话框的 Sound（声音）选项卡中设置关于声音的选项。

(4) Flash 的工作环境

Flash 的工作环境包括舞台（Stage）、工具栏（Toolbars）、时间轴面板（Timeline）、库面板（Library）等几个部分，如图 6.1 所示。

工作环境介绍：

① 舞台（Stage）：编辑电影画面的矩形区域。用 Flash 制作电影就像导演指挥演员演戏一样，舞台就是一个演出的场所。在 Flash 中还常常遇到一个概念——场景（Scene），在 Flash 电影中，舞台只有一个，但场景可以有许多个，在播放过程中可以更换不同的场景。

② 工具栏（Toolbars）：工具栏分为标准工具栏（Standard）、绘图工具箱（Drawing）和控制器（Controller）。如果想修改工具栏的界面，可以选择 Window|Toolbars 命令，打开 Toolbars 对话框，从中选择所需要的工具栏。

- 标准工具栏（Standard）：从左至右依次为新建（New）、打开（Open）、保存（Save）、打印（Print）、打印预览（Print Preview）、剪切（Cut）、复制（Copy）、粘贴（Paste）、撤销

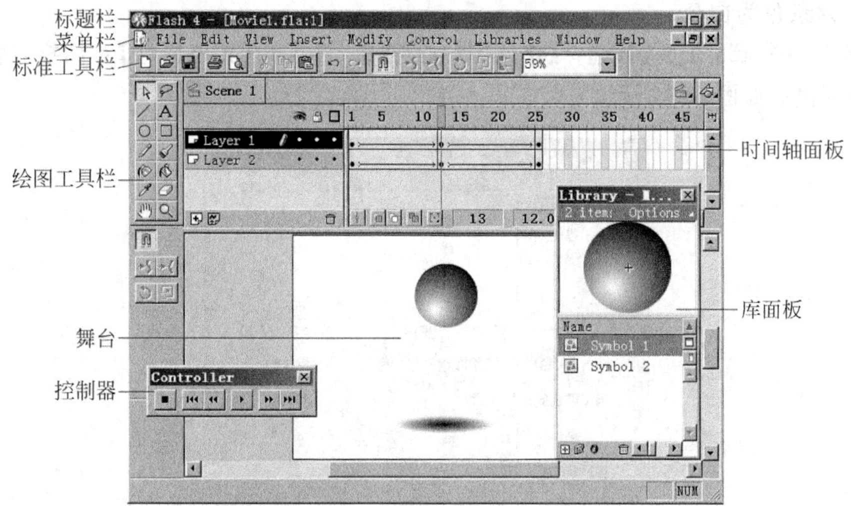

图 6.1　Flash 的工作环境

(Undo)、恢复(Redo)、捕捉网格(Snap)。

- 平滑曲线(Smooth)、直线(Straighten)、旋转(Rotate)、缩放(Scale)、对齐(Align)、查看控制(Zoom Control)。
- 绘图工具箱(Drawing)：如图 6.2 所示，从左至右、从上至下依次为箭头工具(Arrow)、锁套工具(Lasso)、直线工具(Line)、文本工具(Text Tool)、椭圆工具(Oval)、矩形工具(Rectangle)、铅笔工具(Pencil)、笔刷工具(Brush)、墨水瓶工具(Ink Bottle)、油漆桶工具(Paint Bucket)、滴管工具(Dropper)、橡皮工具(Eraser)、手掌工具(Hand)、放大镜工具(Magnifier)。
- 控制器(Controller)：选择 Window|Controller 命令，可以打开控制器。从左至右依次为停止(Stop)、倒带(Rewind)、后退(Step Back)、播放(Play)、前进(Step Forword)到最后(Go To End)。

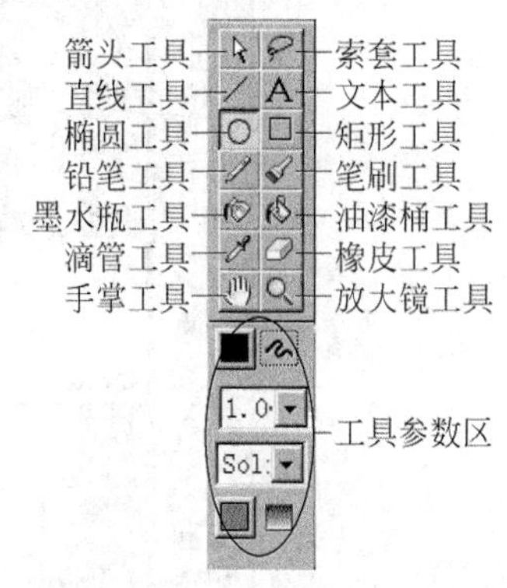

图 6.2　Flash 的绘图工具箱

③ 时间轴面板(Timeline)：时间轴面板就像导演手中的剧本，它决定了各个场景的切换以及演员出场、表演的时间顺序。

④ 库面板(Library)：选择 Window|Library 命令，可以打开库面板。在制作动画时，首先把一个对象(Object)定义为"符号(Symbol)"，所有符号都会存储在库面板中，然后在场景中加入它的"实例(Instance)"。这样无论一个对象出现几次，在文件中也只需存储一个拷贝，从而在很大程度上减小了文件的体积。这实际上正是现在十分流行的"面向对象"思想的运用。

3. 实验内容与步骤

1) 制作《志愿者的意义》

(1) 遮罩层动画

① 创建影片文档，新建一个 Flash 动画文件，在【属性】面板上设置文件大小为 550×

400 像素，背景色为白色。

② 新建一个 Flash 文档，选择【修改】|【文档】命令，打开【文档属性】对话框，将【背景颜色】设置为白色，如图 6.3 所示。

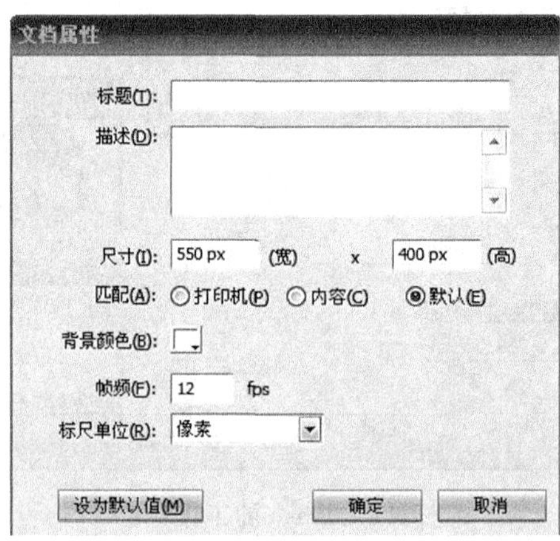

图 6.3 【文档属性】对话框

③ 在图层 1 中选择【文件】|【导入】|【导入到舞台】命令，导入一张图片到当前舞台中，效果如图 6.4 所示。

图 6.4 导入图片

④ 单击【时间轴】面板底部的【插入图层】按钮新建一个图层，并将该图层命名为“图层 2”。

⑤ 选中图层 2，选择【椭圆工具】在图片的左端绘制一个椭圆，效果如图 6.5 所示。

图 6.5　绘制椭圆

⑥ 在图层 1 的第 45 帧处插入一个普通帧，在图层 2 的第 45 帧处插入一个关键帧，效果如图 6.6 所示。

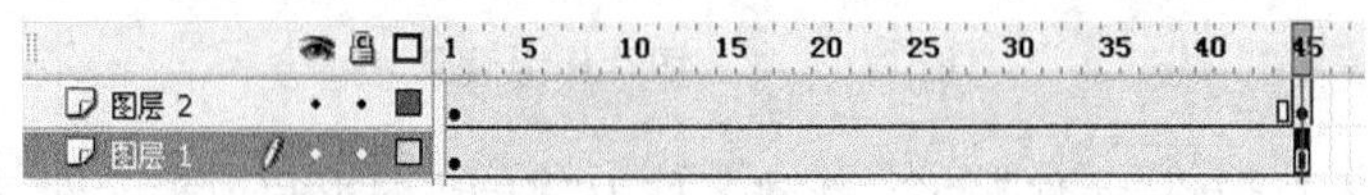

图 6.6　添加帧

⑦ 将图层 1 重命名为“彩色图片”，将图层 2 重命名为“灯光”。

⑧ 将图层“灯光”第 45 帧的椭圆形拖到彩色图片的右端，然后在图层“灯光”的任何一个有效帧上右击，从弹出的快捷菜单中选择【创建补间动画】命令，创建运动动画如图 6.7 所示。

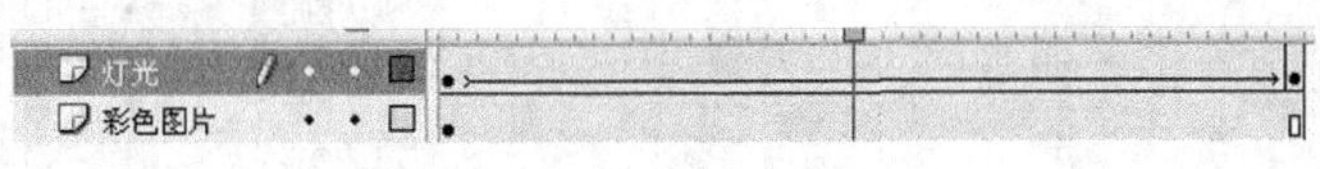

图 6.7　创建补间动画

⑨ 在图层“灯光”上右击，选择【遮罩层】命令，将图层“灯光”转换为“遮罩层”，而图层“彩色图片”自动转换为被遮罩层如图 6.8 所示。

图 6.8　设置遮罩层

⑩ 选择【控制】|【测试影片】命令观看动画，可以看都椭圆形灯光从左端扫到右端被灯

光照到的地方可以清楚地看到该处的图像。

(2) 引导层动画

① 单击【时间轴】面板底部的【插入图层】按钮，新建一个图层，命名为“图层 3”。选择【文件】|【导入】|【导入到舞台】命令，导入一张鸟巢图片到当前舞台中作为动画背景，效果如图 6.9 所示。

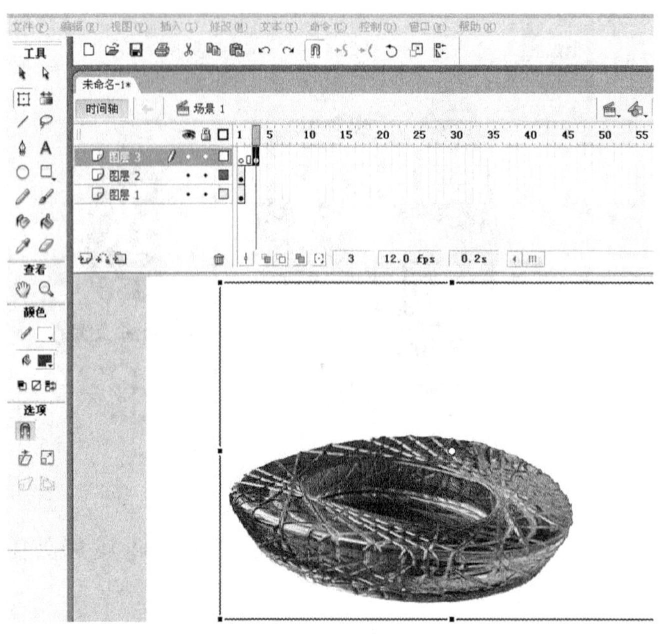

图 6.9　导入图片作为背景

② 选择【插入】|【新建元件】命令，新建名称为“跑步”的影片剪辑元件，如图 6.10 所示。

③ 在“跑步”影片剪辑元件编辑窗口中，选择【文件】|【导入】|【导入到舞台】命令，导入一个奔跑的小孩的 GIF 动画，如图 6.11 所示。

图 6.10　【创建新元件】对话框

图 6.11　导入动画

④ 返回主场景，单击【时间轴】面板底部的【插入图层】按钮新建一个图层，并将该图层命名为“跑步”。选中图层“跑步”，将影片剪辑元件“跑步”拖到舞台中，并将它置于背景图片的右下角。

⑤ 选中图层“跑步”，然后单击【时间轴】面板底部的【添加引导层】按钮，在图层“跑步”上添加一个运动引导层。

⑥ 选中“引导层”图层，选择【铅笔工具】，绘制一条曲线作为小孩运动的路径，效果如图 6.12 所示。

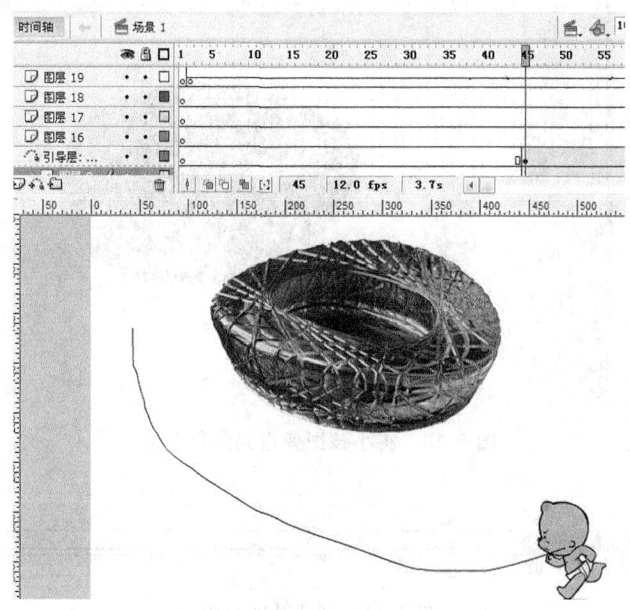

图 6.12　添加引导层并绘制路径

⑦ 在图层背景的第 100 帧插入一个普通帧。

⑧ 使用同样的方法在引导层第 100 帧插入一个普通帧，在“跑步”图层的第 100 帧插入一个关键帧。

⑨ 选中“跑步”图层的第 100 帧将该帧的小孩跑步图像拖到路径的左边，效果如图 6.13 所示。

⑩ 在“跑步”图层的第 45～100 帧的任意帧上右击，从弹出的快捷菜单中选择【创建补间动画】命令，即可创建一个动作补间动画，如图 6.14 所示。

⑪ 选中图层“跑步”的任何一个有效帧，在【属性】面板中选中【调整到路径】、【同步】和【对齐】复选框，如图 6.15 所示。

⑫ 至此，引导层动画已经创建完毕。选择【控制】|【测试影片】命令观看动画。

(3) 声音的处理

选择【文件】|【导入】|【导入到库】命令，打开【导入到库】对话框，选择一个 MP3 文件，单击【打开】按钮，此时将弹出【正在处理】对话框，说明该文件正被导入到当前【库】面板中。

在【库】面板中单击导入的声音文件，可以在预览窗口中看到声音的波形，如图 6.16 所示。单击【库】面板中的播放按钮，即可播放声音。声音导入以后，将成为 Flash 文件的一部

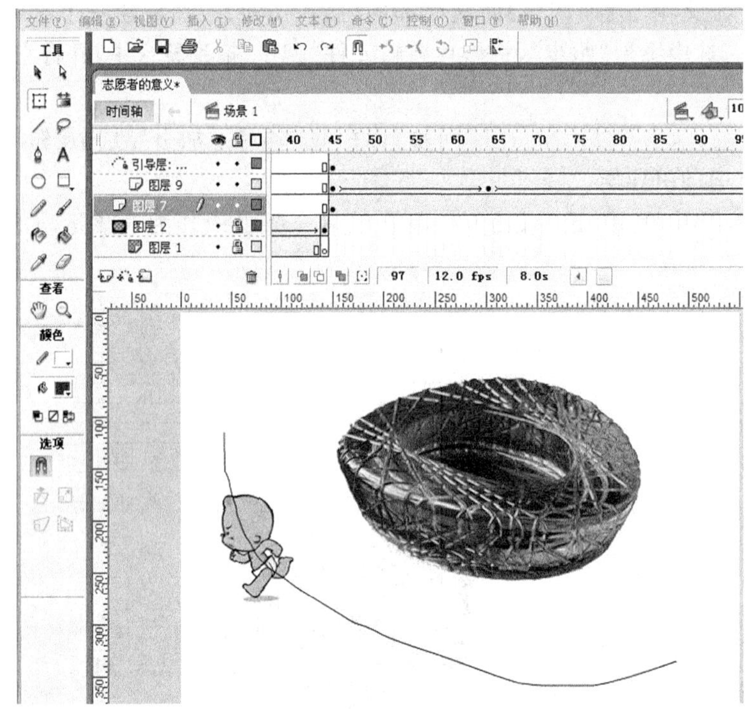

图 6.13　将小孩图像拖到路径左边

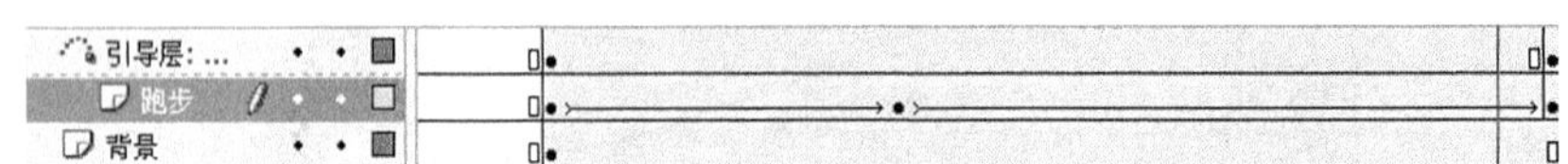

图 6.14　创建补间动画

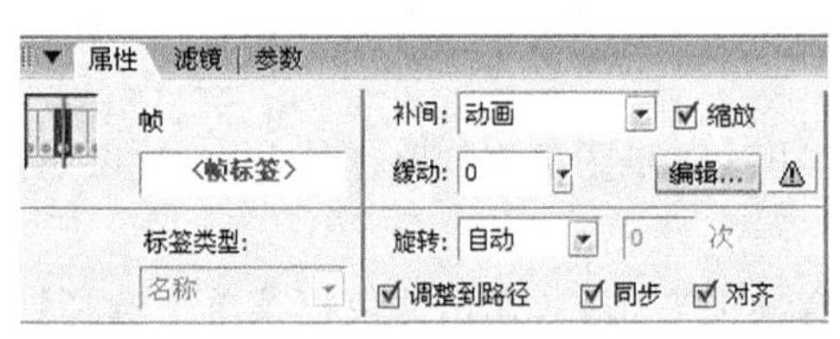

图 6.15　设置【属性】面板

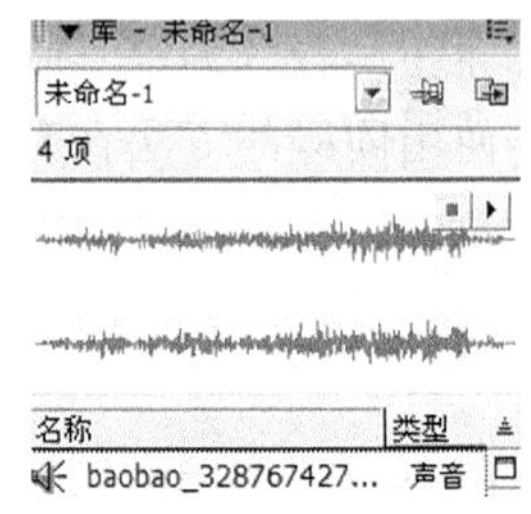

图 6.16　导入到【库】面板中的声音

分，而声音或音轨等会使得 Flash 文件变得非常巨大。

将声音添加到时间轴上，为声音创建一个图层。为了一眼就能看出该图层上放的是声音文件，可将该图层命名为"声音"。选中"声音"图层的第一帧，拖动【库】面板中的一个声音到场景编辑区中，即可在第一帧内显示出声音的波形。

2）制作《志愿者的工作》

（1）遮罩层动画

① 创建影片文档，新建一个 Flash 动画文件，在【属性】面板上设置文件大小为 550×400 像素，背景色为白色。

② 新建一个 Flash 文档，选择【修改】|【文档】命令，打开【文档属性】对话框，将【背景颜色】设置为白色，如图 6.17 所示

③ 在图层 1 中选择【文件】|【导入】|【导入到舞台】命令，导入一张图片到当前舞台中，作为背景在第 80 帧插入普通帧。

④ 在图层 2 中选择【文件】|【导入】|【导入到舞台】命令，导入一张图片到当前舞台中，通过改变大小移动位置使得志愿者推着轮椅动了起来。

(2) 引导层动画

① 单击【时间轴】面板底部的【插入图层】按钮，新建一个图层，命名为“图层 3”。选择【文件】|【导入】|【导入到舞台】命令，导入一张地铁安检图片和小孩站立的图片到当前舞台中作为动画背景，效果如图 6.18 所示。

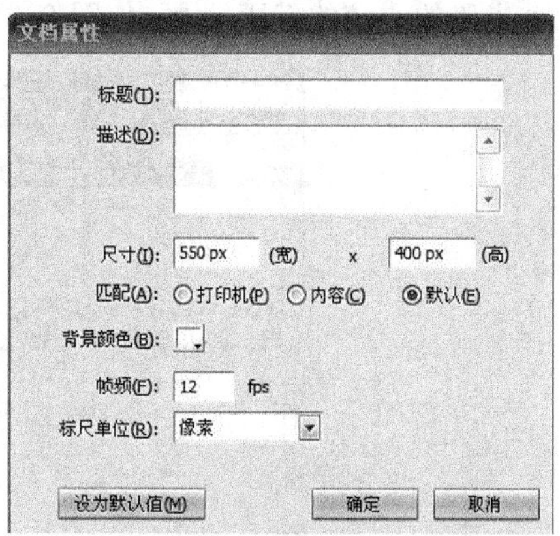

图 6.17 【文档属性】对话框

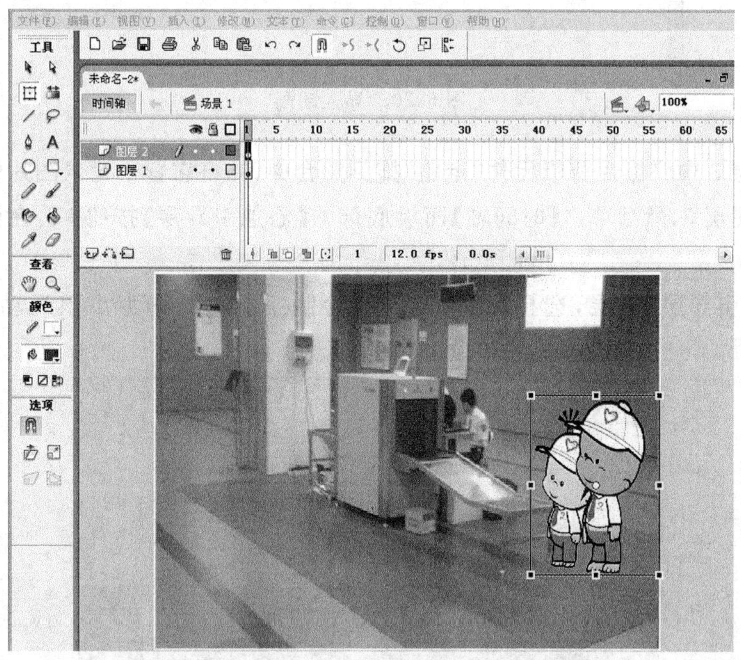

图 6.18 背景图

② 选择【插入】|【新建元件】命令，新建名称为“走路”的影片剪辑元件，如 6.19 所示。

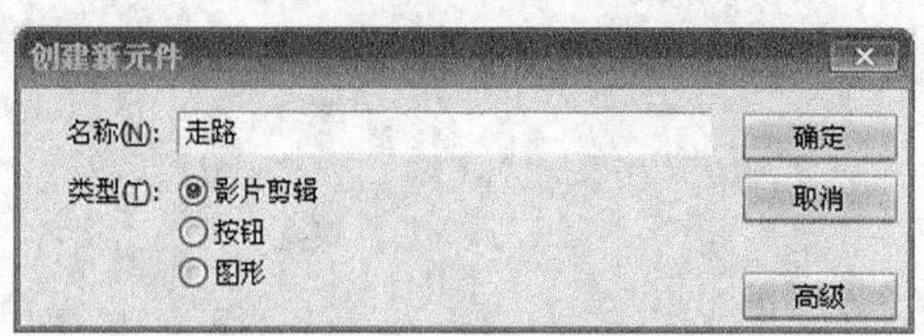

图 6.19 【创建新元件】对话框

③ 在“走路”影片剪辑元件编辑窗口中，选择【文件】|【导入】|【导入到舞台】命令，导入一个走路的小孩的 GIF 动画，如图 6.20 所示。

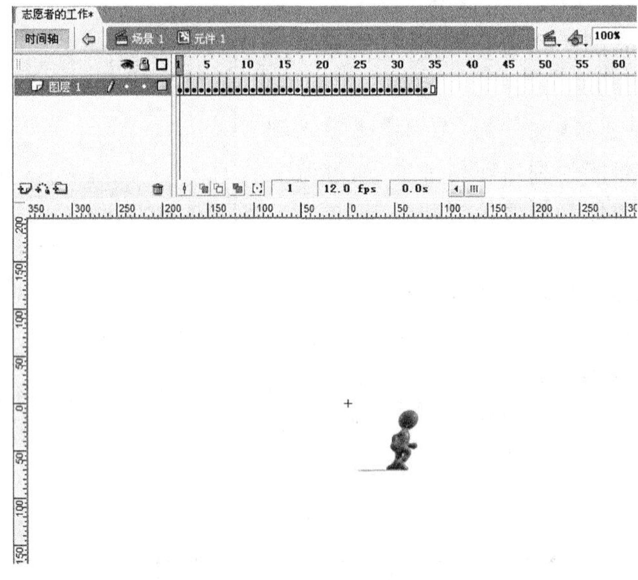

图 6.20　导入动画

④ 在图层 3 中将影片剪辑元件“走路”拖到舞台中，并将它置于背景图片的左上角。

⑤ 选中图层 3，然后单击【时间轴】面板底部的【添加引导层】按钮，在图层 3 上添加一个运动引导层。

⑥ 选中“引导层”图层，选择【铅笔工具】，绘制一条曲线作为小孩运动的路径，效果如图 6.21 所示。

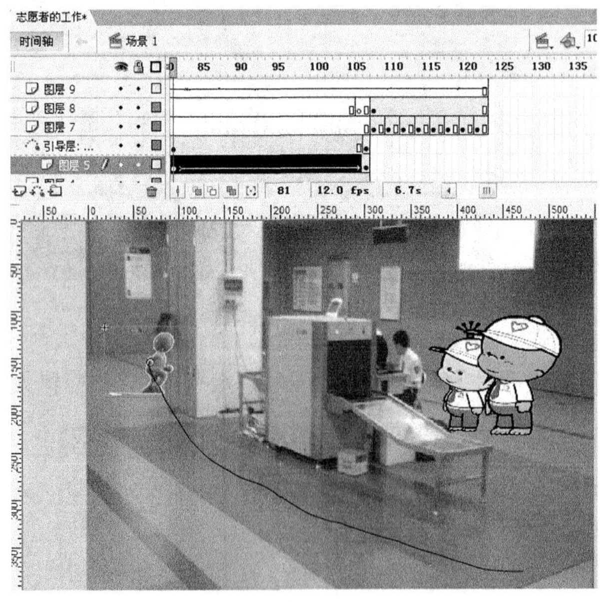

图 6.21　添加引导层并绘制路径

⑦ 在图层背景的第 123 帧插入一个普通帧。

⑧ 使用同样的方法在引导层第 123 帧插入一个普通帧，在图层 3 的第 100 帧插入一个关键帧。

⑨ 选中图层 3 的第 123 帧将该帧的小孩跑步图像拖到路径的右边，效果如图 6.22 所示。

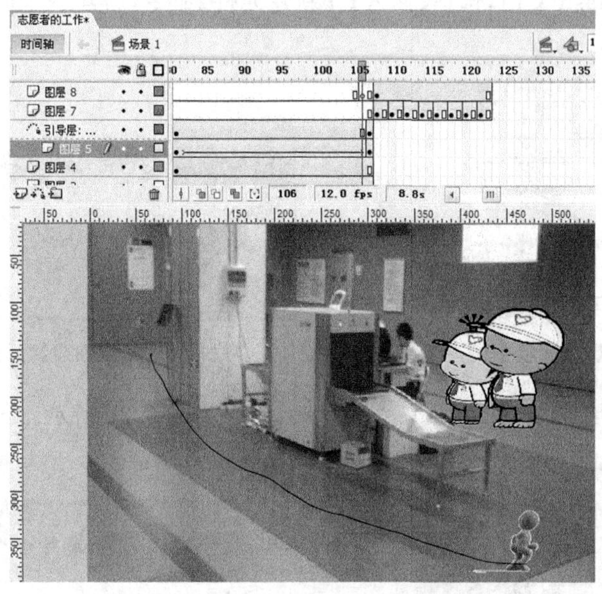

图 6.22　将小孩图像拖到路径右边

⑩ 在图层 3 的第 106～123 帧的任意帧上右击，从弹出的快捷菜单中选择【创建补间动画】命令，即可创建一个动作补间动画，如图 6.23 所示。

⑪ 选中“跑步”图层的任何一个有效帧，在【属性】面板中选中【调整到路径】、【同步】和【对齐】复选框，如图 6.24 所示。

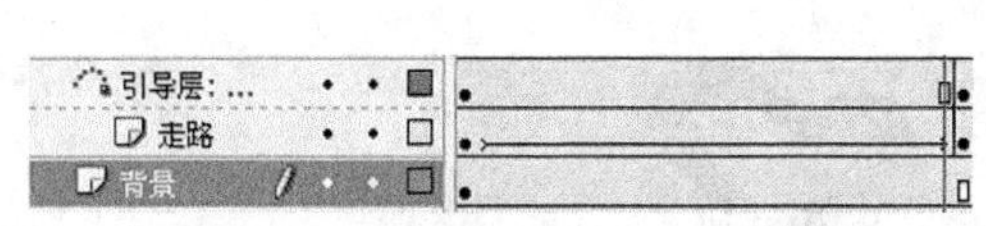

图 6.23　创建补间动画

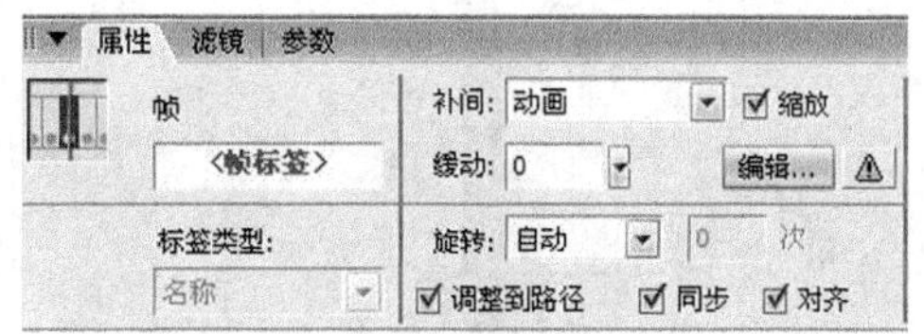

图 6.24　设置【属性】面板

⑫ 至此，引导层动画已经创建完毕。选择【控制】|【测试影片】命令观看动画。

(6) 声音的处理

选择【文件】|【导入】|【导入到库】命令，打开【导入倒库】对话框，选择一个 MP3 文件，单击【打开】按钮，此时将弹出【正在处理】对话框，说明该文件正被导入到当前【库】面板中。

在【库】面板中单击导入的声音文件，可以在预览窗口中看到声音的波形，如图 6.25 所示。单击【库】面板中的播放按钮，即可播放声音。声音导入以后，将成为 Flash 文件的一部分，而声音或音轨等将会使得 Flash 文件变得非常巨大。

将声音添加到时间轴上，为声音创建一个图层。为了一眼就能看出该图层上放的是声音文件，可将该图层命名为“声音”。选中“声音”图层的第一帧，拖动【库】面板中的一个声音到场景编辑区中，即可在第一帧内显示出声音的波形。

3）制作《志愿者的生活》

（1）交互动画

① 新建一个 Flash 文档，选择【插入】|【新建元件】命令，新建一个名称为“心”的图形元件，如图 6.26 所示。

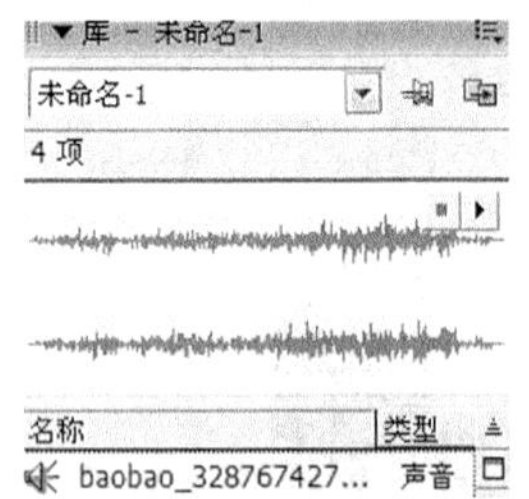

图 6.25　导入到【库】面板中的声音

图 6.26　【创建新元件】对话框

② 在图形元件编辑窗口中，导入心形图案，效果如图 6.27 所示。

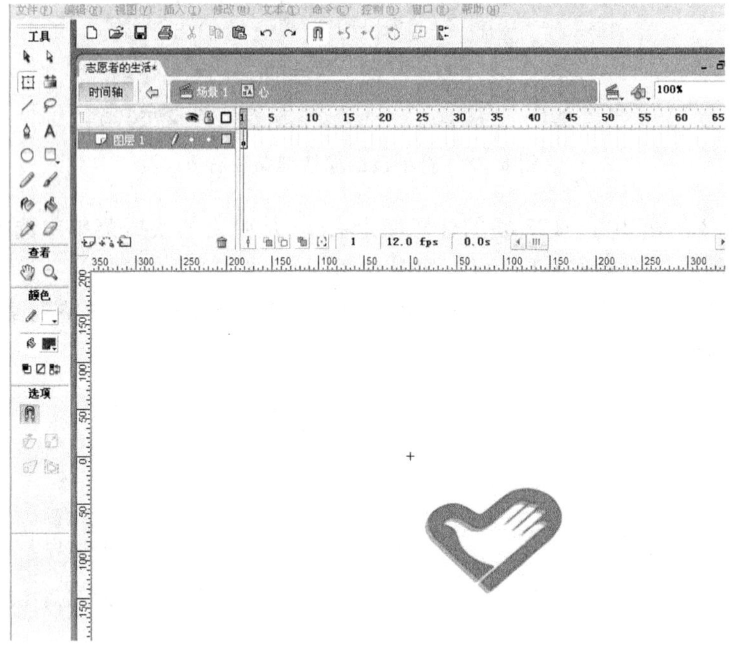

图 6.27　心形图案

③ 返回主场景，在【库】面板中的图形元件“心”上右击，选择【重置】命令，在弹出【直接复制元件】对话框中，将复制的原件命名为 button，并将其【类型】改为【按钮】，如图 6.28 所示。

④ 选择【插入】|【新建元件】命令，新建名称为“心”的影片剪辑元件，如图 6.29 所示。

⑤ 在影片剪辑元件编辑窗口中，将 botton 按钮元件从【库】面板拖到舞台中，效果如图 6.30 所示。

⑥ 在第 2 帧上添加一个空白关键帧，并将图形元件“心”从【库】面板拖到舞台中。

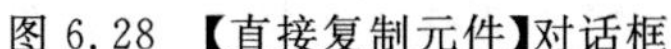
图 6.28 【直接复制元件】对话框

图 6.29 新建影片剪辑元件

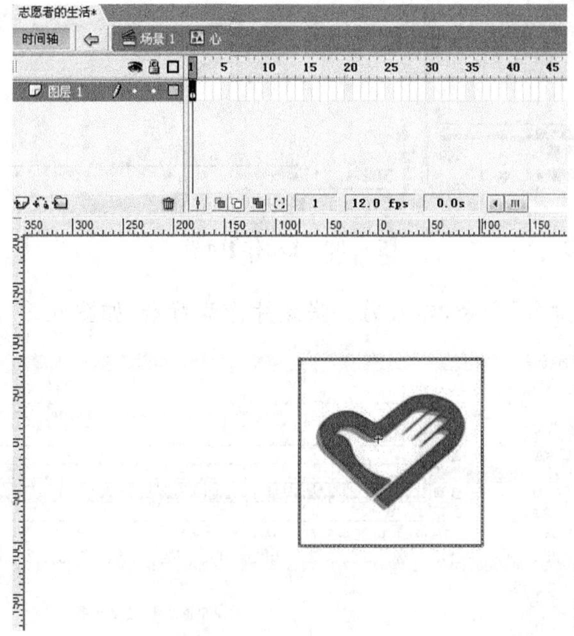

图 6.30 建元件实例

⑦ 在第 80 帧插入一个关键帧，并将该帧上的"心"元件缩小，然后在【属性】面板上将其 Alpha(透明度)值设置为 0%，如图 6.31 所示。

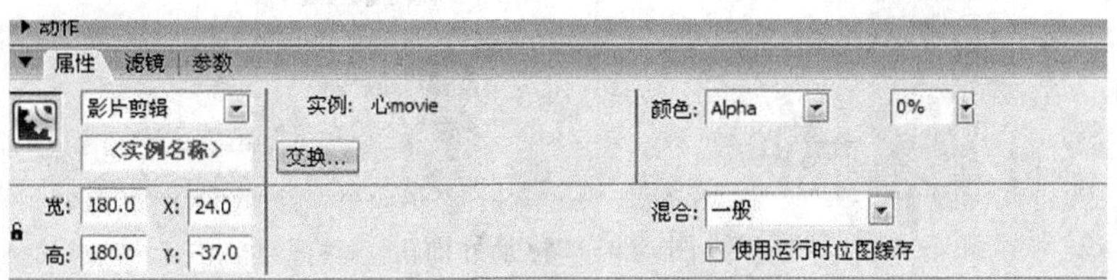

图 6.31 设置 Alpha 值为 0%

⑧ 在第 1～80 帧之间创建动作补间动画。

⑨ 选中第 1 帧，在【动作】面板中为其添加停止命令，如图 6.32 所示。

⑩ 选中第一帧中的 botton 按钮元件实例，在【动作】面板上添加如下代码：

```
On(rollOver){
    gotoAndPlay(2);
```

⑪ 返回主场景，新建两个图层，分别命名为图层 4 和图层 5，然后选中图层 4，选择【文

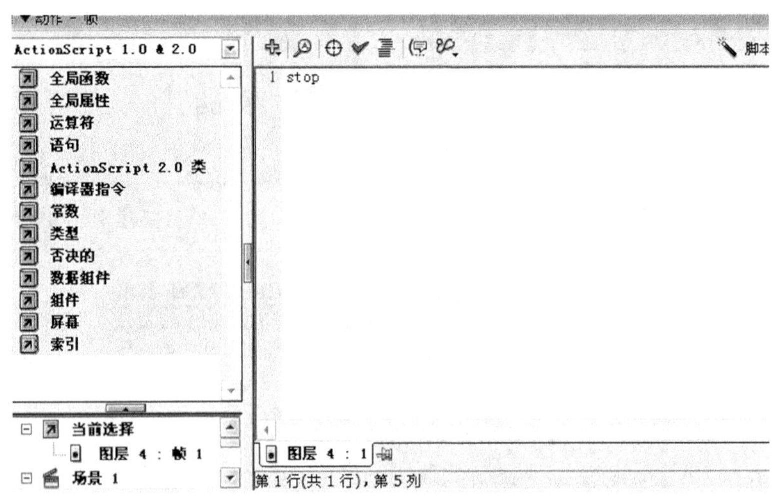

图 6.32 【动作】面板

件】|【导入】|【导入到舞台】命令,导入另一张图片作为背景,如图 6.33 所示。

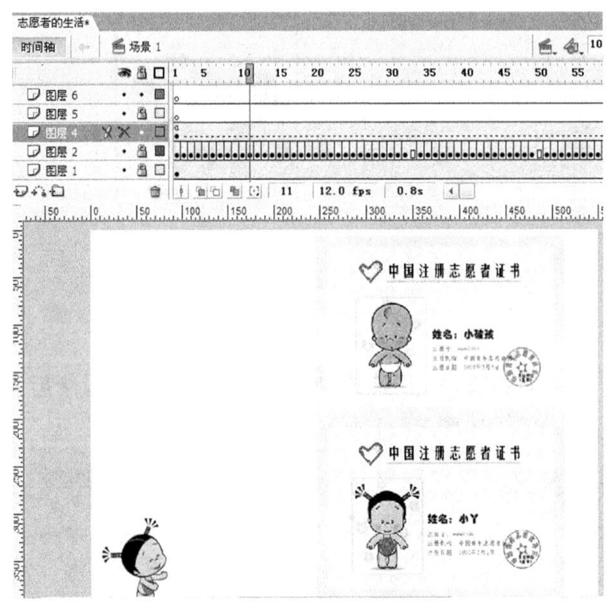

图 6.33 背景界面

⑫ 锁定图层 4,接着选择图层 5,将"心"影片剪辑元件从【库】面板拖到舞台中,并将元件复制、粘贴,直至布满整个舞台。

⑬ 选择【控制】|【测试影片】命令观看动画。

(2) 遮罩层动画

① 插入关键帧,选择【修改】|【文档】命令,打开【文档属性】对话框,将【背景颜色】设置为白色,如图 6.34 所示。

② 将图层 1 重命名为"彩色图片",接着选择【文件】|【导入】|【导入到舞台】命令,导入一张图片到当前舞台中,效果如图 6.35 所示。

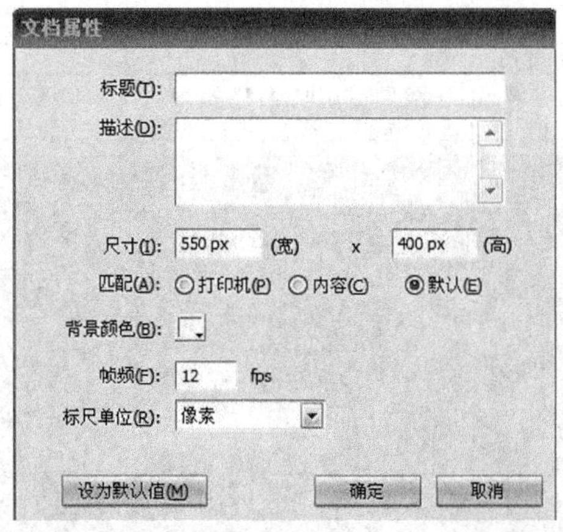

图 6.34 【文档属性】对话框

图 6.35 背景图

③ 单击【时间轴】面底部的【插入图层】按钮新建一个图层，并将该图层命名为“灯光”。

④ 选中“灯光”图层，选择【椭圆工具】在彩色图片的左端绘制一个椭圆，效果如图 6.36 所示。

⑤ 在“彩色图片”图层的第 115 帧处插入一个普通帧，“灯光”图层的第 115 帧处插入一个关键帧，效果如图 6.37 所示。

⑥ 将“灯光”图层第 115 帧中的圆形拖到彩色图片的右端，然后在“灯光”图层的任何一个有效帧上右击，选择【创建补间动画】命令创建运动动画，如图 6.38 所示。

⑦ 在“灯光”图层上右击，选择【遮罩层】命令，将图层“灯光”转换为“遮罩层”，而“彩色图片”图层自动转换为被遮罩层，如图 6.39 所示。

⑧ 选择【控制】|【测试影片】命令观看动画，可以看到椭圆形灯光从左端运动到右端被

图 6.36 椭圆效果

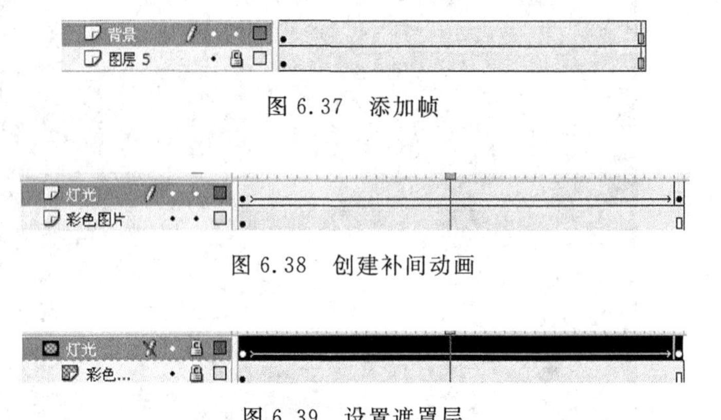

图 6.37 添加帧

图 6.38 创建补间动画

图 6.39 设置遮罩层

“灯光”照到的地方可以清楚的看到该处的图像。

(3) 声音的处理

具体方法参见“制作《志愿者的意义》”的相关部分。

4. 实验思考题

(1) 在 Flash 中如何调整“动态文本”框的_alpha 值?

(2) 简述如何处理导入的位图图像,以减少文件的体积。

(3) 简述元件和实例的概念及关系。

(4) 在为按钮添加声音时,“同步”下拉列表中各选项的含义是什么?

实验 7　超文本与超媒体

超文本与超媒体广泛地应用在交互式多媒体软件和网页中，在实验 6 中，已介绍了 Flash，本实验将以 Authorware 为例介绍交互。交互是 Authorware 为用户提供的一个最具特色的功能。它通过按钮响应、热区响应、键盘响应、条件响应、文本输入响应、下拉菜单响应等共计 11 种交互响应类型把操作者和计算机有机的紧密联系在一起，出色地实现人机对话的功能。

实验介绍：

本节实验所制作的多媒体软件涵盖了 Authorware 中 11 种交互响应中的 9 种(无按钮交互和事件交互)，并结合了超文本、超媒体的应用。

实验环境：

CPU：带有浮点协处理功能的奔腾协处理器。

内存：2GB。

硬盘：2GB。

操作平台：Windows XP。

此外还有 CD-ROM 驱动器、声卡、扫描仪等辅助设备。

1. 实验目的和要求

(1) 掌握 Authorware 提供的 10 种交互响应的使用方法(除事件响应)。

(2) 了解第 11 种交互响应类型——事件响应类型。

2. 实验预备知识

1) 交互响应类型

Authorware 提供的交互响应类型如图 7.1 所示。

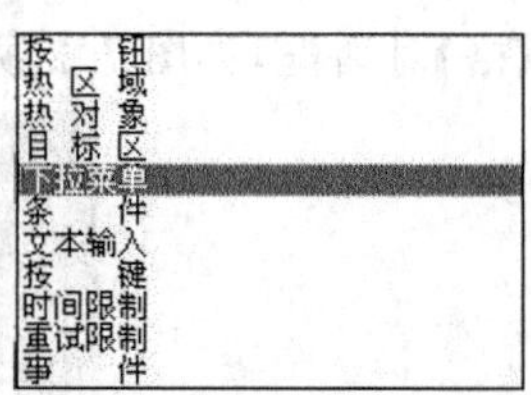

图 7.1　响应类型

(1) Button(按钮响应)

可以通过按钮响应在屏幕上建立一个按钮，它可以是 Authorware 系统自身提供的默认按钮，也可以是用户自己制作的按钮。当用户设定一个按钮响应后，演示窗口内会出现一个按钮，用户只需在按钮上单击，即可执行。

(2) Hot Spot(热区响应)

可以通过热区的响应在屏幕上设置一个矩形的“热区”。用户可以在这一指定的区域内通过鼠标的点击或经过来激活响应方式，转入对应的响应分支。

(3) Hot Object(热对象响应)

这一响应类型将显示图标中的内容作为响应的条件，当鼠标点击或经过热对象时，则转入对应的响应分支，这一点与热区响应很相似。

(4) Target Area(目标区域响应)

这是一种较为特殊的交互方式，用户可以将指定的对象移动到特定区域中，这时 Authorware 将自动打开对应的响应分支。

(5) Pull-down Menu(下拉菜单响应)

当采用此种交互方式时,系统会在屏幕的左上角设置一个标准的 Windows 下拉菜单,用户通过对菜单的选择来运行不同的交互分支。

(6) Conditional(条件判断响应)

运用此种响应类型时,用户可以自行设计一个条件,当程序的运行符合条件时,自动执行与之相对应的响应分支。

(7) Text Entry(输入文字响应)

使用此种响应方式时,在屏幕上会出现一个文本输入区,当用户输入了与要求内容相匹配的文字时,系统会执行相应的响应分支。

(8) Keypress(按键交互响应)

这种响应类型是与键盘相联系的。当用户在键盘上按下指定的键时,系统将执行该键所对应的响应分支。整个判断过程由键盘控制完成。

(9) Tries Limit(尝试次数响应)

尝试次数响应方式一般不单独使用,而是与其他的响应类型相配合使用,当某种响应类型尝试次数达到一定数目时,系统将激活尝试次数响应方式,引入与之相对应的响应分支。

(10) Time Limit(时间限制响应)

这种响应方式是限制用户进入交互状态的时间,一旦时间超出指定时间则进入对应的响应分支,与尝试次数响应类型相同,这种交互方式也要与其他交互方式相配合才能发挥作用。

(11) Event(事件响应)

这种响应类型是为高级用户与其他编程语言协同开发多媒体应用程序时使用。

2) 热字

为热字定义风格的具体步骤如下:

(1) 热字在 Authorware 中的效果如同超级链接在 Web 中的效果,可选择 Text|Define Style 命令为热字定义特殊风格以区别于其他字体。当选择了上述命令后,将会弹出【定义风格】对话框,如图 7.2 所示。

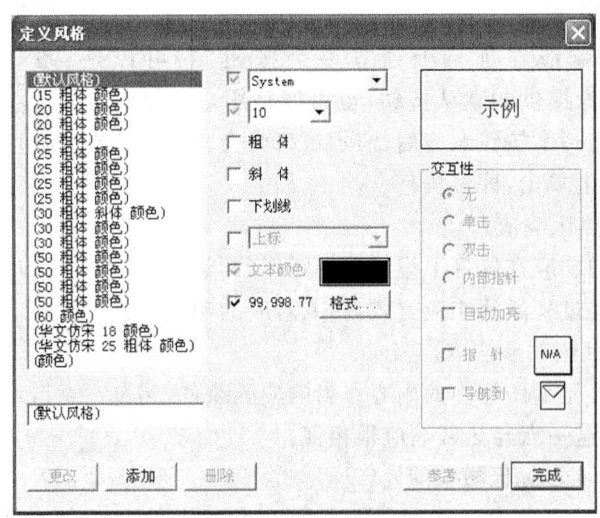

图 7.2 【定义风格】对话框

(2) 单击 Add 按钮，输入预定义风格的字体名。

(3) 对话框的中间部分为新字体的属性区。其中有字体、字号、粗体、斜体、下划线、颜色、数类型等选项。

(4) 对话框的右侧部分为交互性选项区。

(5) 设置完成后，单击【完成】按钮，系统生成新字体。

(6) 选择应用热字的文字。

(7) 选择 Text|Apply Styles 命令，会弹出【应用风格】对话框。

(8) 在【应用风格】对话框中，选择新建字体。

(9) 关闭对话框使新风格应用到所选的文字上。

(10) 运行程序，单击热字，出现选择链接对话框，从中选择目标图标。

3. 实验内容与步骤

1) 实验内容

(1) 为主流程线设置群组图标

为程序设计结构。

(2) 制作"菜单栏"群组图标

运用显示、擦除、等待、运动图标设计开始页。在下拉菜单响应中，设定计算图标。

(3) 制作"点亮你我"群组图标

单击鼠标会出现不同的运动效果，根据观看者的需要随时改变，在下拉菜单响应中，设定计算图标。

(4) 制作"旋转的火炬"群组图标

以按钮为基础，加以简单的函数计算，可以控制图中的速度。

(5) 制作"脸谱互动"群组图标

用热对象响应做出与一幅图片的交互。在对一幅图片选用热区响应时，导出应用了热字的目录。

(6) 制作"感悟"群组图标

用热区域响应做出与一幅图片的交互。在对一幅图片选用热区响应时，导出应用了热字的目录。

2) 操作步骤

(1) 菜单栏文件

① 在主流程线上添加一交互图标。在其属性的交互作用中，擦除设置为【不擦除】。在显示中，设为层3，特效设置为【小框形式】，选项可默认或根据需要选择。在版面布局中，位置设置为【不改变】，可移动性设置为【不能移动】，如图 7.3 所示。

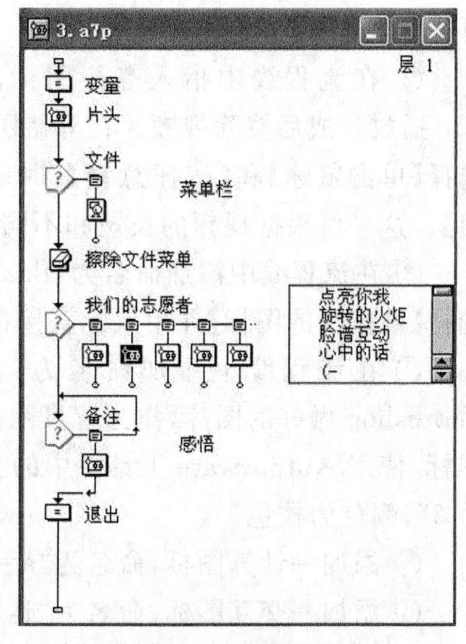

图 7.3 主流程图

② 在交互图标右侧拖入一显示图标，并将其类型改为【下拉菜单】。在属性面板的响应中将范围设置为【永久】，擦除设置为【在退出时】，分支设置为【返回】，状态设置为【不判断】，如图 7.4 所示。

③ 在主流程线上添加一擦除图标，它主要是把原

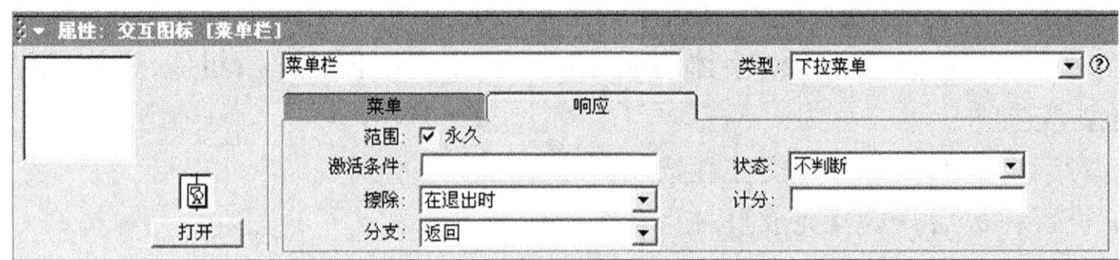

图 7.4 交互图标【菜单栏】属性设置

有的文本字样擦除。在这里把它归为擦除菜单栏文件，为正式展开主题菜单做准备。在其属性中设置特效为【以关门方式】。列中选择为【被擦除的图标】，用鼠标在窗口直接选择擦除对象。

(2) 菜单栏文件我们的志愿者

这个部分是主体表现内容的重点部分，当中记录了很多的志愿者生活和工作内容，也是作品中内容表现方式最为全面、最为丰富的部分。

(3) 交互部分的制作

在主流程线上添加，命名为“我们的志愿者”的交互视频图标，如图 7.5 所示。在其右侧添加第一个群组图标层 2，如图 7.3 所示。层 2 命名为“点亮你我”，类型设置为【下拉菜单】，范围选择【永久】，擦除设置为【在下一次输入之后】，分支设置为【返回】，状态设置为【不判断】。

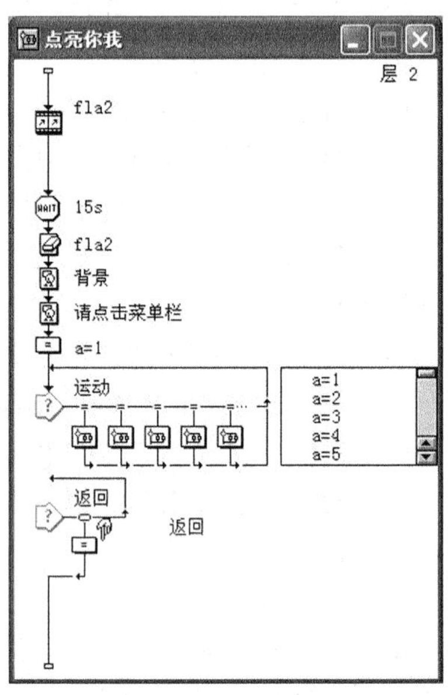

图 7.5 “点亮你我”流程图

① 双击第一个群组图标打开层 2，在流程线中拉入视频电影图标并命名为“fla2”，打开电影图标属性，在【电影】中【导入】已在实验 6 中做好的 Flash 视频文件，在计时中的执行方式里选择【同时】，在播放中选择【播放次数】为 1，在版面布局中选择位置为【不改变】，可移动性选择【不能移动】。

② 在流程线中指入等待图标，为的是等待视频 fla2 播放完成后擦除视频。在等待图标的属性中，事件选择【单击鼠标】和【按任意键】，时限设置为 15s，在选项中选择【显示倒计时】和【显示按钮】。这里可根据视频的长短和不同需要，做出不同的选择。

③ 在流程线中添加命名为“fla2”的擦除图标，在其属性中设置特效为【逐次图层】，列中选择【被擦除的图标】并用鼠标直接在窗口中选中视频文件。

④ 在流程线上添加命名为“背景”的显示图标，并插入已经在的实验 2 中使用 Photoshop 做好的图片，作为背景图。在流程线上添加另一命名为“请单击菜单栏”的显示图标，使用 Authorware 工具栏中的文本工具，在窗口中输入文本，这里使用宋体，字体大小为 25，颜色为橘色。

⑤ 添加一计算图标，命名为“a＝1”，在属性中设置其变量为 a，函数为 a：＝a＋1。

⑥ 添加一交互图标，命名为“运动”，以控制球的出现变化。

⑦ 在主流程线右侧添加一群组图标，命名为“a＝1”。双击群组图标出现层 3，在群组图

标的属性中，修改类型为【条件】。在条件中，设置条件为【a＝1】设置，自动为【为真】。在响应中设置擦除为【在下一次输入之后】，分支为【重试】，状态为【不判断】，如图 7.6 所示。

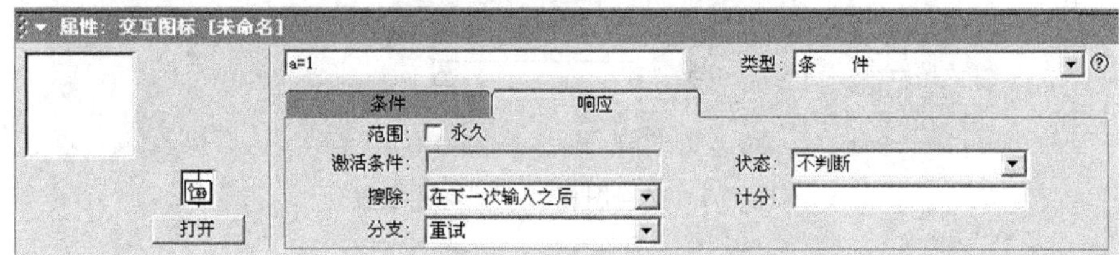

图 7.6　交互图标“a＝1”属性设置

a. 在层 3 流程线上添加一显示图标，命名为“红球”，在属性中设置特效为【以相机光圈开放】，位置和活动都设为【不能改变】，并将其移动到背景中五环的红色部分，如图 7.7 所示。

b. 在层 3 流程线上添加一显示图标，命名为“热情”，使用 Authorware 工具栏中的文本工具添加，设定颜色为黑色，字体大小为 25，在属性中设置特效为【以相机光圈开放】。

c. 在层 3 流程线上添加一等待图标，命名为“等待 2 秒”设置等待时间为 2s。

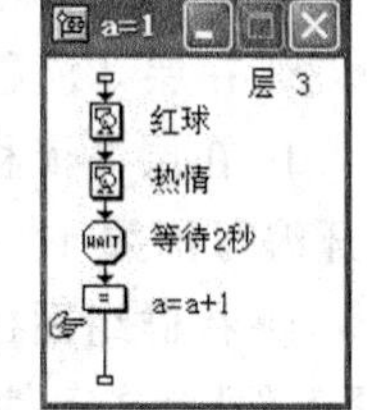

图 7.7　层 3 流程图

d. 在层 3 流程线上添加一计算图标，命名为“a＝a＋1”，在其属性中设置变量为 a、双击打开编写函数 a：＝a＋1。

⑧ 在群组图标“a＝1”右侧继续添加群组图标“a＝2”。在群组图标的属性中，修改类型为【条件】。在条件中，设置条件为【a＝2】，自动选择【为真】。在响应中设置擦除为【在下一次输入之后】，分支为【重试】，状态为【不判断】，如图 7.8 所示

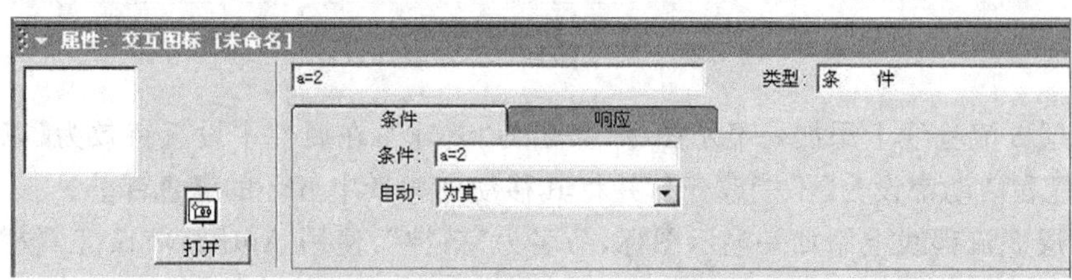

图 7.8　交互图标“a＝2”属性设置

a. 在层 3 流程线上添加一显示图标，命名为“黄球”，在属性中设置特效为【以相机光圈开放】，位置和活动都设为【不能改变】，并将其移动到背景中五环的黄色部分。

b. 在层 3 流程线上添加一显示图标，命名为“真诚”，使用 Authorware 工具栏中的文本工具添加，设定颜色为黑色，字体大小为 25，在属性中设置特效为【以相机光圈开放】。

c. 在层 3 流程线上添加一等待图标，命名为“等待 2 秒”设置等待时间为 2s。

d. 在层 3 流程线上添加一计算图标，命名为“a＝a＋1”，在其属性中设置变量为 a、双击打开编写函数 a：＝a＋1。

⑨ 在群组图标“a＝2”右侧继续添加群组图标“a＝3”。在群组图标的属性中，修改类型为【条件】。在条件中，设置条件为【a＝3】，自动选择【为真】。在响应中设置擦除为【在下一次输入之后】，分支为【重试】，状态为【不判断】，如图 7.9 所示

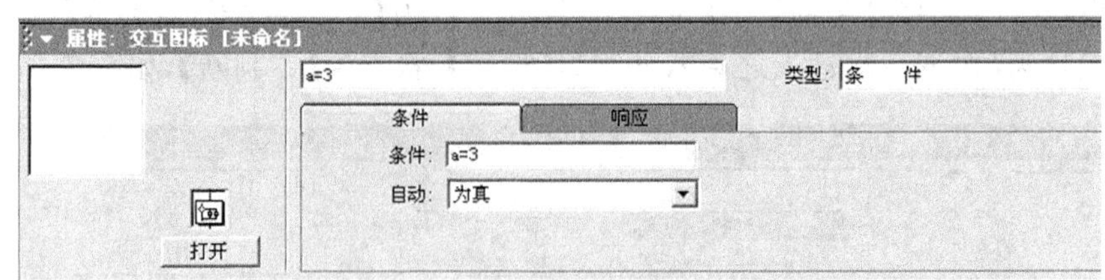

图 7.9　交互图标“a＝3”属性设置

a．在层 3 流程线上添加一显示图标，命名为“绿球”，在属性中设置特效为【以相机光圈开放】，位置和活动都设为【不能改变】，并将其移动到背景中五环的绿色部分。

b．在层 3 流程线上添加一显示图标，命名为“真诚”，使用 Authorware 工具栏中的文本工具添加，设定颜色为黑色，字体大小为 25，在属性中设置特效为【以相机光圈开放】。

c．在层 3 流程线上添加一等待图标，命名为“等待 2 秒”设置等待时间为 2s。

d．在层 3 流程线上添加一计算图标，命名为“a＝a＋1”，在其属性中设置变量为 a、双击打开编写函数 a：＝a＋1。

⑩ 在群组图标“a＝3”右侧继续添加群组图标“a＝4”。在群组图标的属性中，修改类型为【条件】。在条件中，设置条件为【a＝4】，自动选择【为真】。在响应中设置擦除为【在下一次输入之后】，分支为【重试】，状态为【不判断】，如图 7.10 所示。

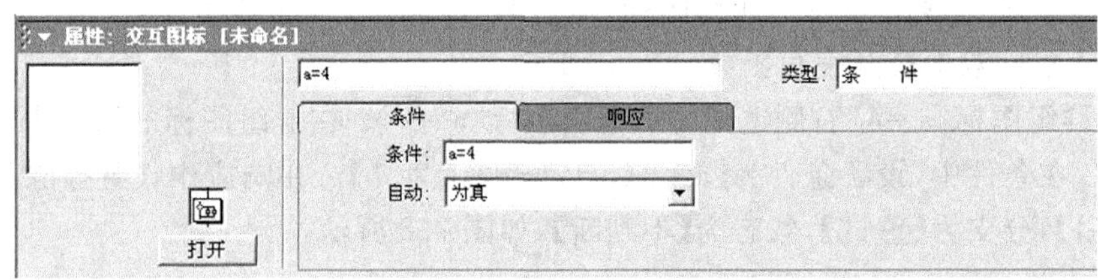

图 7.10　交互图标“a＝4”属性设置

a．在层 3 流程线上添加一显示图标，命名为“蓝球”，在属性中设置特效为【以相机光圈开放】，位置和活动都设为【不能改变】，并将其移动到背景中五环的蓝色部分。

b．在层 3 流程线上添加一显示图标，命名为“精神”，使用 Authorware 工具栏中的文本工具添加，设定颜色为黑色，字体大小为 25，在属性中设置特效为【以相机光圈开放】。

c．在层 3 流程线上添加一等待图标，命名为“等待 2 秒”设置等待时间为 2s。

d．在层 3 流程线上添加一计算图标，命名为“a＝a＋1”，在其属性中设置变量为 a、双击打开编写函数 a：＝a＋1。

⑪ 在群组图标“a＝4”右侧继续添加群组图标“a＝5”。在群组图标的属性中，修改类型为【条件】。在条件中，设置条件为【a＝5】，自动选择【为真】。在响应中设置擦除为【在下一次输入之后】，分支为【重试】，状态为【不判断】，如图 7.11 所示。

a．在层 3 流程线上添加一显示图标，命名为“紫球”，在属性中设置特效为【以相机光圈开放】，位置和活动都设为【不能改变】，并将其移动到背景中五环的黑色部分。

b．在层 3 流程线上添加一显示图标，命名为“友谊”，使用 Authorware 工具栏中的文本工具添加，设定颜色为黑色，字体大小为 25，在属性中设置特效为【以相机光圈开放】。

c．在层 3 流程线上添加一等待图标，命名为“等待 2 秒”设置等待时间为 2s。

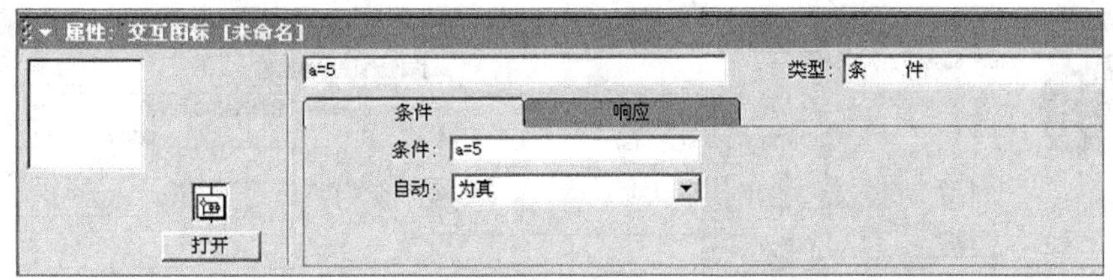

图 7.11　交互图标“a＝5”属性设置

d. 在层 3 流程线上添加一计算图标，命名为“a＝a＋1”，在其属性中设置变量为 a、双击打开编写函数 a：＝a＋1。

⑫ 在层 2 的主流程线上添加一交互图标，命名为“返回”。在其属性的交互作用中设置擦除为【在推出之前】，显示可根据需要选择，在版面布局中设置位置为【不改变】、可移动性为【不能移动】。

⑬ 在名为“返回”的交互图标的右侧添加一计算图标，也命名为“返回”，设置其属性类型为【按钮】，大小为 X＝69、Y＝25，位置为 X＝562、Y＝397。在响应中将擦除设置为【在下一次输入之后】，分支为【退出交互】，状态为【不判断】。

(4) 旋转的火炬群组

在命名为“点亮你我”的群组图标的右侧再添加一群组图标，命名为“旋转的火炬”，如图 7.3 所示。类型设置为【下拉菜单】，范围选择【永久】，擦除设置为【在下一次输入之后】，分支设置为【返回】，状态设置为【不判断】。

① 双击第二个群组图标打开层 2，选择【插入】|【媒体】|Flash Movie 命令，导入在实验 6 中做好的 Flash 视频文件。

② 在层 2 的主流程线上添加等待图标，可根据 Flash 播放时长调整等待时间，设置其属性事件选择【单击鼠标】和【按任意键】，时限设置为 25s，选项选择【显示按钮】。

③ 在层 2 的主流程线上添加擦除图标，可在 Flash 播放完成之后将其擦除，在属性中，列选择【被擦除的图标】，并在窗口中单击 Flash 影片。

④ 在层 2 的主流程线上添加一名为“背景”的显示图标，导入在实验 2 中已做好的 Photoshop 图片，在其属性中设置特效为 DMXT UnRoll Up 并选中【防止自动擦除】，位置和活动都设为【不能改变】。

⑤ 在层 2 的主流程线上添加一名为“生活”的显示图标，使用 Authorware 工具栏中的文本工具直接输入文本，字体设为默认字体，大小为 25。

⑥ 在层 2 的主流程线上添加一名为“红球”的显示图标，使用 Authorware 工具栏中的椭圆工具，按 Shift 键画出红色圆球，在其上层使用文本工具直接输入文字，在其属性中设置特效为【逐次图层方式】，位置和活动都为【不能改变】。

⑦ 在层 2 的主流程线上添加一移动图标，命名为“旋转”。在其属性中设置【拖动对象到扩展路径】为【红球】，类型为【沿路径移动到终点】，定时为【速率(sec/in)】和 speed，执行方式为【永久】设置，【移动当】为 move，在这里要根据需要设定红球转动的路线，如图 7.12 所示。

⑧ 在层 2 的主流程线上添加一交互图标，在其属性中设置交互作用为【在退出之前】，显示和版面布局都可根据需要进行选择，在 CMI 中类型设为【多项选择】。

a. 在交互图标右侧添加计算图标，命名为“开始”。设置其变量为 move 和 speed，并为

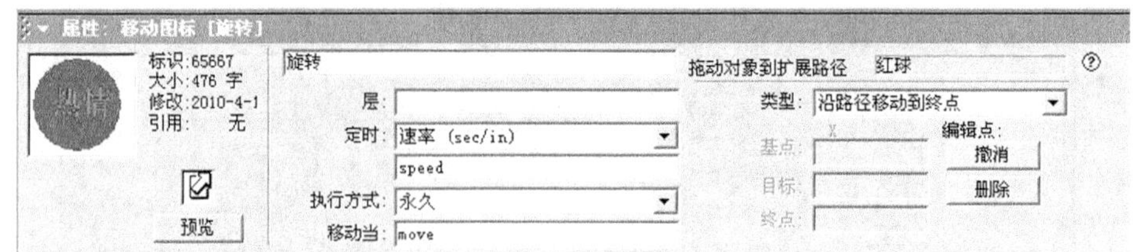

图 7.12　移动图标属性

其添加函数为“speed：=5　move：=1”，如图 7.13 所示。

b. 为交互图标“开始”设置其属性类型为【按钮】。在按钮中，设置大小为 X=72、Y=25，位置为 X=39、Y=383，鼠标为 N/A。在响应中，设置擦除为【在下一次输入之后】，分支为【重试】，状态为【不判断】。

c. 在计算图标“开始”右侧继续添加计算图标，命名为“加速”。设置其变量为 speed，并为其添加函数为“speed：=speed−speed/3”，如图 7.14 所示。

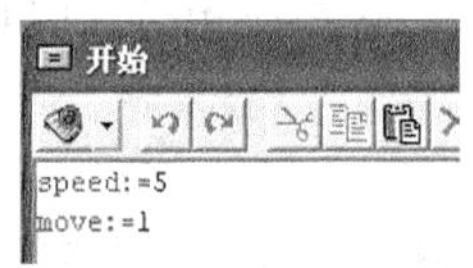

图 7.13　为计算图标“开始”添加函数

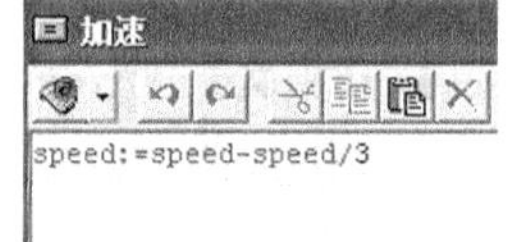

图 7.14　为计算图标“加速”添加函数

d. 为交互图标“加速”设置其属性类型为【按钮】。在按钮中，设置大小为 X=72、Y=25，位置为 X=157、Y=383，鼠标为 N/A。在响应中，设置擦除为【在下一次输入之后】，分支为【重试】，状态为【不判断】。

e. 在“加速”计算图标右侧继续添加计算图标，命名为“减速”。设置其变量为 speed，并为其添加函数为“speed：=speed+speed/3”，如图 7.15 所示。

f. 为交互图标“减速”设置其属性类型为【按钮】。在按钮中，设置大小为 X=72、Y=25，位置为 X=291、Y=383，鼠标为 N/A。在响应中，设置擦除为【在下一次输入之后】，分支为【重试】，状态为【不判断】。

g. 在“减速”计算图标右侧继续添加计算图标，命名为“停止”。设置其变量为 move，并为其添加函数为 move=0，如图 7.16 所示。

图 7.15　为计算图标“减速”添加函数

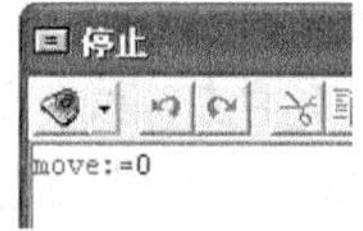

图 7.16　为计算图标“停止”添加函数

h. 为交互图标“停止”设置其属性类型为【按钮】。在按钮中，设置大小为 X=72、Y=25，位置为 X=419、Y=383，鼠标为 N/A。在响应中，设置擦除为【在下一次输入之后】，分支为【重试】，状态为【不判断】。

i. 在“停止”计算图标右侧添加显示图标，命名为“提示”。使用 Authorware 工具栏中的文本工具，直接输入文本，字体为默认字体，大小为 10。设置特效为 waves，位置和活动都为【不能改变】。

j. 为交互图标“提示”设置其属性类型为【文本输入】。在文本输入的忽略中选中【大小写】、【附加单词】、【附加符号】、【单词顺序】。

(5) “脸谱互动”群组

在命名为“旋转的火炬”的群组图标的右侧再添加一群组图标，命名为“脸谱互动”。类型设置为【下拉菜单】，范围选择【永久】，擦除设置为【在下一次输入之后】，分支设置为【返回】，状态设置为【不判断】，如图 7.17 所示。

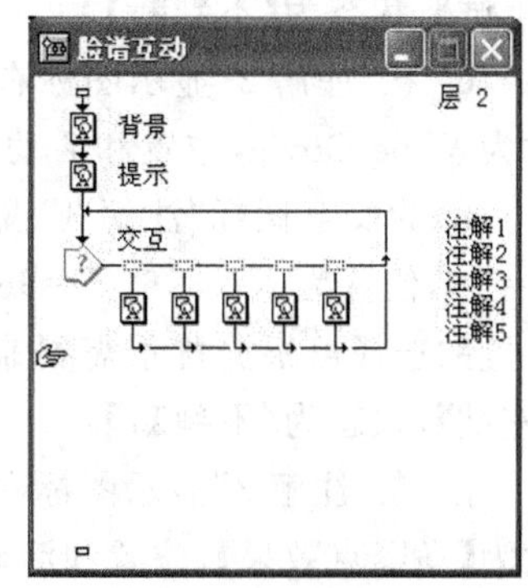

图 7.17 脸谱互动

① 双击打开第三个群组图标，在层 2 的主流程线上添加命名为“背景”的显示图标，在“打开”对话框中选择在实验 2 中已经做好的 Photoshop 图片，在其属性中设置特效为 DMXP Wipe Left Right，位置和活动都为【不能改变】。

② 在层 2 的主流程线上添加命名为“提示”的显示图标，使用 Authorware 工具栏中的文本工具，直接输入文本，字体为默认字体，大小为 10，在其属性中设置特效为“Strips on Top, Build”，位置和活动都为【不能改变】。

③ 在层 2 的主流程线上添加命名为“交互”的交互图标，设置其属性，在交互作用中，设置擦除为【在退出之前】；在版面布局中设置位置为【不改变】、可移动性为【不能移动】；在 CMI 中设置类型为【多项选择】。

a. 在交互图标右侧添加显示图标，命名为“注解 1”。在其属性中设置特效为【垂直百叶窗式】，位置和活动都为【不能改变】。

b. 为交互图标“注解 1”设置其属性类型为【热区域】，在热区域中设置大小为 X=90、Y=97，位置为 X=166、Y=96，匹配为【单击】，鼠标为【设置鼠标指针(6)】。这里热区域大小和位置的选择可根据背景需要来调整。在响应中，设置擦除为【在下一次输入之后】，分支为【重试】，状态为【不判断】，如图 7.18 和图 7.19 所示。

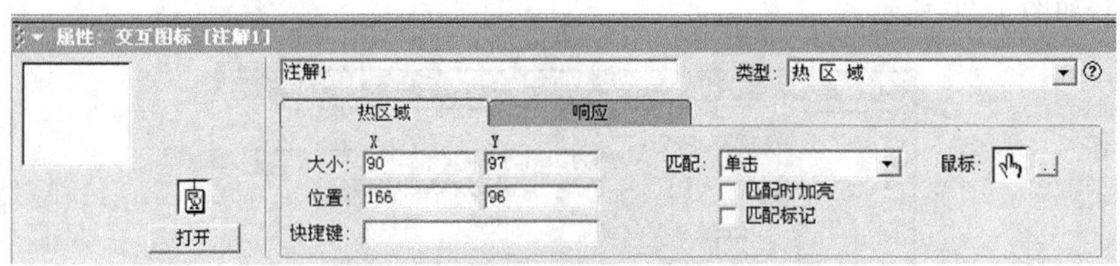

图 7.18 交互图标“注解 1”属性设置 1

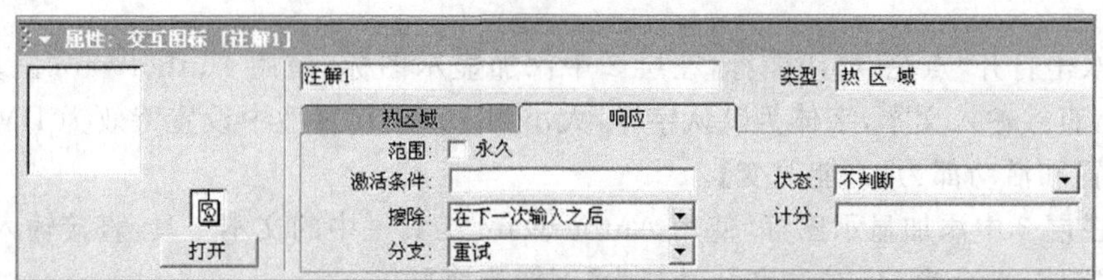

图 7.19 交互图标“注解 1”属性设置 2

c. 在“注解 1”显示图标右侧继续添加显示图标，命名为“注解 2”。在其属性中设置特效为 Page Turn，位置和活动都为【不能改变】。

d. 为交互图标“注解 2”设置其属性类型为【热区域】，在热区域中设置大小为 X=90、Y=97，位置为 X=279、Y=96，匹配为【单击】，鼠标为【设置鼠标指针】。这里热区域大小和位置的选择可根据背景需要来调整。在响应中，设置擦除为【在下一次输入之后】，分支为【重试】，状态为【不判断】。

e. 在“注解 2”显示图标右侧继续添加显示图标，命名为“注解 3”。在其属性中设置特效为 Wipe Down，位置和活动都为【不能改变】。

f. 为交互图标“注解 3”设置其属性类型为【热区域】，在热区域中设置大小为 X=90、Y=97，位置为 X=396、Y=96，匹配为【单击】，鼠标为【设置鼠标指针】。这里热区域大小和位置的选择可根据背景需要来调整。在响应中，设置擦除为【在下一次输入之后】，分支为【重试】，状态为【不判断】。

g. 在“注解 3”显示图标右侧继续添加显示图标，命名为“注解 4”。在其属性中设置特效为【马赛克效果】，位置和活动都为【不能改变】。

h. 为交互图标“注解 4”设置其属性类型为【热区域】，在热区域中设置为大小为 X=90、Y=97，位置为 X=219、Y=192，匹配为【单击】，鼠标为【设置鼠标指针】。这里热区域大小和位置的选择可根据背景需要来调整。在响应中，设置擦除为【在下一次输入之后】，分支为【重试】，状态为【不判断】。

i. 在“注解 4”显示图标右侧继续添加显示图标，命名为“注解 5”。在其属性中设置特效为【从上往下】，位置和活动都为【不能改变】。

j. 为交互图标“注解 5”设置其属性类型为【热区域】，在热区域中设置大小为 X=90、Y=97，位置为 X=332、Y=192，匹配为【单击】，鼠标为【设置鼠标指针】。这里热区域大小和位置的选择可根据背景需要来调整。在响应中，设置擦除为【在下一次输入之后】，分支为【重试】，状态为【不判断】。

在判断图标右侧添加群组图标，命名为“点亮”。在其属性中设置擦除内容为【在下个选择之前】，如图 7.20 所示。

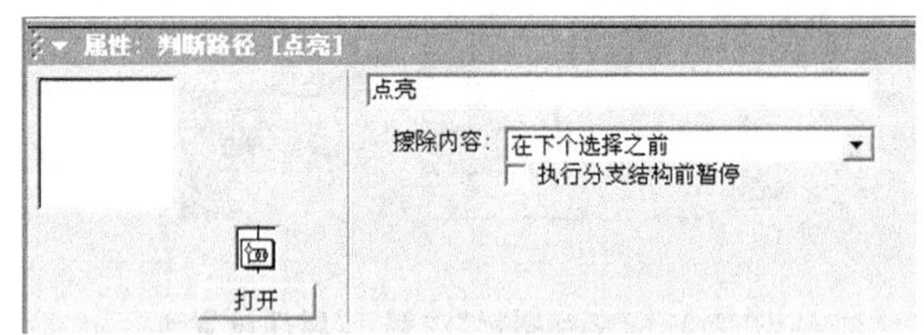

图 7.20　判断路径属性

Ⅰ. 双击打开“点亮”群组图标，在层 3 中添加显示图标，使用 Authorware 工具栏中的文本工具，直接输入文本，字体为默认字体，大小为 10，在其属性中设置特效为 DMXT Roll Down，位置和活动都为【不能改变】。

Ⅱ. 在层 3 中添加显示图标，使用 Authorware 工具栏中的文本工具，直接输入文本，字体为默认字体，大小为 10，位置和活动都为【不能改变】。

Ⅲ. 在层 3 中添加交互图标，在其属性中设置擦除为【在退出之前】。

Ⅳ. 在层3中交互图标的右侧添加群组图标，并设置交互类型为热区域，在热区域中设置大小为X=62、Y=27，位置为X=411、Y=52，匹配为【单击】，鼠标为【设置鼠标指针】。这里热区域大小和位置的选择可根据背景需要来调整。在响应中，设置擦除为【在下一次输入之后】，分支为【重试】，状态为【不判断】，如图7.21所示。

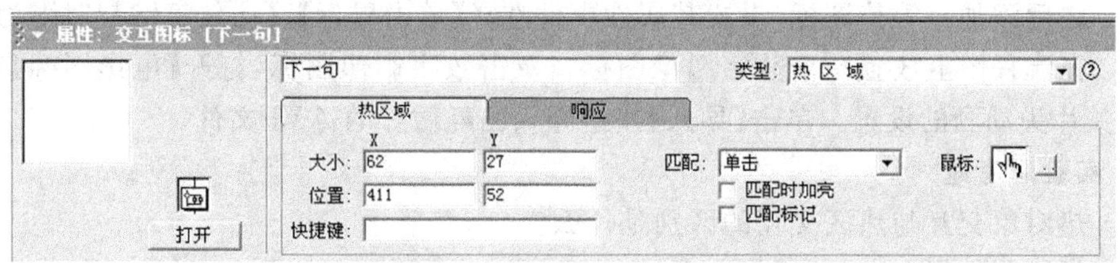

图7.21　交互图标“下一句”属性设置

Ⅴ. 在层4中添加一个计算图标，设置其变量为c，编写函数为c:=c+1。

(6) 菜单栏文件备注

在主流程线上添加，命名“备注”的交互视频图标，在其右侧添加第一个群组图标层2，层2命名为“感悟”。类型设置为【下拉菜单】，擦除设置为【在下一次输入之后】，分支设置为【退出交互】，状态设置为【不判断】，如图7.22所示。

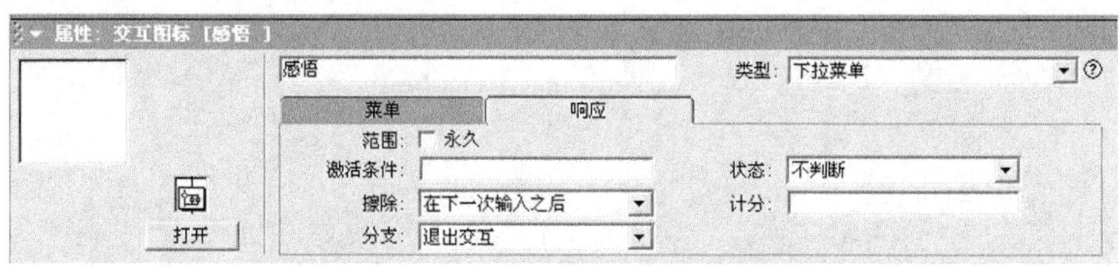

图7.22　交互图标“感悟”属性设置

① 双击打开“感悟”群组图标，在层2主流程线上添加显示图标，命名为“背景”，打开在Photoshop做好的图片作为背景，在其属性中设置特效为DMXT Roll Down，位置和活动都为【不能改变】。

② 添加一命名为“提示”的显示图标，使用Authorware工具栏中的文本工具，直接输入文本，字体为默认字体，大小为10，位置和活动都为【不能改变】。在其属性中设置特效为DMWipe Left，位置和活动都为【不能改变】。

③ 添加一个名为“语句”的交互图标，在其属性中设置擦除为【在退出之前】，在CMI中设置为【多项选择】。

a. 在“语句”交互图标的右侧添加一群组图标，命名为“语句1”。设置其交互图标的交互类型为【下拉菜单】，在响应中设置擦除为【在下一次输入之后】，分支为【重试】，状态为【不判断】。

双击打开“语句1”群组图标，在层3流程线上添加显示图标，使用Authorware工具栏中的文本工具，直接输入文本，字体为默认字体，大小为10，位置和活动都为【不能改变】。在其属性设置特效为【以线形式由内往外】，位置和活动都为【不能改变】。

b. 在“语句1”群组图标的右侧继续添加一群组图标，命名为“语句2”。设置其交互图标的交互类型为【下拉菜单】，在响应中设置擦除为【在下一次输入之后】，分支为【重试】，状态为【不判断】。

Ⅰ. 双击打开“语句 2”群组图标，在层 3 流程线上添加显示图标，使用 Authorware 工具栏中的文本工具，直接输入文本，字体为默认字体，大小为 10，位置和活动都为【不能改变】。在其属性中设置特效为【以线形式由内往外】，位置和活动都为【不能改变】。

Ⅱ. 之后添加一等待图标，设置其属性事件选择【单击鼠标】、【按任意键】，时限为 5s。

Ⅲ. 在流程图上放置一个数字影像图标。双击数字影像图标，打开【电影图标】对话框进行有关片头动画的设置。单击【导入】按钮导入已经做好的 AVI 文件。

4. 实验思考题

(1) 热对象交互与热区交互的区别是什么？

(2) 如何制作超文本？

(3) 框架图标与交互图标作用的区别是什么？

第3部分

模拟试题

多媒体技术基础及应用模拟试题 1

一、单项选择题(每小题 1 分,共 10 分)

1. 请根据多媒体的特性判断以下属于多媒体范畴的是(　　)。

   A. 交互式视频游戏、彩色电视

   B. 交互式视频游戏、有声图书

   C. 彩色电视、彩色画报

   D. 有声图书、彩色画报

2. 用 44.1kHz 的采样频率对声波进行采样,每个采样点的量化位数选用 8 位,录制 10 秒的单声道节目,其波形文件所需的存储容量是(　　)。

   A. 182KB　　B. 441KB

   C. 430.664KB　　D. 630.28Kb

3. 在数字音频信息获取与处理过程中,下列顺序正确的是(　　)。

   A. A/D 变换,采样,压缩,存储,解压缩,D/A 变换

   B. 采样,压缩,A/D 变换,存储,解压缩,D/A 变换

   C. 采样,A/D 变换,压缩,存储,解压缩,D/A 变换

   D. 采样,D/A 变换,存储,压缩,解压缩,A/D 变换

4. 在视频信号实时处理技术中,如果电视扫描正程时间为 52.2μs,图像的分辨率为 512×512,实时就意味着处理每个像素的时间近似为(　　)。

   A. 0.1μs　　B. 0.2μs　　C. 0.3μs　　D. 0.4μs

5. 彩色可用(　　)来描述。

   A. 亮度、饱和度、颜色　　B. 亮度、对比度、颜色

   C. 亮度、色调、颜色　　D. 亮度、饱和度、色调

6. 下列说法不正确的是(　　)。

   A. 预测编码是一种只能针对空间冗余进行压缩的方法

   B. 预测编码是根据某一模型进行的

   C. 预测编码需将预测的误差进行存储或传输

   D. 预测编码中典型的压缩方法有 DPCM、ADPCM

7. 下列说法正确的是(　　)。

   A. 信息量等于数据量与冗余量之和

   B. 信息量等于信息熵与数据量之差

   C. 信息量等于数据量与冗余量之差

   D. 信息量等于信息熵与冗余量之和

8. AVE 主要是由(　　)等部分组成。

   A. 视频子系统、音频子系统、视频音频总线

   B. 彩色键连子系统、获取子系统

C. CD-ROM 子系统

D. 主机接口子系统

9. 超文本和超媒体的基本体系结构由(　　)组成。

A. 用户接口层、链路层、数据库层

B. 用户接口层、结点层、超文本抽象机层

C. 网络层、数据库层、超文本抽象机层

D. 用户接口层、超文本抽象机层、数据库层

10. 多点视频会议系统中关键技术是(　　)。

A. 视频会议系统的标准

B. 多点控制单元 MCU

C. 视频会议终端

D. 视频会议系统的安全保密

二、多项选择题(每小题 3 分,共 15 分)

1. 多媒体计算机技术的发展趋势是(　　)。

A. 进一步完善计算机支持的协同工作环境 CSCW

B. 智能多媒体技术

C. 利用多媒体是计算机技术发展的必然趋势

D. 把多媒体信息实时处理和压缩编码算法做到 CPU 芯片中

E. 多媒体创作工具极其丰富

2. 音频编码分类类型主要有(　　)。

A. 基于音频的声学参数进行编码

B. 基于音频数据的预测特性进行编码

C. 基于人的听觉特性进行编码

D. 基于音频数据的统计特性进行编码

E. 基于音频频域特性进行编码

3. 采用 YUV 彩色空间的好处有(　　)。

A. 亮度信号解决了彩色电视机与黑白电视机兼容的问题

B. 光的强度解决了彩色电视机与黑白电视机兼容的问题

C. 利用颜色的饱和度解决了颜色的深浅程度

D. 对色度信号可采用大面积着色原理

E. 利用色调反映了颜色的基本特征

4. 超文本结点可分为(　　)。

A. 接口型　　B. 离散型　　C. 表现型　　D. 动态型

E. 组织型

5. 在视频会议系统中安全密码系统包括的功能是(　　)。

A. 秘密性、可验证性　　B. 完整性、不可否认性

C. 合法性、对称性　　D. 兼容性、非对称性

E. 合法性、兼容性

三、填空题(每空 2 分,共 20 分)

1. 多媒体计算机可分为________和________两大类。

2. 多媒体技术的主要特性有________、________和多样性。

3. 多媒体数据压缩方法根据质量有无损失可分为________和________。

4. 超文本系统的结构模型主要包括________和________两种。

5. 视频会议系统可分为________和________两大类。

四、简答题(每小题 6 分,共 30 分)

1. 把一台普通计算机变成多媒体计算机需要解决哪些关键技术?

2. 音频信号处理的特点是什么?

3. 简述三基色原理。

4. MPEG 图像的三种类型为 I 帧、P 帧、B 帧,若显示的顺序为:

1	2	3	4	5	6	7
I	B	B	P	B	B	P

那么,传输的顺序应如何?依据是什么?

5. 理想的多媒体系统应如何设计和实现?

五、综合题(共 25 分)

1. 已知信源:

$$X = \begin{cases} X_1 & X_2 & X_3 & X_4 & X_5 & X_6 & X_7 \\ 0.35 & 0.20 & 0.15 & 0.10 & 0.10 & 0.06 & 0.04 \end{cases}$$

对其进行 Huffman 编码,并计算其平均码长。(15 分)

2. 信源 X 中有 21 个随机事件,即 $n=21$。每一个随机事件的概率分别为:$X_1 \sim X_8 = \frac{1}{64}$;$X_9 \sim X_{16} = \frac{1}{32}$;$X_{17} \sim X_{21} = \frac{1}{8}$,请写出信息熵的计算公式并计算信源 X 的熵。(10 分)

多媒体技术基础及应用模拟试题 1
参考答案及评分标准

一、单项选择题(每小题 1 分,共 10 分)

1. B	2. C	3. C	4. A	5. C
6. A	7. C	8. A	9. D	10. B

二、多项选择题(每小题 3 分,共 15 分)

1. A、B、D	2. A、C、D	3. A、D	4. C、E	5. A、B

(每小题只有将所有的答案都选上才能得分,选不全的得 0 分。)

三、填空题(每空 2 分,共 20 分)

1. 计算机电视　电视计算机
2. 集成性　交互性
3. 有损失编码　无损失编码
4. HAM 模型　Dexter 模型
5. 点对点　多点

四、简答题(每小题 6 分,共 30 分)

1. 答:多媒体计算机需要解决的关键技术如下:(错 1 点扣 2 分)

(1) 视频音频信号的获取技术;

(2) 多媒体数据压缩编码和解码技术;

(3) 视频音频数据的实时处理和特技;

(4) 视频音频数据的输出技术。

2. 答:音频信号处理的特点如下:

(1) 音频信号是时间依赖的连续媒体;(2 分)

(2) 理想的合成声音是立体声;(2 分)

(3) 对语音信号的处理,不仅是信号处理问题,还要抽取语意等其他信息。(2 分)

3. 解:(1) 自然界常见的各种颜色光,都可由红(R)、绿(G)、蓝(B)三种颜色光按不同比例相配而成,(2 分)

(2) 同样绝大多数颜色也可以分解成红(R)、绿(G)、蓝(B)三种色光,这就是色度学中最基本原理——三基色原理。(2 分)

(3) 三基色的选择不是唯一的,也可选其他三种颜色,但三种颜色必须是相互独立的,即任何一种颜色都不能由其他两种颜色合成。(2 分)

4. (1) 传输的顺序应如下:

1　4　2　3　7　5　6

I　P　B　B　P　B　B　(3 分)

(2) 理由:MPEG 图像有三种类型:I 帧、P 帧、B 帧;I 帧为帧内图,P 帧为前项预测图可根据 I 帧进行预测;B 帧为双项预测图可根据 I 帧或 P 帧进行预测。(3 分)

5. 解：理想的多媒体系统应按如下原则设计和实现：（错 1 点扣 2 分）

(1) 采用国际标准的设计原则；

(2) 多媒体和通信功能的单独解决变成集中解决；

(3) 体系结构设计和算法相结合；

(4) 把多媒体和通信技术做到 CPU 芯片中。

五、综合题（25 分）

1. 解：

Huffman 编码：（10 分）

		或		
X_1	11		X_1	00
X_2	01		X_2	10
X_3	001		X_3	110
X_4	011		X_4	100
X_5	101		X_5	010
X_6	0000		X_6	1111
X_7	0001		X_7	1110

$$\text{平均码长} = \sum_{j=1}^{7} p_j l_j = 2.55(\text{bit}) \quad (5\text{ 分})$$

2. 解：

$$H(X) = -\sum_{j=1}^{n} p(x_j)\log_2 p(x_i) = 3.875(\text{bit}) \quad (10\text{ 分})$$

（公式写对给 5 分，结果对给 5 分）

多媒体技术基础及应用模拟试题 2

一、单项选择题(每小题 1 分,共 10 分)

1. 多媒体技术的主要特性有(　　)。

   A. 多样性、集成性、智能性　　B. 智能性、交互性、可扩充性

   C. 集成性、交互性、可扩展性　　D. 交互性、多样性、集成性

2. 音频数字化过程中采样和量化所用到的主要硬件是(　　)。

   A. 数字编码器

   B. 数字解码器

   C. 模拟到数字的转换器(A/D 转换器)

   D. 数字到模拟的转换器(D/A 转换器)

3. 人们在实施音频数据压缩时,通常应综合考虑(　　)几个方面。

   A. 音频质量、数据量、音频特性

   B. 音频质量、计算复杂度、数据量

   C. 计算复杂度、数据量、音频特性

   D. 音频质量、计算复杂度、数据量、音频特性

4. 以 PAL 制 25 帧/秒为例,已知一帧彩色静态图像(RGB)的分辨率为 256×256,每种颜色用 16bit 表示,则该视频每秒钟的数据量为(　　)。

   A. 256×256×3×8×25b/s　　B. 512×512×3×8×25b/s

   C. 256×256×3×16×25b/s　　D. 512×512×3×16×25b/s

5. 下列数字视频中(　　)质量最好。

   A. 320×240 分辨率、30 位真彩色、30 帧/秒的帧率

   B. 320×240 分辨率、30 位真彩色、25 帧/秒的帧率

   C. 240×180 分辨率、24 位真彩色、15 帧/秒的帧率

   D. 640×480 分辨率、16 位真彩色、15 帧/秒的帧率

6. 下列说法不正确的是(　　)。

   A. 熵压缩法会减少信息量

   B. 熵压缩法是有损压缩法

   C. 熵压缩法可以无失真地恢复原始数据

   D. 熵压缩法的压缩比一般都较大

7. 在 MPEG 中为了提高数据压缩比,采用的方法有(　　)。

   A. 运动补偿与运动估计

   B. 减少时域冗余与空间冗余

   C. 帧内图像数据与帧间图像数据压缩

   D. 向前预测与向后预测

8. 下列不是 MPC 对图形、图像处理能力的基本要求的是(　　)。

A. 可产生丰富、形象逼真的图形

B. 可以逼真、生动地显示彩色静止图像

C. 实现三维动画

D. 实现一定程度的二维动画

9. 在超文本和超媒体中不同信息块之间的连接是通过(　　)连接的。

A. 结点　　B. 字节　　C. 链　　D. 媒体信息

10. 基于内容检索要解决的关键技术是(　　)。

A. 动态设计　　B. 多媒体特征提取和匹配

C. 多媒体数据管理技术　　D. 多媒体数据查询技术

二、多项选择题(每小题 3 分,共 15 分)

1. 多媒体技术未来发展的方向是(　　)。

A. 高分辨率,提高显示质量　　B. 高速度化,缩短处理时间

C. 简单化,便于操作　　D. 智能化,提高信息识别能力

E. 不再支持计算机协同工作

2. 请根据多媒体的特性判断以下属于多媒体范畴的是(　　)。

A. 交互式视频游戏　　B. 有声图书

C. 彩色画报　　D. 立体声音乐

E. 电视节目

3. 从人与计算机交互的角度来看,音频信号相应的处理是(　　)。

A. 人与计算机通信　　B. 计算机-人-计算机通信

C. 人-计算机声卡通信　　D. 计算机与人通信

E. 人-计算机-人通信

4. 下列叙述正确的是(　　)。

A. 结点在超文本中是信息的基本单元

B. 结点的内容可以是文本、图形、图像、动画、视频和音频

C. 结点是信息块之间连接的桥梁

D. 结点在超文本中必须经过严格的定义

E. 一个结点可以是一个信息块

5. 下列说法中正确的是(　　)。

A. 视频会议系统是一种分布式多媒体信息管理系统

B. 视频会议系统是一种集中式多媒体信息管理系统

C. 视频会议系统的需求是多样化的

D. 视频会议系统是一个复杂的计算机网络系统

E. 视频会议系统的中的关键技术是多点控制单元 MCU

三、填空题(每空 2 分,共 20 分)

1. 多媒体技术就是________综合处理________信息,使多种信息建立逻辑连接,集成为一个系统并具有交互性。

2. 在多媒体系统中,音频信号可分为________和________号两类。

3. PAL 制采用的彩色空间是________；NTSC 制采用的彩色空间是________。

4. 超文本和超媒体的主要特征是________、________和网络结构。

5. 基于内容检索的体系结构可分为________和________两个子系统。

四、简答题(每小题 6 分,共 30 分)

1. 音频卡的主要功能是什么?

2. 衡量数据压缩技术性能的重要指标是什么?

3. 预测编码的基本思想是什么?

4. 理想的多媒体系统应如何设计和实现?

5. 简答视频会议系统的组成及功能。

五、综合题(共 25 分)

1. 已知信源:

$$X = \begin{cases} X_1 & X_2 & X_3 & X_4 & X_5 & X_6 & X_7 \\ 0.60 & 0.15 & 0.10 & 0.08 & 0.03 & 0.03 & 0.01 \end{cases}$$

对其进行 Huffman 编码,并计算其平均码长。(15 分)

2. 信源 X 中有 14 个随机事件,即 $n=14$。每一个随机事件的概率分别为:$P(x_1) \sim P(x_{12})=\frac{1}{16}$;$P(x_{13}) \sim P(x_{14})=\frac{1}{8}$,请写出信息熵的计算公式并计算信源 X 的熵。(10 分)

多媒体技术基础及应用模拟试题 2 参考答案及评分标准

一、单项选择题(每小题 1 分,共 10 分)

1. D	2. C	3. B	4. C	5. A
6. C	7. C	8. B	9. C	10. B

二、多项选择题(每小题 3 分,共 15 分)

1. A、B、C、D	2. A、B	3. A、D、E	4. A、B、E	5. A、C、E

(每小题只有将所有的答案都选上才能得分,选不全的得 0 分。)

三、填空题(每空 2 分,共 20 分)

1. 计算机　声文图
2. 语音信号　非语音信
3. YUV　YIQ
4. 交互性　多媒体化
5. 特征抽取系统　查询子系统

四、简答题(每小题 6 分,共 30 分)

1.(每答错一点扣 2 分)

(1) 录制与播放;

(2) 编辑与合成;

(3) MIDI 和音乐合成;

(4) 文语转换与语音识别。

2. 答:(1) 压缩前后所需的信息存储量之比要大;(2 分)

(2) 实现压缩的算法要简单要标准化,压缩、解压缩的速度要快;(2 分)

(3) 恢复效果要好。(2 分)

3. 答:(1) 首先建立数学模型,利用以往的样本值对新的样本值进行预测;(2 分)

(2) 将样本的实际值与其预测值相减得到一个误差值;(2 分)

(3) 对误差值进行编码。(2 分)

4. 解:理想的多媒体系统应按如下原则设计和实现:(每答错一点扣 2 分)

(1) 采用国际标准的设计原则;

(2) 多媒体和通信功能的单独解决变成集中解决;

(3) 体系结构设计和算法相结合;

(4) 把多媒体和通信技术作到 CPU 芯片中。

5. 视频会议系统由以下几部分组成:(每答错一点扣 2 分)

(1) 终端设备:完成各自的数据处理任务,并行完成多媒体通信协议的处理、音视频信号的接收、存储与播放,记录和检索大量与会议相关的数据与文件。

(2) 通信链路:传输数据。

(3) 多点控制单元 MCU：是系统的核心设备，处理多个地点同时进行通信的情况。将各终端送来的信号进行分离，抽取出音频、视频、数据和信令信号，分别送到相应的处理单元，进行音频混合或切换、数据广播和确定路由选择、定时和处理会议控制。

(4) 管理软件：协议处理、会议服务、音频与视频信号处理、协同工作管理、图形用户接口。

五、综合题(25 分)

1. 解：

Huffman 编码：(10 分)

X_1	1	或	X_1	0
X_2	00		X_2	11
X_3	010		X_3	101
X_4	0111		X_4	1000
X_5	01100		X_5	10011
X_6	011011		X_6	100100
X_7	011010		X_7	100101

$$\text{平均码长} = \sum_{j=1}^{7} p_j l_j = 1.91(\text{bit}) \quad (5\ \text{分})$$

2. 解：

$$H(X) = -\sum_{j=1}^{n} p(x_j)\log_2 p(x_i) = 3.75(\text{bit}) \quad (10\ \text{分})$$

(公式写对给 5 分，结果对给 5 分)

附录 A　习题参考答案

第 1 章习题参考答案

1. B　2. A　3. D　4. D　5. D　6. D

7. 答：多媒体计算机的关键技术如下。

① 视频音频信号获取技术；

② 多媒体数据压缩编码和解码技术；

③ 视频音频数据的实时处理和特技；

④ 视频音频数据的输出技术。

多媒体技术促进了通信、娱乐和计算机的融合。多媒体计算机的主要应用领域有 3 个：

① 多媒体技术是解决常规电视数字化及高清晰度电视（HDTV）切实可行的方案。采用多媒体计算机技术制造 HDTV，它可支持任意分辨率的输出，输入输出分辨率可以独立，输出分辨率可以任意变化，可以用任意窗口尺寸输出。与此同时，它还赋予 HDTV 很多新的功能，如图形功能、视频音频特技以及交互式功能。多媒体计算机技术在常规电视和高清晰度电视的影视节目制作中的应用可分成两个层次。一是影视画面的制作：采用计算机软件生成二维、三维动画画面；摄像机在摄制真实的影视画面后采用数字图像处理技术制作影视特技画面，最后是采用计算机将生成和实时结合用图像处理技术制作影视特技画面。另一个层次是影视后期制作，如现在常用的数字式非线性编辑器，实质上是一台多媒体计算机，它需要有广播级质量的视频音频的获取和输出、压缩解压缩、实时处理和特技以及编辑功能。

② 用多媒体技术制作 DVD 及影视音响卡拉 OK 机。多媒体数据压缩和解压缩技术是多媒体计算机系统中的关键技术，VCD 就是利用 MPEG-1 的音频编码技术将声音压缩到原来的 1/6。

③ 多媒体家庭网关（Multimedia Home Gatewake，MHG）。

多媒体家庭网关适合家庭应用环境多功能集成，主要功能是：接收并播放数字电视节目，支持多协议的因特网，支持家庭网络通信的功能及具有家庭信息服务器的功能。

多媒体家庭网关的硬件结构可分为控制子系统、数字处理子系统、接口子系统、用户/扩展接口系统。

多媒体家庭网关的软件系统结构可分为设备驱动层、基本操作系统层、逻辑资源层、中间件运行环境层和应用层。

第 2 章习题参考答案

1. C　2. C　3. D　4. B　5. B　6. C　7. C　8. B　9. D

10. 答：音频编码分类如下。

(1) 基于音频数据的统计特性进行编码，其典型技术是波形编码。其目标是使重建语音波形保持原波形的形状。PCM(脉冲编码调制)是最简单的编码方法，还有差值量化(DPCM)、自适应量化(APCM)和自适应预测编码(ADPCM)等算法。

(2) 基于音频声学参数进行参数编码，可进一步降低数据率。其目标是使重建音频保持原音频特性。常用的音频参数有共振峰、线性预测系数、滤波器组等。这种编码技术的优点是数据率低，但还原信号的质量较差，自然度低。

(3) 基于人的听觉特性进行编码。从人的听觉系统出发，利用掩蔽效应设计心理声学模型，从而实现更高效率的数字音频压缩。而最有代表性的是 MPEG 标准中的高频编码和 Dolby AC-3。

国际电报电话咨询委员会(CCITT)和国际标准化组织(ISO)提出了一系列有关音频编码算法和国际标准。如 G.711 64Kb/s(A)律 PCM 编码标准、G7.21 采用 ADPCM 数据率为 32b/s。还有 G.722、G.723、G.727 和 G.728 等。

第3章习题参考答案

1. C　2. C　3. D　4. D　5. B　6. D　7. D　8. C　9. C　10. C

11. 答：(1)视频信息获取的基本流程概述如下。

彩色全电视信号经过采集设备分解成模拟的 R、G、B 信号或 Y、U、V 信号，然后进行各个分量的 A/D 变换、解码、将模拟的 R、G、B 或 Y、U、V 信号变换成数字信号的 R、G、B 或 Y、U、V 信号，存入帧存储器。主机可通过总线对帧存储器中的图像数据进行处理，帧存储器的数据 R、G、B 或 Y、U、V 经过 D/A 变换转换成模拟的 R、G、B 或 Y、U、V 信号，再经过编码器合成彩色电视信号，输出到显示器上。

(2) 视频信息获取流程如图 A-1 所示。

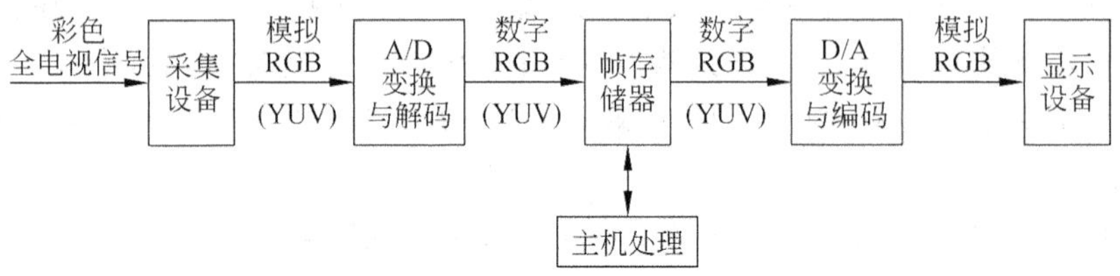

图 A-1　视频信息获取流程图

12. 答：视频信号获取器的工作原理概述如下。

从彩色摄像机、录像机或其他视频信号源得到的彩色全电视信号送到视频模拟输入端口，首先需要解决行同步信号和场同步信号(包括奇数场同步信号和偶数场同步信号)的分离问题，即采用限幅的方法，将场同步和行同步信号与图像信号分开，然后用积分和微分的方法获得场同步信号和行同步信号，再根据奇数同步信号在一行的开始和偶数场同步信号在一行的中间，得到奇数场同步信号和偶数场同步信号，然后送到具有钳位电路和自动增益的运算放大器，最后经过 A/D 变换器将彩色全电视信号转换成 8 位数字信号，送给彩色多制式数字解码器。经过多制式数字解码器解码后得到 Y、U、V 数据，然后由视频窗口控制器对其进行剪裁，改变比例后存入帧存储器，帧存储器的内容在窗口控制器的控制下与 VGA 信号或视频编码器的同步信号同步，再送到 D/A 变换器，模拟彩色空间变换矩阵，同时送到数字式视频编辑器进行视频编码，最后输出到 VGA 监视器及电视机或录像机。

第 4 章习题参考答案

1. B　2. B　3. A　4. C　5. D　6. C　7. D

8. 答：MPEG 视频压缩技术是针对运动图像的数据压缩技术。为了提高压缩比，帧内图像数据和帧间图像数据压缩技术必须同时使用。

MPEG 通过帧运动补偿有效地压缩了数据的比特数，而 MPEG 采用了 3 种图像，帧内图、预测图和双向预测图，有效地减少了冗余信息。对于 MPEG 来说，帧间数据压缩、运动补偿和双向预测，这是和 JPEG 主要不同的地方。而 JPEG 和 MPEG 相同的地方均采用了 DCT 帧内图像数据压缩编码。

在 JPEG 压缩算法中，针对静态图像对 DCT 系数采用等宽量化，而 MPEG 中视频信号包含有静止画面(帧内图)和运动信息(帧间预测图)等不同的内容，量化器的设计不能采用等宽量化，需要作特殊考虑。从两方面设计，一是量化器综合行程编码能使大部分数据得到压缩；另一方面是通过量化器、编码器使之输出一个与信道传输速率匹配的比特流。

9. 解：

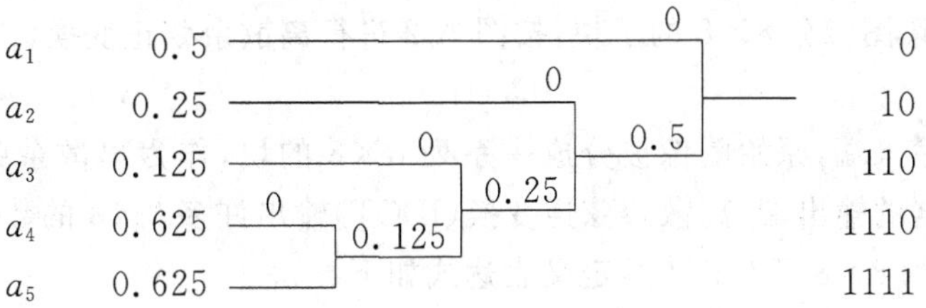

则：$a_1=0$　$a_2=10$　$a_3=110$　$a_4=1110$　$a_5=1111$

信息熵：

$$H=-\sum_{i=1}^{n=5}P_i\log_2(p_i)=-\left(\frac{1}{2}\log_2\frac{1}{2}+\frac{1}{4}\log_2\frac{1}{4}+\frac{1}{8}\log_2\frac{1}{8}+\frac{1}{16}\log_2\frac{1}{16}+\frac{1}{16}\log_2\frac{1}{16}\right)$$

$$=\frac{1}{2}+\frac{1}{2}+\frac{3}{8}+\frac{1}{4}+\frac{1}{4}=1+\frac{7}{8}=1.875\text{ 位 / 字符}$$

$a_1 \sim a_5$ 码长分别为 1,2,3,4,4。

$$\text{则平均码长 } \bar{N}=\sum_{i=1}^{n=5}P_iL_j=\frac{1}{2}\times 1+\frac{1}{4}\times 2+\frac{1}{8}\times 3+\frac{1}{16}\times 4+\frac{1}{16}\times 4$$

$$=1.875\text{ 位 / 字符}$$

10. 答：JPEG 是由国际电报电话咨询委员会(CCITT)和国际标准化协会(OSI)联合组成的一个图像专家小组开发研制出的连续色调、多级灰度、静止图像的数字图像压缩编码方法。JPEG 适于静止图像的压缩，此外，电视图像序列的帧内图像的压缩编码也常采用 JPEG 压缩标准。JPEG 数字图像压缩文件，作为一种数据类型，如同文本和图形文件一样地储存和传输。基于离散余弦变换(DCT)的编码方法是 JPEG 算法的核心内容。算法的编解码过程如图 A-2 所示。编码处理过程包括原图像数据输入、正向 DCT 变换器、量化器、熵编码器和压缩图像数据的输出，除此之外还附有量化表和熵编码表(即哈夫曼表)；接收端由信道收到压缩图像数据流后，经过熵解码器、逆量化器、逆变换(IDCT)，恢复并重构出数字图像，量化表和熵编码表同发送端完全一致。编码原图像输入，可以是单色图像的灰度值，也可以是彩色图像的亮度分量或色差分量信号。DCT 的变换压缩是对一系列 8×8 采样数据作块变换压缩处理，可以对一幅像，从左到右、从上到下、一块一块(8×8/块)地变换压缩，或者对多幅图轮流取 8×8 采样数据块压缩。解码输出数据，需按照编码时的分块顺序作重构处理，得到恢复数字图像。

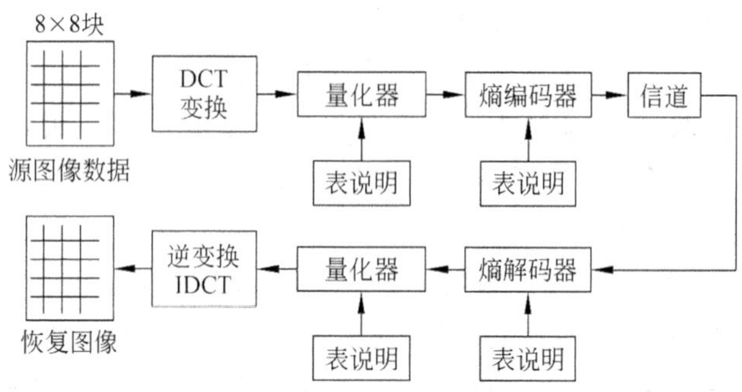

图 A-2　基于 DCT 编码解码过程

具体的实现技术如下：

① 首先把一幅图像分 8×8 的子块，按图 A-2 进行离散余弦正变换(FDCT)和离散余弦逆变换(IDCT)。

在编码器的输入端，原始图像被分成一系列 8×8 的块，作为离散余弦正变换(FDCT)的输入。在解码器的输出端，离散余弦逆变换(IDCT)输出许多 8×8 的数据块，用以重构图像。8×8 FDCT 和 8×8 IDCT 数学定义表达式如下：

FDCT：

$$F(u,v)=\frac{1}{4}C(u)C(v)\left[\sum_{x=0}^{7}\sum_{y=0}^{7}f(x,y)\cos\frac{(2x+1)u\pi}{16}\cos\frac{(2y+1)v\pi}{16}\right]$$

IDCT：

$$F(x,y)=\frac{1}{4}\left[\sum_{u=0}^{7}\sum_{v=0}^{7}C(u)C(v)f(u,v)\cos\frac{(2x+1)u\pi}{16}\cos\frac{(2y+1)v\pi}{16}\right]$$

两式中，$C(u),C(v)=1/\sqrt{2}$，　当 $u=v=0$

$C(u),C(v)=1$，　　其他

离散余弦正变换(FDCT)可看作一个谐波分析仪，同时可把离散余弦逆变换(IDCT)看做一个谐波合成器。每个 8×8 二维原图像采样数据块，实际上是 64 点离散信号，该信号是空间二维参数 x 和 y 的函数。FDCT 把这些信号作为输入，然后把它分解成 64 个正交基信号，每个正交基信号对应于 64 个二维(2D)空间频率中的一个，这些空间频率是由输入信号的频谱组成的。FDCT 的输出是 64 个基信号的幅值(即 DCT 系数)，每个系数值由 64 点输入信号唯一地确定，即离散余弦变换的变换系数。在频域平面上变换系数是二维频域变量 u 和 v 的函数。对应于 $u=0,v=0$ 的系数，称做直流分量(DC 系数)，其余 63 个系数称做交流分量(AC 系数)。因为在一幅图像中像素之间的灰度或色差信号变化缓慢，在 8×8 子块中像素之间相关性很强，所以通过离散余弦正变换处理后，在空间频率低频范围内集中了数值大的系数，这样为数据压缩提供了可能。远离直流系数的高频交流系数大多为零或趋于零。如果 FDCT 和 IDCT 变换计算中计算精度足够高，并且 DCT 系数没有被量化，那么原始的 64 点信号就能精确地恢复。

② 量化过程如下。

为了达到压缩数据的目的，对 DCT 系数 $F(u,v)$需作量化处理。量化处理是一个多到一的映射，它是造成 DCT 编解码信息损失的根源。在 JPEG 标准中采用线性均匀量化器。量化定义为，对 64 个 DCT 变换系数 $F(u,v)$除以量化步长 $Q(u,v)$后四舍五入取整。即量化器步长是量化表的元素，量化表元素随 DCT 变换系数的位置而改变，同一像素的亮度量化表和色差量化表不同值，量化表的尺寸也是 64，与 64 个变换系数一一对应。量化表中的每一个元素值为 1～255 之间的任意整数，其值规定了对应位置变换系数的量化器步长。在接收端要进行逆量化，逆量化的计算公式为：

$$F^Q(u,v) = F^Q(u,v) \cdot Q(u,v)$$

不同频率的余弦函数对视觉的影响不同，量化处理是在一定的主观保真度图像质量的前提下，根据不同频率的视觉阈值来选择量化表中的元素值的大小的。根据心理视觉加权函数得到亮度化表和色度量化表。DCT 变换系数 $F(u,v)$除以量化表中对应位置的量化步长，其幅值下降，动态范围变窄，高频系数的零值数目增加。

③ 熵编码过程如下。

为进一步达到压缩数据的目的，需对量化后的 DC 系数和行程编码后的 AC 系数进行基于统计特性的熵编码。64 个变换系数经量化后，坐标 $u=v=0$ 的值是直流分量(即 DC 系数)。DC 系数是 64 个图像采样平均值。因为相邻的 8×8 块之间有强的相关性，所以相邻块的 DC 系数值很接近，对量化后前后两块之间的 DC 系数差值进行编码，可以用较少的比特数。DC 系数包含了整个图像能量的主要部分。经量化后的 63 个 AC 系数编码是从左上方 AC($u=7,v=7$)开始，沿箭头方向，以 Z 字形行程扫描，直到 AC($u=7,v=7$)扫描结束。量化后特性编码的 AC 系数通常有许多零值，沿 Z 字形路径行进，可使零 AC 系数集中，便于使用行程编码方法。63 个 AC 系数行程编码和码字，可用两个字节表示。JPEG 建议使用两种熵编码方法，即 Huffman 编码和自适应二进制算术编码。熵编码可分成两步进行，首先把 DC 和 AC 系数转换成一个中间格式的符号序列，第二步是给这些符号赋以变长码字。

第 5 章习题参考答案

1. B　2. C　3. D　4. C

5. 答：DVI 系统能够用计算机综合处理声、文、图信息。

从硬件方面看：

(1) 选用了 PLV(Product Leave Vedio)视频压缩编码算法，产生 AVI 文件。

(2) 为了实现 PLV 算法，DVI 系统设计制造了两专用芯片 82750 PA(PB)(像素处器)和 82750 DA(DB)(显示处理器)。

(3) 同时设计了 3 个专用的门阵电路，即 82750 LH(主机接口门阵)、82750 LV

(VRAM/SCSI/Capture 接口门阵)和 82750 LA(音频子系统接口门阵)。

(4) 设计实现了 AVE(视频音频引擎)。

从软件方面看:

DVI 系统设计实现了 DOS 环境下的 AVSS(Audio Vedio Subsystem)和 Windows 环境下的 AVK(Audio Vedio Kernel),DVI 系统中最成功的部分是 AVE(视频音频引擎)。AVE 包括 3 个部分,即视频子系统、音频子系统和 AVBUS(视频音频总线)。

1. 视频子系统

视频子系统的作用是视频信号处理和显示引擎,它们由 82750 PB(像素处理器)、VRAM 以及 82750 DB(显示处理器)组成。其中存储器阵列 VRAM 存放所有 DVI 系统数据,即位映射的数据、压缩编解码数据、算法微码、控制执行算法的数据结构以及控制显示功能的寄存器集数据。像素处理器 82750 PB 用微码执行及视频图像快速处理算法、视频特技以及数字式运动图像和静止图像的压缩编码算法以及解码算法。显示处理器 82750 DB 有非常灵活的可编程功能,它能够将不同的位映射数据转换成在监视器上显示需要的模拟信号。

82750 PB 像素处理器具有较宽的指令字长(48 位),直接连到 VRAM 的随机或并行通道。由于不同指令字的不同字段分别控制每个硬件机构,所以这些指令可以同时执行多种操作,它包括两个分开并对称的内插 16 位数据总线、为 8 位像素计算专门分开的 ALU 操作;在解压缩时为运动补偿设计了像素插值器,为解压缩编码数据流设计了统计解码器;以及为了同 DVI 的 VRAM 传输数据所设计的 4 个先进先出(FIFO)数据缓冲区。82750 PB 像素处理器运行较小的微码译码器,它定时询问在 VRAM 中的命令表。由计算机建立主命令表,微码命令由主机直接引导加载到 82750 PB 微码存储器中,当命令表指出某些操作需要运行时,如解码操作,微码译码器从 VRAM 中将一个微码块加载到 82750 PB 内部的微码存储器中,并且执行它。这些微码是由主计算机设计并加载到 VRAM 中的。

82750 DB 显示处理器连到 VRAM 的串行或顺序通道,显示处理器有几种不同的 VRAM 的位映射格式,可直接解释成在监视器显示屏幕上所需要的模拟信号数据流。YUV 数据在 VRAM 中分别在 3 个位映射区存储,82750 DB 显示处理器把这 3 个位映射区取来并混合在一起,完成解压缩的最后一步。同时,通过计算水平面和垂直方向每个 U 和 V 的 4 个采集样点的平均值,完成色差信号的插值,然后 82750 DB 要进行从 YUV 到 RGB 彩色空间的转换,把 3 个 8 位数字信号送到 D/A 变换器,最后输出模拟信号到彩色监视器。

2. 音频子系统

音频子系统由音频信号处理器、数字到模拟的转换硬件以及模拟滤波器组成。它与视频子系统并行操作、解决音频信号的压缩、编码和解码,还解决音频信号的 A/D、D/A 转换以及音响声效的特技处理。

音频子系统的核心器件是 AD(Analog Device)公司的 AD-2105 数字信号处理器(DSP),通过它完成所有音频信号的压缩和解压缩任务。DVI 系统采用自适应预测编码(ADPCM)算法将 16 位的采样数据压缩编码,最后将压缩的音频数据输出到 D/A 转换器。DSP 的垂直消隐中断出现在每个显示帧的场逆程,以此来解决视频数据流和音频数据流的同步问题。数字到模拟量的转换器是由 Burr-Brown 公司生产的 PCM66P 单片立体声 16 位串行接口组成。跟着 D/A 变换器的是双通道的模拟滤波器,其截止频率近似固定在 17kHz,并且有 5 个极点。

3. AVBUS(视频音频总线)

为了支持视频音频子系统,大量的基本数据必须在 DVI 的 VRAM 和 DVI 的其余设备(包括外部设备、主机、获取子系统)之间传送。DVI 中数据的通信通道采用了 VRAM 的具有多路开关功能的 32 位数据和地址总线,即 AVBUS。AVBUS 解决了视频音频流的问题。AVBUS 由 VRAM 并行通道的数据信号组成,所有 3 个门阵、82750 PB 像素处理器以及 VRAM 都直接连到总线上,很多时间 AVBUSW 作为 VRAM 和 82750 PB 之间单一的数据总线,因而它们是默认的 AVBUS 的主设备。为了在 AVBUS 上传输数据,首先 82750 PB 把手中的总线控制数转让给申请控制权的 DVI 设备,主机接口门阵是各种请求的仲裁器,通常采用主从型。一旦一个请求信号被仲裁器承认了,总线控制权从 82750 PB 转让给该设备,允许在 AVBUS 上执行该设备的通信协议。

AVSS 是在 DOS 环境下运行的 DVI 系统的支撑软件,AVK 是在 Windows 环境下运行的 DVI 系统的支撑软件。

(1) 最下层是 DVI 系统的硬件,包括视频板、音频板、多功能板以及 PC/AT 的硬件。初始话化时直接和硬件打交道的软件在引导程序作用下安装到系统 RAM 中常驻内存。一种多媒体硬件设备需要一个驱动程序模块,有为视频板设计的视频驱动程序、为音响板设计的音频驱动程序以及为多功能板设计的多功能驱动程序。

(2) 再上一层是驱动接口模块,驱动接口模块建立了为高层应用软件所使用的虚拟设备。在 DVI 系统中共有 4 个驱动接口模块:

① 微码接口模块[Mc]:它是 82750 PA 的接口模块,负责微码的加载和执行,同时也负责主机系统对 VRAM 的存取。

② 视频接口模块[Vid]:它是 82750 DA 的接口模块,负责 82750 DA 的初始化。同时,它还包含了视频信号数字化器的接口软件。

③ 多功能接口模块[Utl]:它提供 CD-ROM 和操纵杆的接口软件。

④ 音响接口模块:它是音响板和音响数字化器的接口软件。

在同一层次上还有两个 IBMPC/DOS 的扩展模块:

① 实时执行模块[Rtx]:它为 DVI 应用软件提供实时多任务操作系统环境。

② Microsoft CR-ROM 扩展模块[MSCDEX]:它是 DOS 扩展模块,能够使满足 ISO 9660 的 CD-ROM 文件用一般的方法在硬盘和软盘上自由存取。

(3) 在第三层有两个高层次的软件包,即图形软件包[Gr]和音频视频支撑软件包 AVSS[Av]。

① 图形软件包[Gr]:它提供图像处理、图形绘图基元以及视频管理功能。

② 视频支撑软件 AVSS[Av]。

AVSS 软件可管理 AVSS 格式写的视频、音频文件。

(4) 最上面是应用层。在应用层下面还有两个高层的 DVI 系统的接口,即 DVI 系统生产工具软件和多媒体编程工具语言。

DVI 系统实现了 AVE 和 AVSS 或 AVK,因而比较成功地解决了声、文、图信息的综合处理问题。它是一个比较成熟的多媒体计算机系统,它获得了 Comdex 91 最佳媒体产品奖和最佳展示奖。

DVI 系统失败的地方是:现行的视频压缩国际标准是 H. 261、H. 263、MPGE-1、

MPEG-2，而 DVI 的视频压缩算法采用非国际标准(AVI 文件)。

理想系统设计和实现：

① 采用国际标准的设计原则。标准化是产业活动成功的前提，为了使新型的计算机增加多媒体数据的获取、压缩和解压缩、实时处理和特技、输出和通信等功能，设计时必须采用国际标准。视频的国际标准有 H. 261、H. 262、H. 263、MPEG-1、MPEG-2，音频的国际标准有 G. 711、G. 72、G. 722、G. 723、G. 728、G. 729。

② 多媒体和通信功能的单独解决变成集中解决。计算机综合处理声、文、图信息和通信功能，过去的解决办法是设计专用接口卡分散单独解决。例如，使用类似声霸卡解决声音的输入输出和实时编码、解码及处理问题，使用视频压缩编码和解码卡解决视频信号压缩和解压缩问题等。现在希望采用微码引擎，设计制造合适的 DSP 或阵列处理器通过微码编程综合解决这些问题。

③ 体系结构设计和算法相结合。要想使计算机具有综合处理声、文、图信息和通信功力的最佳解决办法是把计算机体系结构设计和算法相结合。综合处理声、文、图信息和通信功能算法的核心是数字信号处理，数组向量运算，即以乘加运算为核心的矩阵运算。

④ 把多媒体和通信技术做到 CPU 芯片中。多媒体计算要必须使其与网络相结合，为了使计算机具有多媒体和通信功能，最早的解决办法是采用专用芯片设计制造专用接口卡；其次是把多媒体和通信功能作到母板上，最佳的方案是将多媒体和通信功能融合到 CUP 芯片中。从目前的发展趋势看可以把融合方案分成两类：一类是以多媒体和通信功能为主，融合 CPU 芯片原有的计算功能，其设计目标是用在多媒体专用设备、家电和宽带通信设备上，可以取代这些设备中的 CPU 和大量的 ASIC 及其他芯片。另一类是以通用 CPU 计算功能为主，融合多媒体和通信功能，它们的设计目标与现有计算机系列兼容，融合多媒体和通信功能，主要用在多媒体计算机中。

第 6 章习题参考答案

1. C　2. D　3. B　4. B　5. C

6. 答：超文本和超媒体系统中的数据库层，是模型中的最低层，比普通的数据库管理系统更为简单，用于处理所有信息存储中的传统问题。如存储分配管理、缓冲区调度、存储控制等，其基本功能是对结点和链等的基本信息进行存储，管理和访问，并保证这些操作对于高层的超文本抽象机层来说是透明的，即无论高层访问的信息是存储在本地或远地，是存储在一台计算机中还是存储在多台计算机中，数据库层都能保证正确的存储。

超文本和超媒体系统中的数据库，由于具有多媒体数据所以信息量很大，因此要用到大容量的存储技术，如大容量的磁盘、光盘等。而传统的数据库信息量没有那么大，而且信息量比较单一，一般都是文档或数据等。但是在超文本和超媒体的数据库层的设计中也用到了大量的传统数据库的思想方法。

7. 答：超文本和超媒体的组成要素是由结点、链、和网络等组成。其中结点一种是表现型用于记录各种媒体信息，另一种是组织型用于组织并记录结点间的连接关系。

结点可归纳为以下基本类型：文本结点、图形结点、图像结点、音频结点、视频结点、混合媒体结点、按钮结点、组织型结点和推理型结点。

链：链由 3 部分组成，即链源、链宿和链的属性。而链的种类可分为基本结构链(基本链、交叉检索链、结点内注释链)、推理链、隐形链等。

网络：即超文本和超媒体数据库由声、文、图各类结点和链组成的网络。

超文本和超媒体的操作工具主要有编辑器、编译器、阅读器、导航工具等。而导航工具又可分为导航图、查询系统、线索、遍历、书签等。

第 7 章习题参考答案

1. C　2. B　3. B　4. B　5. A　6. A　7. C　8. B

9. 答：视频会议系统是一种分布式多媒体信息管理系统，或称为分布式多媒体通信系统。因此在通信的传输过程中要求有较好的服务质量(QoS)，不仅要求能够快速传送视频、音频和数据，而且要求视频和音频连续媒体，必须保证在明确规定的时间内无差错地传送给用户，以便在终端系统播放具备良好的质量。为了获得服务质量的保证，在业务执行过程中，需要对计算机、网络、MCU 及终端的各种资源进行控制和管理。

对于视频会议系统还要求：高数据吞吐量，经过压缩的一个视频流数据也需要 64Kb/s～2Mb/s 的数据吞吐率；实时性：视频会议系统的终端同时要播放视频、音频和数据信息要有严格的时间要求，即需要为无差错传送提供时间保证；服务质量保证：用户使用视频会议业务要和其他业务进行对比，因此不能提供一定的服务质量保证，用户就可能选择其他种类的业务。

视频会议系统需求是多样化的，多媒体业务也是多样化的，为使这些需求和业务能够定量化的描述，往往采用参数化，而不必为每个应用都实行一套新的系统集。国际标准化组织采用服务质量(QoS)的标准实现参数化。

国际标准化组织(ISO)制定了著名的 7 层标准计算机通信协议 OSI-RM。在 OSI-RM 中把 QoS 参数分成面向功能的 QoS 参数和非面向功能的 QoS 参数两类。

对于一个网络多媒体系统一般包含有 3 个抽象层：应用层、系统层(通信和操作系统)和设备层(网络和多媒体终端设备)，而这 3 层都需要考虑 QoS 参数。

10. 答：多媒体数据库基于内容检索系统的工作原理概述如下。

基于内容的检索作为一种信息检索技术，接入或嵌入到其他多媒体系统中，提供基于多媒体数据库的检索体系结构，如图 A-3 所示。

由图 A-3 可见，基于内容检索系统分为两个子系统：特征抽取子系统和查询子系统。系统包括如下功能模块。

① 目标识别：为用户提供自动半自动的方式标识静态图像、视频镜头的代表帧等用户感兴趣的内容或区域，以及视频序列中的动态目标，以便针对目标进行特征抽取和查询，当进行整体的或局部的内容检索时，可采用全局特征或局部的特征。

② 特征提取：提取用户感兴趣的又适合于基于内容检索的特征。如颜色分布情况、颜色的组成情况、纹理结构、方向对称关系、轮廓形状大小。

③ 媒体数据：多媒体数据库，声、文、图；特征库，预处理特征；知识库，知识表达。

④ 查询接口：有 3 种输入方式，即交互输入方式、模板选择输入方式、用户提交特征样板输入方式。同时具有多媒体特征组合和查询结果浏览功能。

⑤ 检索引擎：利用特征之间的距离函数来进行相似性检索。对于不同的特征用不同

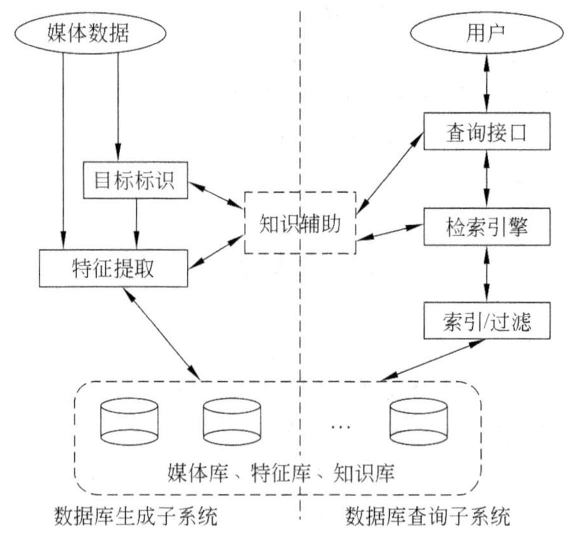

图 A-3　基于内容检索的体系结构

的相似性测度算法，检索引擎中包括一个有效的相似性测度函数集。

⑥ 索引/过滤：通过索引和过滤达到快速搜索的目的。把全部的数据通过过滤器变成新的集合再用高维特征匹配来检索。

基于内容检索的工作过程包括以下几个步骤。

① 提交查询要求：利用系统人机交互界面输入方式形成一个主查询条件。

② 相似性匹配：将查询特征与数据库中的特征按一定的匹配算法进行匹配。

③ 返回候选结果：满足一定相似性的一组候选结果按相似度大小排列返回给用户。

④ 特征调整：对系统返回的一组初始特征的查询结果，用户通过浏览选择满意的结果，或进行特征调整，形成新的查询，直到查询结果满意为止。

基于内容检索的工作过程如图 A-4 所示。

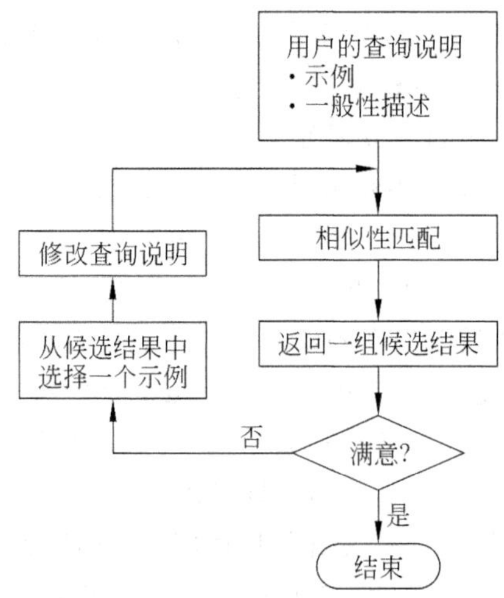

图 A-4　基于内容检索的处理过程

附录B 实验思考题参考答案

实验1参考答案

(1) 40kHz。

(2) Wav、MIDI、MP3。

(3) 采样和量化。

实验2参考答案

(1) PS6里有一个图层效果,不管你的图形是什么形状的,只要单独做在一个层里,就可以实行这个效果,里面有所需要的图形阴影设置。

(2) 由变换里的透视功能就能精确地控制它,快捷键为Ctrl+T。再按住Ctrl+Shfit+Alt,用鼠标控制顶点,就会以等腰梯形控制。

(3) PS滤镜里有一个光照效果,再加上光晕效果就能实现。

(4) 在笔刷的属性里,把笔刷的圆形压扁,然后将笔刷的间隔距离拉大,这样就可以画出虚线。可以先做一个你要用的形状的路径,然后调整笔刷的spacing值,描边路径就可以产生曲线。

(5) 保存为PS的默认格式PSD就能保存其中的图层。历史记录是无法保存的,除非你把所需要的哪个记录在历史面板中用新快照保存下来,每次只能保存一个记录。

(6) ① 用魔棒选中背景删掉,然后存成GIF格式即可。

② 将需要的图片抠下,然后删除不用的部分。

实验3参考答案

(1) 选择【文件】|【导入】命令,单击所要编辑的视频文件,之后单击【确定】按钮。

(2) 单击轨道上的视频文件,弹出特效控制选择设置对话框,选择所要加入的特效效果,单击【确定】按钮。

(3) 选择【文件】|【输出】|【输出视频】命令,设置按照默认设置就可以了,单击【确定】按钮,返回到【输出影片】对话框,在【输出影片】对话框中,指定影片名称及位置,单击【保存】按钮。

(4) 可以沿着Timeline窗口的顶部使用【时间缩放程度】菜单或者按等号键(=)。也可以单击【放大】按钮或者拖动Timeline窗口底部的缩放滑块。

(5) 选择【文件】|【导入】命令(单击所要导入的声音文件),然后单击【确定】按钮。

(6) AWI,MPEG,Quicktime,RealMenia,Windows Media。

实验 4 参考答案

(1) Geometry(几何体)建模、Shapes(型)建模、Loft(放样)建模、Mesh(网格)建模、Patch(面片)建模、NURBS 建模等。

(2) 材质是指物体的表面在渲染时所表现出来的性质。

(3) 错。Falloff 角度≥Hotspot 角度。

(4) Microsoft Video 1:使用 8 位有损压缩方法压缩模拟视频,不是最高质量的压缩方法。Cinepak Codec by Radius:采用 24 位压缩视频方法,压缩比高、图像质量好、播放速度快。

(5) 两种,目标摄像机和自由摄像机。

实验 5 参考答案

(1) 在软件中给出了 11 种交互响应类型,分别为按钮响应 Button、热区响应 Hot Spot、热物体响应 Hot Object、目标区域响应 Target Area、下拉菜单响应 Pull-down Menu、条件响应 Condition、文本响应 Text Entry、键盘响应 Key Press、重试次数响应 Tries Limit、时间限制响应 Time Limit、事件响应 Event。

(2) ①面向对象的流程图设计。Authorware 提供了大量的图标,而流程图就是由这些图标构成的。图标的内容直接面向用户,每个图标代表一个基本演示内容,例如文本、动画、图片、声音、视频等。对于外部素材的载入只需在对应图标中载入,完成相应的对话框设置即可。

② 交互能力强。Authorware 准备了 11 种交互方式,程序运行时可以通过相应对程序的流程进行控制。

③ 程序调试和修改直观简便。程序运行时可以逐步地跟踪程序运行和程序的流向。程序调试运行中如果想修改某个对象,只需双击该对象,系统立即暂停程序运行,自动打开编辑窗口并给出该对象的设置和编辑工具,修改完毕后编辑窗口还可继续运行。

④ 可与其他编程软件结合使用。对于 Authorware 的高级用户来说可以通过交互方式引用其他编程软件的成果,丰富自身的作品。

(3) 制作简单的自动翻页相册。在主流程线上加入足够的群组图标,在群组图标中按照显示图标、等待图标、擦除图标的顺序循环添加,就可以制作出自动可供观赏的电子相册,如图 B-1 所示。

扩展:① 可以应用框架制作出能够前后翻页的、可控交互式电子相册,如图 B-2 和图 B-3 所示。

② 可以应用多种交互响应来制作可以选择点击的交互式电子相册,如图 B-4 所示。

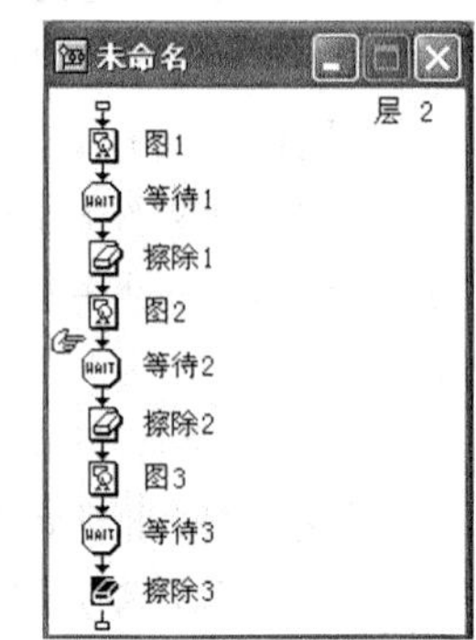

图 B-1　群组图标

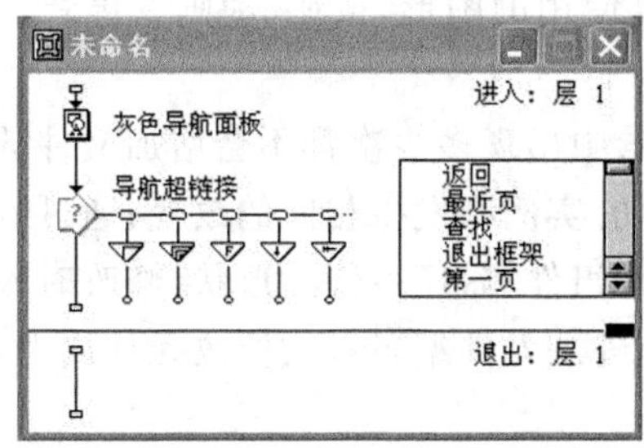

图 B-2　应用框架

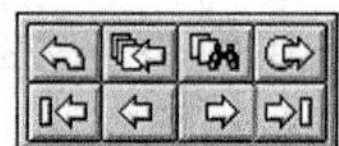

图 B-3　可翻页的电子相册

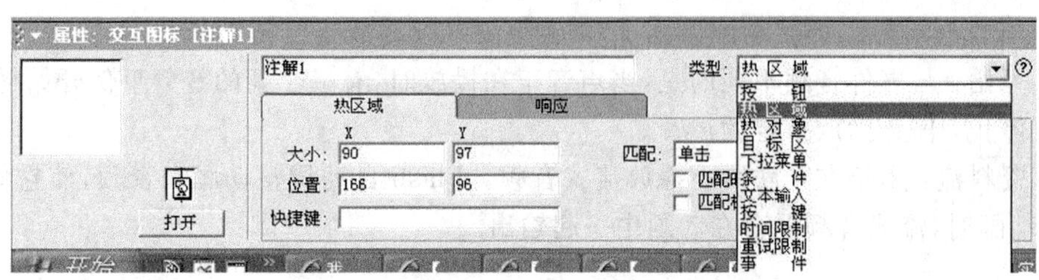

图 B-4　可选择单击的交互式电子相册

实验 6 参考答案

(1) 给“动态文本”框添加一个滤镜效果，然后就可以通过调整 mc 的_alpah 值改变文本框的透明度了。如果不想要滤镜效果显示出来，可以设置为“投影”滤镜，然后将距离设为 0，这样投影效果就看不见了，跟未设置一样，但文本框的透明度照样可以调整了，如图 B-5 所示。

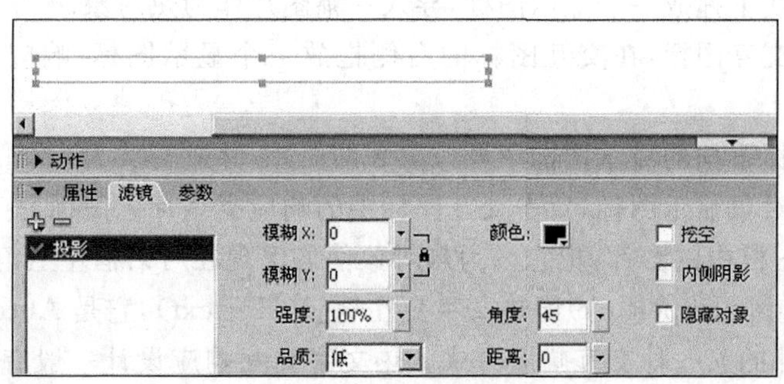

图 B-5　alpha 值

(2) 通常进行两项处理工作：

① 使用绘图工具中的魔术棒工具，在位图上单击选择不需要的色彩，配合键盘 Delete 键进行删除，如果色彩范围不满意可以单击魔术棒属性按钮，打开属性对话框，在“限度”项中改变魔术棒的范围值。

② 使用菜单命令【修改】|【描绘位图】(或是【修改】|【将位图转化为矢量图】)，将位图转为矢量图像。

(3) 元件是存放在 Flash 元件库中的可以重复使用的图形、按钮、动画及声音。将元件从元件库中拖到舞台上，就创建了一个元件实例。

元件实例作为完件的复制品无论在同一个场景中出现多少次都不会增加文件的体积。

当用户修改元件的属性时，舞台上所有该元件的实例都发生相同的改变；通过效果面板和实例面板可设置当前实例的属性，另将实例“分解组件”后还可修改形状，修改时库中的元件和其他元件实例都不发生变化；如果双击实例可进入元件编辑模式修改元件属性，库中的元件和其他元件全部变化。

(4) 在“同步”下拉列表中包括许多选项，各选项的含义如下：

① 事件：使声音与事件的发生合拍。当动画播放到声音的开始关键帧时，事件音频开始独立于时间轴播放，即使动画停止了，声音也要继续播放直至完毕。

② 开始：与事件音频不同的是，当声音正在播放时，有一个新的音频事例开始播放。

③ 停止：停止播放指定的声音。

④ 资料流：用于在互联网上播放流式音频。Flash 自动调整动画和音频，使它们同步。在输出动画时，流式音频混合在动画中一起输出。

实验 7 参考答案

(1) 热区响应是在屏幕上建立一个特殊的区域，根据程序设计，当在该区域内单击或双击，或者仅仅当指针移动到该区域之上时就实现响应，执行该热区响应下的分支程序。程序运行效果：当指针移到按钮上时，在指定的地方会出现一条提示(或图片)，当指针移开时提示消失。提示可以加各种过渡效果，也可以把热区分支下的显示图标换成群组图标以实现更多的效果及功能。

热对象响应就是当触发屏幕上的特定显示对象时，可以对用户的操作产生响应。

① 在主流程线上拖放一个显示图标，导入一幅图片作为热对象。

② 拖放一个交互图标，在交互图标的右侧拖放一个显示图标，响应类型设置为“热对象”响应。

③ 在交互图标下挂的显示图标中导入原来的图片，并进行放大。

④ 先打开热对象显示图标，双击交互图标中的响应类型标志图标，打开其属性对话框；单击热对象显示图标中的图片，把它设为热对象使之出现在对话框左上角的预览框中。

(2) 超文本链接(Hyperlink)即热文字交互响应(Hottext)，它是 Authorware 系统中 11 种交互响应类型外的又一种交互响应方式。热文字交互响应设计一般有 3 个方面的内容：分别是热文字定制、将定制的热文字应用于具体文字、设置热文字链接的页。

① 热文字定制。

选择 Text|Define Styles 命令，弹出文字风格设置对话框。在对话框左侧列出已有的文字风格，可选择其中一种风格；也可单击 Add 按钮重新增加一种新的文字风格，并在左下角输入其名称。

对话框右侧列出了该热文字交互响应方式选项：

- Single Click——单击产生响应。
- Auto Highting——选中时变亮度显示。

• Cursor——指针移入时变手形。

② 将定制的热文字应用于具体文字。

打开 List 显示图标，选中 Icon 1 目录文字，选择 Text|Apply Styles 命令，弹出热文字应用对话框。

③ 设置热文字链接的页。

a. 运行程序，首先自动进入框架首页，弹出导航链接设置对话框。

b. 在该对话框中可设置 Icon 1 热文字与目的页的链接。

c. 当链接页设置完成后，在框架首页的 List 图标右上角将出现一个小的黑三角形符号。再次运行程序，单击 Icon 1(或 Icon 2、Icon 3)热文字目录，程序跳转到框架的 Icon 1(或 Icon 2、Icon 3)页图标中；单击 Back to List 按钮，程序返回框架首页。从而完美实现超文本链接的设计。

(3) 交互(Interaction)图标用于设置交互作用的结构，以达到实现人机交互的目的。框架(Framework)图标用于建立页面系统、超文本和超媒体。

参考文献

[1] 钟玉琢,蔡莲红,史元春等.多媒体计算机技术基础及应用.第2版.北京:高等教育出版社,2005

[2] 钟玉琢,沈洪,刘晓颖.多媒体应用设计师教程.北京:清华大学出版社,2005

[3] 钟玉琢,沈洪,吕小星.多媒体技术及其应用.北京:机械工业出版社,2003

[4] 钟玉琢,沈洪,黄荣怀.多媒体技术(高级).北京:清华大学出版社,1999

[5] 黄荣怀,沈洪,钟玉琢.多媒体技术(中级).北京:清华大学出版社,1999

[6] 沈洪,黄荣怀,钟玉琢.多媒体技术(初级).北京:清华大学出版社,1999

[7] 钟玉琢,李树青,林福宗等.多媒体计算机技术.北京:清华大学出版社,1993

[8] 钟玉琢,乔秉新,李树青.机器人视觉技术.北京:国防工业出版社,1994

[9] 杨品,钟玉琢,蔡莲红译.MPELT运动图像压缩编码标准(ISO/IEC 11172).北京:机械工业出版社,1995

[10] 钟玉琢,乔秉新,祁卫译.运动图像及其伴音通用编码国际标准——MPEG-2.北京:清华大学出版社,1997

[11] 高文.多媒体数据压缩技术.北京:电子工业出版社,1994

[12] 吴乐南.数据压缩的原理与应用.北京:电子工业出版社,1995

[13] 胡晓峰,吴玲达,李国辉等.多媒体系统原理与应用.北京:人民邮电出版社,1995

[14] 胡晓峰,李国辉.多媒体系统.北京:人民邮电出版社,1997